Erwin Böhmer

Rechenübungen zur angewandten Elektronik

Aus dem Programm Elektrotechnik

Grundlagenwerke

Elemente der angewandten Elektronik, von E. Böhmer
und ergänzend

Rechenübungen zur angewandten Elektronik von E. Böhmer

Vertiefende Lehrbücher

Elektronische Bauelemente und Netzwerke, von H. G. Unger und W. Schultz, 3 Bände
Band III: Aufgabensammlung mit Lösungen

Spezielle Übungsbücher

Elektroaufgaben, von H. Lindner und E. Balcke
Band III: Leitungen, Vierpole, Fourier-Analyse, Laplace-Transformation

Beispiele und Aufgaben zur Laplace-Transformation, von H. J. Löhr

Differentialgleichungen der Elektrotechnik, von K. Hoyer und G. Schnell
Lösung mittels Theorie der Differentialgleichungen, Laplace-Transformation und programmierbarer Taschenrechner

Vieweg

Erwin Böhmer

Rechenübungen zur angewandten Elektronik

Mit 90 Aufgaben und Lösungen

V

Friedr. Vieweg & Sohn Braunschweig/Wiesbaden

CIP-Kurztitelaufnahme der Deutschen Bibliothek

Böhmer, Erwin:
Rechenübungen zur angewandten Elektronik: mit 90 Aufgaben u. Lösungen/Erwin Böhmer. – Braunschweig, Wiesbaden: Vieweg, 1981.
(Viewegs Fachbücher der Technik)
ISBN 3-528-04189-7

Dr.-Ing. Erwin Böhmer ist Professor für Technische Elektronik
an der Universität-Gesamthochschule Siegen

Druck: fotokop wilhelm weihert KG, Darmstadt
Buchbinderische Verarbeitung: Junghans, Darmstadt
Printed in Germany

ISBN 3-528-04189-7

Vorwort

Der vorliegende Aufgabenband will Studenten der Elektrotechnik und der Physik in die Berechnung elektronischer Schaltungen einführen. Am Anfang stehen Rechenbeispiele mit Widerständen und Dioden. Es folgen Netzwerke mit Kondensatoren und Spulen, anschließend Verstärkerschaltungen mit Feldeffekttransistoren, bipolaren Transistoren und Operationsverstärkern. Lineare und nichtlineare Probleme werden gleichermaßen behandelt. Die einzelnen Aufgaben werden in einer Themenfolge dargestellt, wobei eine Untergliederung in sechs Kapitel vorgenommen wird, die nach den jeweils dominierenden Bauelementen benannt sind.

Vorausgesetzt werden beim Leser Kenntnisse der Gleich- und Wechselstromlehre, wie sie in den ersten Studiensemestern erworben werden, sowie Grundkenntnisse über die jeweiligen Bauelemente. Sofern dazu eine Nacharbeitung erforderlich ist, kann man den Hinweisen auf das im gleichen Verlag erschienene Lehrbuch „Elemente der angewandten Elektronik" folgen.

Das vorliegende Übungsmaterial habe ich für einführende Lehrveranstaltungen zur elektronischen Schaltungstechnik an der Universität-Gesamthochschule Siegen zusammengestellt. Dabei wurde ich durch interessierte Studenten und Mitarbeiter wesentlich unterstützt. Besonders dankbar bin ich für den Einsatz von Herrn cand. ing. Eberhard Schmick, der die Zeichnungen anfertigte und beim Korrekturlesen half. Herr Ing. grad. Horst Otto hat wie bei der Erarbeitung des oben genannten Lehrbuches wieder die Schaltungen im Laborexperiment überprüft. Frau Andrea Winkel hat einen Großteil der Aufgabentexte und Lösungen geschrieben, wofür ich ebenfalls danke.

Siegen, im August 1980 Erwin Böhmer

Inhaltsverzeichnis

IV Feldeffekttransistoren

V Bipolare Transistoren

VI Operationsverstärker

Einführung

Grundlage für die Berechnung einer elektronischen Schaltung ist in der Regel ihr sogenanntes Ersatzschaltbild (kurz: Ersatzbild), mit dem die Eigenschaften der Schaltung modellartig nachgebildet werden. In einfachen Fällen - z.B. beim ohmschen Spannungsteiler - ist bei tiefen Frequenzen das normale Schaltbild auch als Ersatzschaltbild verwendbar. Für den Bereich höherer Frequenzen müssen jedoch auch in diesem einfachen Fall Kapazitäten und eventuell Induktivitäten hinzugefügt werden, um dann auftretende „parasitäre" Effekte zu erfassen. Grundsätzlich stellt ein so erweitertes Ersatzbild nur eine unvollkommene Nachbildung der wirklichen Schaltung dar und hat auch stets nur einen begrenzten Gültigkeitsbereich. Die auf ihm basierende Rechnung kann also nur eine Näherungsrechnung sein, die natürlich umso genauer wird, je besser die Nachbildung ist. An dieser Stelle muß allerdings davor gewarnt werden, stets eine möglichst vollkommene Nachbildung anzustreben. Der damit verbundene Aufwand ist normalerweise unvertretbar. Abgesehen davon bereitet die Beschaffung einzelner Parameter Schwierigkeiten. Viel wichtiger ist für die Schaltungspraxis die Entwicklung eines einfachen Ersatzbildes im Sinne einer ersten oder zweiten Näherung, aus dem die wesentlichen funktionalen Zusammenhänge klar erkennbar werden.

Nach diesem Grundsatz wird bei den folgenden Rechenbeispielen verfahren, wobei zur Rechenvereinfachung häufig zwei Wege beschritten werden:

1. Lineare Widerstandsnetzwerke in Verbindung mit Quellen werden zu einer einfachen Spannungsersatzschaltung oder Stromersatzschaltung reduziert.
2. Bei Verstärkerschaltungen mit einer Kopplung zwischen Eingang und Ausgang wird die Kopplung möglichst nach dem Miller-Theorem aufgelöst.

Das erste Verfahren ist Studenten normalerweise geläufig, während das zweite eine besondere Einführung verdient, die im Anhang A gegeben wird. Daran anschließend wird im Anhang B die Methode der Blockbild-Darstellung eines Netzwerkes erklärt, die bei der Beschreibung gegengekoppelter Systeme von Nutzen ist, um den Wirkungsmechanismus der Gegenkopplung besonders deutlich zu machen.

Als nützliche Rechenhilfsmittel sind auf dem rückseitigen Buchdeckel eine Kurventafel und die bekannte „HF-Tapete" abgebildet. Die erstere kann der Fehlerabschätzung bei Näherungsrechnungen dienen. Die „HF-Tapete" ist hilfreich bei allen Schaltungsanalysen und - dimensionierungen in Verbindung mit Kapazitäten und Induktivitäten. Sie dient der überschlägigen Rechenkontrolle und kann in manchen Fällen auch die Rechnung ersparen.

I Widerstände und Dioden

I.1	Belasteter Spannungsteiler

Lehrbuch: Abschnitt 1.5

Gegeben sei ein Spannungsteiler mit den linearen Widerständen R_1 und R_2 an der Spannung U_1. Der Ausgang des Spannungsteilers wird mit einem variablen Widerstand R_L belastet.

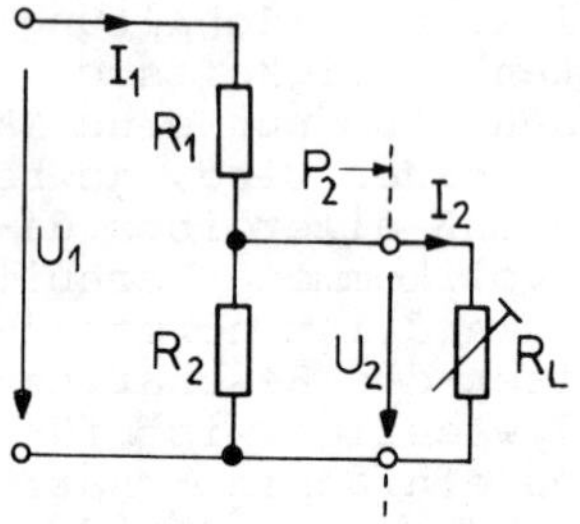

$U_1 = 10\ \text{V}$

$R_1 = 400\ \Omega$

$R_2 = 600\ \Omega$

a) Man berechne allgemein die Spannung U_2, den Strom I_2 sowie die vom Lastwiderstand aufgenommene Leistung P_2.

b) In welcher Beziehung stehen die Ströme I_2 und I_1 zueinander?

c) Man stelle die drei Größen nach a) in einem Diagramm mit logarithmischer Teilung der Achsen in Abhängigkeit von dem Lastwiderstand R_L dar.

d) Durch eine Leerlauf- und Kurzschlußbetrachtung ermittle man das Spannungsquellen- und Stromquellenersatzbild für die Spannungsteilerschaltung.

e) Man stelle die Ausgangsspannung U_2 in Abhängigkeit vom Ausgangsstrom I_2 dar.

f) Bei welchem Lastwiderstand R_L ist die Ausgangsspannung gerade halb so groß wie die Leerlaufspannung?

g) Welche Leistung P_2 ergibt sich zu f) ?

Lösungen

a) $$U_2 = U_1 \cdot \frac{\dfrac{R_2 \cdot R_L}{R_2 + R_L}}{R_1 + \dfrac{R_2 \cdot R_L}{R_2 + R_L}} = U_1 \cdot \frac{R_2 R_L}{R_1 R_2 + R_1 R_L + R_2 R_L}\ , \quad I_2 = \frac{U_2}{R_L} = U_1 \cdot \frac{R_2}{R_1 R_2 + R_1 R_L + R_2 R_L}\ ,$$

$$P_2 = U_2 \cdot I_2 = U_1^2 \cdot \frac{R_2^2 \cdot R_L}{(R_1 R_2 + R_1 R_L + R_2 R_L)^2}\ .$$

b) $$I_2 = I_1 \cdot \frac{R_2}{R_2 + R_L}\ , \quad \frac{I_2}{I_1} = \frac{R_2}{R_2 + R_L}\ .$$

Man prüfe an diesem Beispiel die Gültigkeit der folgenden sehr nützlichen Stromteilerregel.

Bei einer einfachen Stromverzweigung mit zwei parallelen Widerständen ergeben sich die Teilströme jeweils aus dem Gesamtstrom, indem man diesen durch die Summe der Widerstände teilt und jeweils mit dem gegenüberliegenden Widerstand multipliziert.

c)

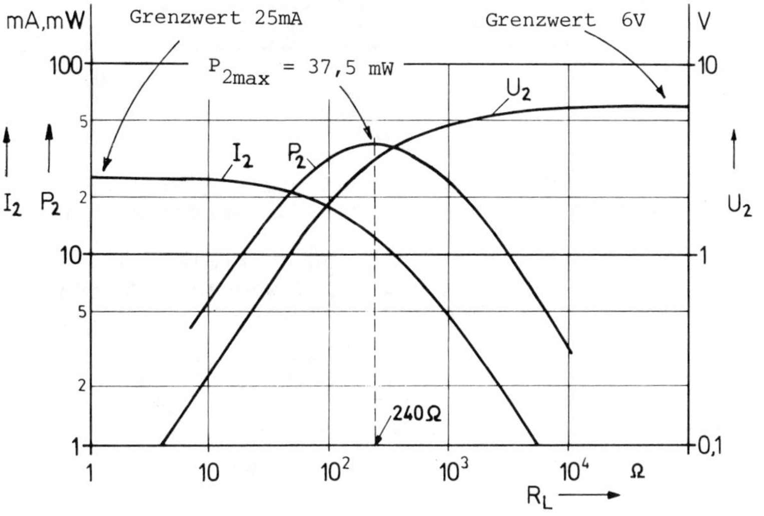

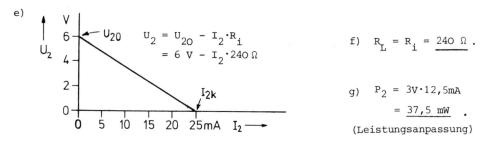

d) Leerlaufspannung $U_{20} = U_1 \cdot \frac{R_2}{R_1+R_2} = \underline{6\ V}$,

Kurzschlußstrom $I_{2k} = \frac{U_1}{R_1} = \underline{25\ mA}$,

Innenwiderstand $R_i = \frac{U_{20}}{I_{2k}} = \frac{R_1 \cdot R_2}{R_1+R_2} = \underline{240\ \Omega}$ *) .

Spannungsersatzbild:

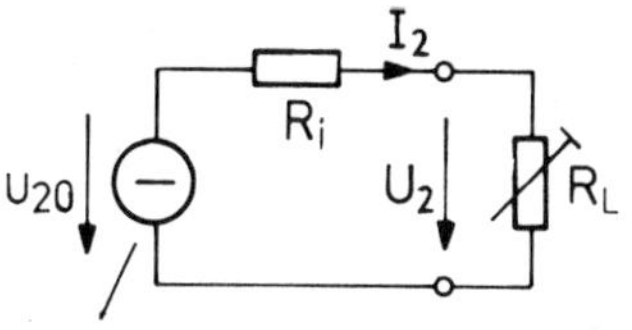

Spannungsquelle
in Reihe mit R_i

Stromersatzbild:

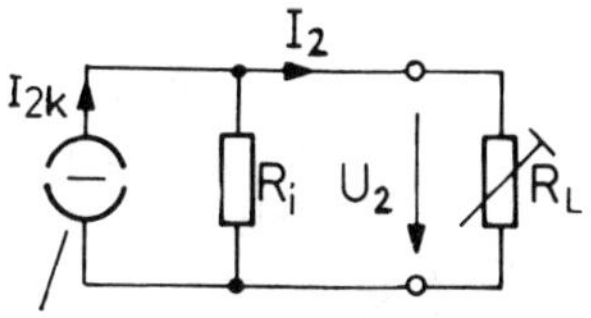

Stromquelle
parallel mit R_i

e)

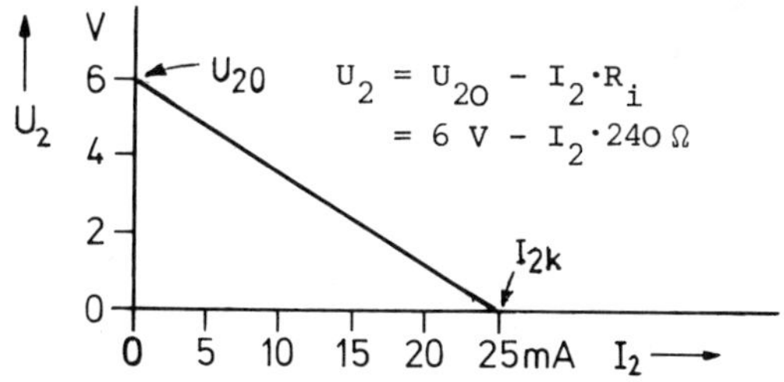

$U_2 = U_{20} - I_2 \cdot R_i$
$= 6\ V - I_2 \cdot 240\ \Omega$

f) $R_L = R_i = \underline{240\ \Omega}$.

g) $P_2 = 3V \cdot 12{,}5mA$
$= \underline{37{,}5\ mW}$.
(Leistungsanpassung)

Bei linearen Widerständen R_1 und R_2 ist der Innenwiderstand des Teilers konstant. Die Ausgangsspannung U_2 nimmt dann linear über dem Ausgangsstrom ab.

*) Den Innenwiderstand R_i findet man auch, indem man die Eingangsspannung U_1 zu Null setzt (Kurzschluß über Eingangsklemmen) und dann den Widerstand an den Ausgangsklemmen mißt.

Lehrbuch: Abschnitt 1.2

Gegeben sei ein Schichtwiderstand mit dem Widerstandsnennwert $R = 1\,M\Omega$ für eine Temperatur $T = 20^{o}C$ (Kurzbezeichnung: R_{20}).

a) Bei einer Leistungsaufnahme von 1W steigt die Temperatur T der Widerstandsschicht auf $90^{o}C$, wenn die Umgebungstemperatur $T_U = 20^{o}C$ beträgt. Man gebe den thermischen Widerstand an.

b) Man ermittle die zugehörige Lastminderungskurve (Derating-Kurve), wenn die Temperatur der Widerstandsschicht maximal $110^{o}C$ betragen darf und der zulässige Höchstwert für $T_U = 20^{o}C$ als absoluter Grenzwert gilt.

c) Welche Nennbelastbarkeit kann man dem gegebenen Widerstand zuordnen, wenn dazu die zulässige Verlustleistung bei $T_U = 40^{o}C$ zugrundegelegt wird?

d) Wie groß ist der Temperaturkoeffizient TK_{20}, wenn der Widerstand sich in der Umgebung von $T = 20^{o}C$ bei einer Temperaturerhöhung um $\Delta T = 10\,K$ um $4\,k\Omega$ verringert?

Lösungen

a) $$R_{th} = \frac{T - T_U}{P} = \frac{90\,^{o}C - 20\,^{o}C}{1\,W} = 70\,^{o}C/_W = \underline{70\,K/_W}\,.$$

b) $$P_{max} = \frac{T_{max} - T_U}{R_{th}} = \frac{110\,^{o}C - 20\,^{o}C}{70\,K/_W} = \underline{1{,}3\,W} \text{ für } T_U = 20\,^{o}C\,.$$

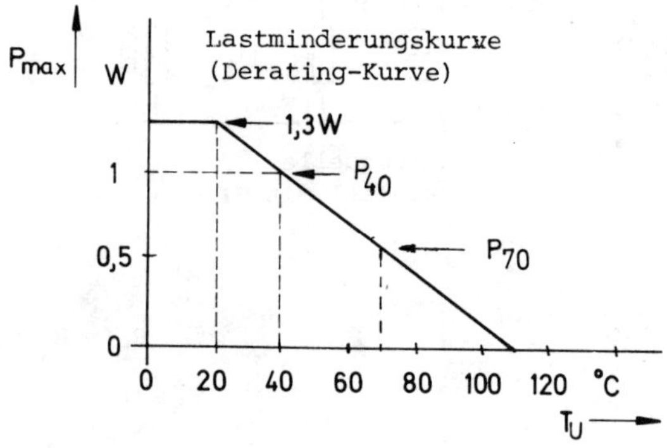

c) $P_N = 1\,W$ gemäß Derating-Kurve .

(In der Regel wird heute aus Gründen der Betriebsstabilität der Wert P_{70} als Nennbelastbarkeit angegeben und der Wert P_{40} als zulässige Grenzbelastbarkeit für normale Umgebungstemperaturen).

d) $$\boxed{TK = \frac{dR}{dT} \cdot \frac{1}{R} \approx \frac{\Delta R}{\Delta T} \cdot \frac{1}{R}} \rightarrow TK_{20} = -\frac{4\,k\Omega}{10\,K} \cdot \frac{1}{10^3\,k\Omega} = \underline{-\,0{,}4 \cdot 10^{-3}\,\frac{1}{K}}\,.$$

I.3	Schichtwiderstand - Frequenzgang

Lehrbuch: Abschnitt 1.3 und Anhang VIII

Gegeben sei ein Schichtwiderstand mit Nennwiderstand R = 1 MΩ.

a) Welchen Wert hat die parallel zum Widerstand wirksame Eigenkapazität C, wenn bei der Frequenz f = 500 kHz der Scheinwiderstand nur noch den $1/\sqrt{2}$-fachen Nennwert hat?

b) Man zeichne mit logarithmischer Teilung der Widerstands- und Frequenzachse den Frequenzgang des Scheinwiderstandes.

c) Man trage die Asymptoten $Z_R = R$ und $Z_C = 1/\omega C$ in das Diagramm ein und bestimme die "Eckfrequenz" des Scheinwiderstandes im Schnittpunkt der Asymptoten.

d) Welche Grenzfrequenz hat ein Widerstand gleicher Bauart mit dem Nennwiderstand 100 kΩ?

Lösungen

a)

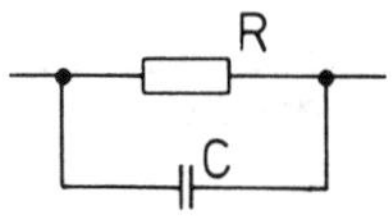

Ersatzbild *)

$$\underline{Z} = \frac{R}{1+j\omega CR}$$

$$Z = \frac{R}{\sqrt{1+(\omega CR)^2}} = \frac{R}{\sqrt{2}} \text{ für } f = 500 \text{ kHz}$$

$$\omega CR = 1 \rightarrow C = \frac{1}{\omega R} = \frac{1}{2\pi \cdot 500 \cdot 10^3 \frac{1}{s} \cdot 10^6 \Omega} = \underline{0,32 \text{ pF}} .$$

*) Die Eigeninduktivität ist bei hochohmigen Schichtwiderständen praktisch bedeutungslos.

b) und c)

f/MHz	0,1	0,3	0,5	1	2	5	10	100
Z/MΩ	0,98	0,86	0,71	0,45	0,27	0,099	0,05	0,005

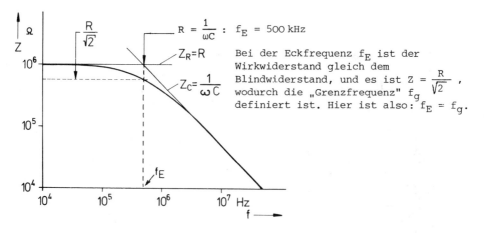

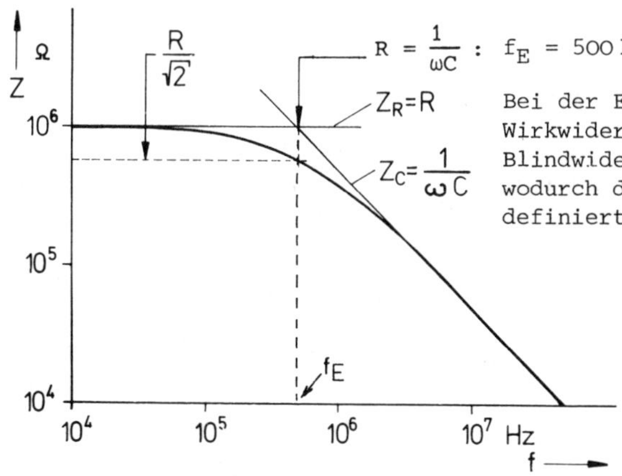

$R = \frac{1}{\omega C}$: f_E = 500 kHz

Bei der Eckfrequenz f_E ist der Wirkwiderstand gleich dem Blindwiderstand, und es ist $Z = \frac{R}{\sqrt{2}}$, wodurch die „Grenzfrequenz" f_g definiert ist. Hier ist also: $f_E = f_g$.

d) $$f_g = \frac{1}{2\pi CR} = \frac{1}{2\pi \cdot 0,32 \text{pF} \cdot 10^5 \Omega} = \underline{5 \text{ MHz}} .$$ Die Eigenkapazität ist für Widerstände derselben Typenreihe gleich.

I.4	Drahtwiderstand

Lehrbuch: Abschnitte 1.3, 7.5 und Anhang VIII

Gegeben sei ein Drahtwiderstand aus Chromnickeldraht auf einem Keramikrohr.

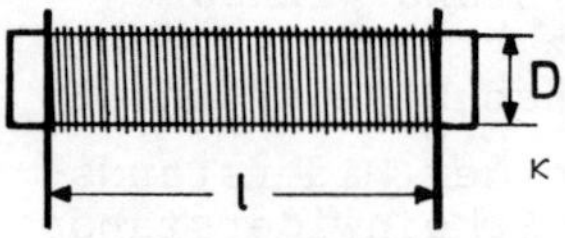

$\kappa = 0{,}89 \ \frac{\text{Sm}}{\text{mm}^2}$

Drahtdurchmesser $d = 0{,}4$ mm
Rohrdurchmesser $D = 10$ mm
Widerstandslänge $l = 40$ mm
Windungszahl $N = 78$

a) Man bestimme den Widerstand R und die Induktivität L.

b) Man ermittle die Grenzfrequenz des Widerstandes aus den Elementen R und L.

c) Welche Resonanzfrequenz ergibt sich, wenn man eine Eigenkapazität von 2 pF annimmt?

d) Man gebe ein thermisches Ersatzbild an aufgrund des folgenden Erwärmungsversuchs:
Der Widerstand wird an eine Spannung U = 10 V geschaltet. Nach 5 min wird die Endtemperatur T_e = 180 °C bereits zu 95 % erreicht (Umgebungstemperatur T_U = 20 °C).

Lösungen

a) $$R = \frac{1}{\kappa} \cdot \frac{l}{q} = \frac{1}{\kappa} \cdot \frac{\pi \cdot D \cdot N}{0{,}785 \cdot d^2} = \frac{1\text{mm}^2}{0{,}89\ \text{Sm}} \cdot \frac{\pi \cdot 0{,}01\text{m} \cdot 78}{0{,}785 \cdot 0{,}16\text{mm}^2} \simeq \underline{22\ \Omega}\ .$$

$$\frac{l}{D} = 4 \rightarrow \frac{A_L}{D} \simeq 2{,}3\ \frac{\text{nH}}{\text{cm}} \rightarrow L = \frac{A_L}{D} \cdot D \cdot N^2 \simeq 2{,}3\ \frac{\text{nH}}{\text{cm}} \cdot 1\text{cm} \cdot 78^2 \simeq \underline{14\ \mu\text{H}}\ .$$

b) 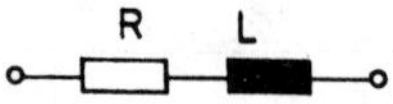

Ersatzbild für höhere Frequenzen

$$Z = \sqrt{R^2 + (\omega L)^2}\ ,\quad \omega_g = \frac{R}{L} = \frac{22\ \Omega}{14 \cdot 10^{-6}\Omega\text{s}} \simeq 1{,}6 \cdot 10^6\ \frac{1}{\text{s}} \rightarrow f_g = \frac{\omega_g}{2\pi} \simeq \underline{250\ \text{kHz}}.$$

c) 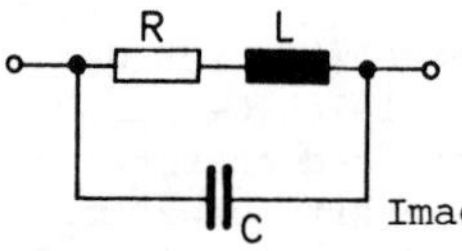

$$\underline{Y} = \frac{1}{R + j\omega L} + j\omega C = \frac{R - j\omega L}{R^2 + (\omega L)^2} + j\omega C$$

Imaginärteil Null: $$f_r = \frac{1}{2\pi\sqrt{LC}} \cdot \sqrt{1 - \frac{R^2 C}{L}} \simeq \underline{30\ \text{MHz}}.$$

d) therm. Ersatzbild

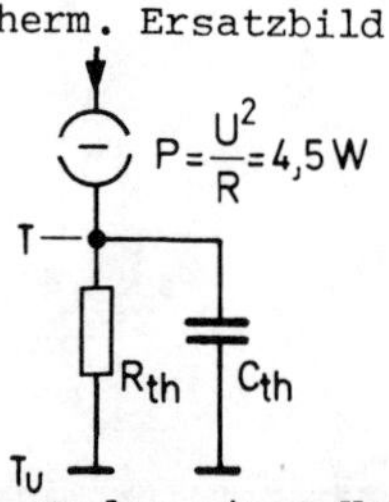

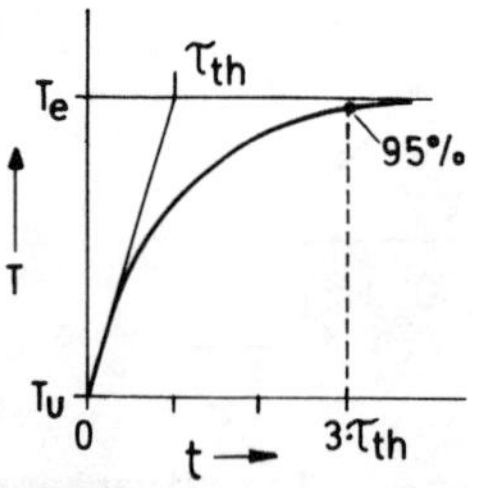

Vgl. Laden eines Kondensators mit Ableitwiderstand durch konstanten Strom.

thermischer Widerstand:

$$R_{th} = \frac{T_e - T_U}{P} = \frac{(180-20)\ ^\circ\text{C}}{4{,}5\ \text{W}} \simeq \underline{35\text{K}/\text{W}}.$$

thermische Zeitkonstante:

$$\tau_{th} = R_{th} \cdot C_{th} \simeq \frac{1}{3} \cdot 5\text{min} = 100\text{s}\ .$$

thermische Kapazität:

$$C_{th} = \frac{\tau_{th}}{R_{th}} \simeq \underline{3\ \frac{\text{Ws}}{\text{K}}}\ .$$

I.5	Widerstandsrauschen

Lehrbuch: Abschnitte 1.5 und 6.4

Gegeben seien zwei Kohleschichtwiderstände mit den Widerstandswerten 10 kΩ und 100 kΩ.

a) Man stelle die thermische Rauschspannung an den offenen Widerstandsklemmen für T = 300 K (27 °C) als Funktion der Frequenz für ein Frequenzband von 0 Hz bis zur Frequenz f graphisch dar, wobei die Tiefpaßwirkung der Eigenkapazität C = 0,5 pF zu beachten ist.

b) Welche Gesamtrauschspannung ergibt sich bei dem 10 kΩ-Widerstand für das Frequenzband Δf von 30 Hz bis 10 kHz unter Berücksichtigung des Stromrauschens, wenn man eine Betriebsspannung von 10 V zugrundelegt, (Stromrauschindex $A_I = 0{,}5 \mu V/_V$).

Lösungen

a) Ersatzbild des offenen Widerstandes

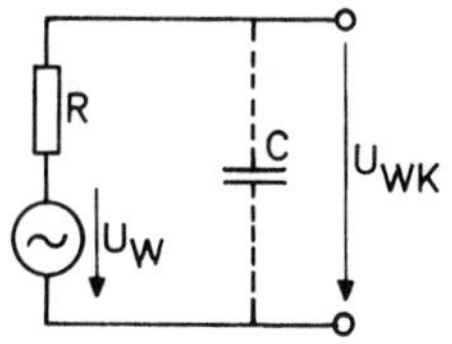

Effektivwert

$$U_W = \sqrt{4\,kT\cdot R\cdot \Delta f}\quad ,$$

Übertragungsfaktor

$$A = \frac{U_{WK}(f)}{U_W(f)} = \frac{1}{\sqrt{1+(2\pi f\cdot CR)^2}}\ .$$

Intervall df:

$$U_W^2 = 4kT\cdot R\cdot df \;\rightarrow\; U_{WK}^2 = \frac{4kT\cdot R}{1+(2\pi fCR)^2}\,df\ .$$

Intervall Δf von 0 Hz bis f:

$$U_{WK}^2 = \int_0^f \frac{4kT\cdot R}{1+(2\pi fCR)^2}\,df = \frac{2kT}{\pi C}\cdot \arctan(2\pi CRf)\ .$$

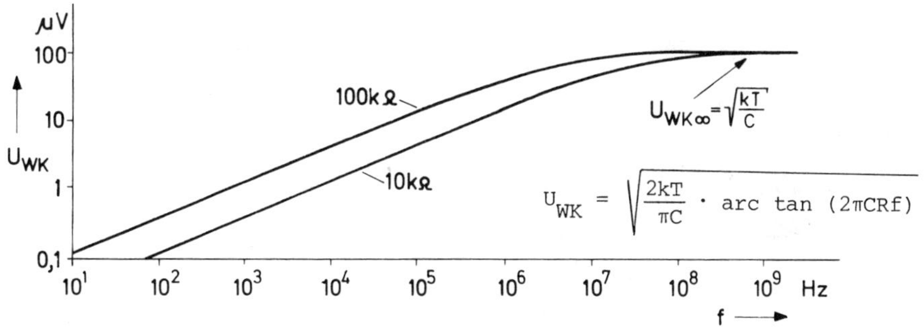

b) Für das Wärmerauschen gilt in dem betrachteten Intervall $U_W \simeq U_{WK}$:

$$U_W = \sqrt{4kT\cdot R\cdot\Delta f} = \sqrt{4\cdot 1{,}38\cdot 10^{-23}\,WS/_K\cdot 300K\cdot 10^4\Omega\cdot 9970\,\tfrac{1}{s}} \simeq 1{,}3\ \mu V\ .$$

Mit $A_I = 0{,}5\,\frac{\mu V}{V}$ findet man für die Stromrauschspannung:

$$U_S = U_-\cdot A_I\cdot\sqrt{\lg\frac{f_2}{f_1}} = 10V\cdot 0{,}5\,\frac{\mu V}{V}\cdot\sqrt{\lg\frac{10000}{30}} \simeq 8\ \mu V\ .$$

Die Gesamtrauschspannung U_r wird:

$$U_r = \sqrt{U_{WK}^2+U_S^2} \simeq \sqrt{(1{,}3)^2+8^2}\ \mu V \simeq \underline{8\ \mu V}\ .$$ Das Stromrauschen dominiert!

I.6	Varistor - nichtlinearer Widerstand

Lehrbuch: Abschnitt 2.5 und Anhang XI

Ein Varistor (VDR) habe eine Strom-Spannungs-Kennlinie entsprechend der folgenden Funktion:

$$I = \left(\frac{U}{B}\right)^n \cdot A \quad \text{mit} \quad B = 200\ \text{V},\ n = 3.$$

Er werde an einer sinusförmigen Spannung mit dem Scheitelwert $\hat{u} = 100$ V bei der Frequenz $f = 50$ Hz betrieben.

a) Man zeichne die Strom-Spannungs-Kennlinie des Varistors.

b) Man ermittle die Zeitfunktion und das Amplitudenspektrum des Stromes für den angegebenen Betrieb.

c) Man bestimme den Scheitelwert, Effektivwert und Klirrfaktor des Stromes.

d) Welche (mittlere) Leistung nimmt der Varistor auf?

Lösungen

a)

$\frac{U}{V}$	$\frac{I}{mA}$
0	0
20	1
40	8
60	27
80	64
100	125

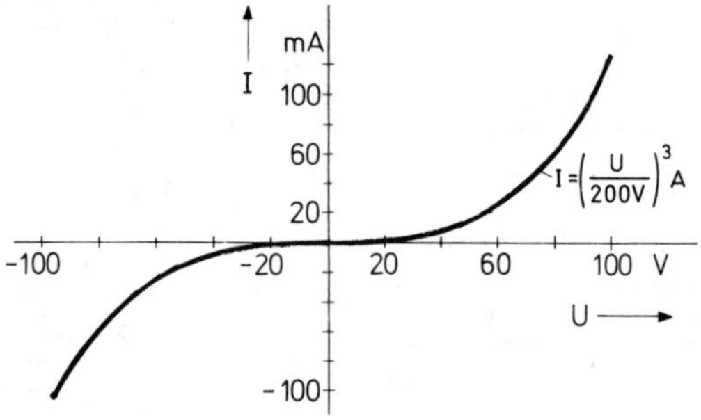

b)

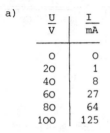

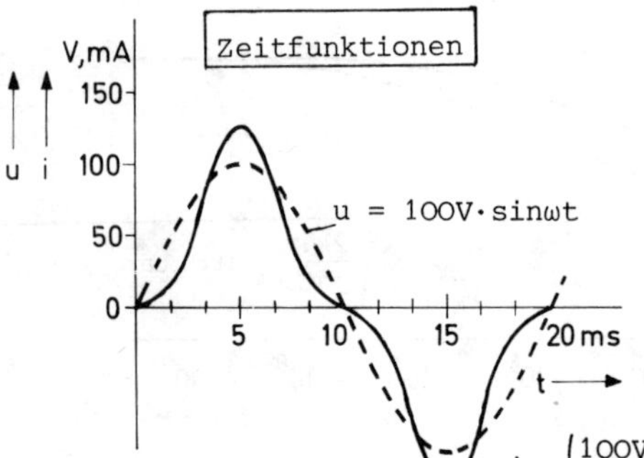

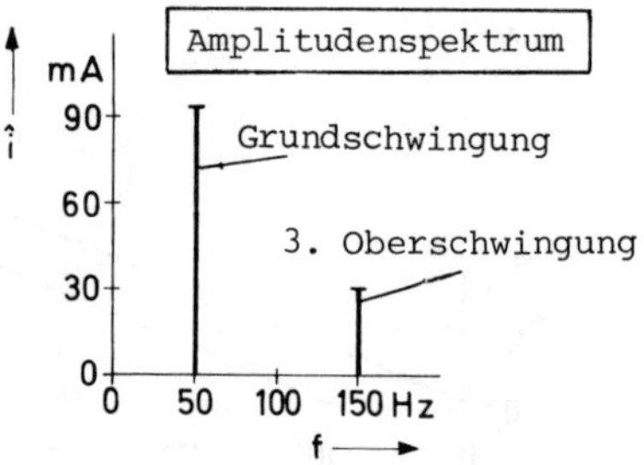

$$i = \left(\frac{100\text{V}\ \sin\omega t}{200\text{V}}\right)^3 \text{A} = 93{,}7\ \text{mA} \cdot \sin\omega t - 31{,}3\ \text{mA} \cdot \sin 3\omega t\ .$$

c) $\hat{i} = \underline{125\ \text{mA}}$, $I = \sqrt{\left(\frac{93{,}7}{\sqrt{2}}\right)^2 + \left(\frac{31{,}3}{\sqrt{2}}\right)^2}\ \text{mA} \simeq \underline{70\ \text{mA}}$, $k = \frac{31{,}3}{\sqrt{93{,}7^2 + 31{,}3^2}} \simeq \underline{0{,}32}$.

d) $P = \underbrace{\frac{100\ \text{V}}{\sqrt{2}} \cdot \frac{93{,}7\ \text{mA}}{\sqrt{2}}}\ \simeq \underline{4{,}7\ \text{W}}$. (Effektivwerte der Grundschwingungen)

Nur Spannungen und Ströme gleicher Frequenz ergeben im zeitlichen Mittel eine Leistung verschieden von Null!

I.7	Kaltleiter - PTC-Widerstand

Lehrbuch: Abschnitt 2.4

Ein keramischer Kaltleiter habe nebenstehende Widerstands-Temperaturkennlinie und einen thermischen Leitwert $G_{th} = 2{,}5\ \frac{mW}{K}$ gegenüber ruhender Luft.

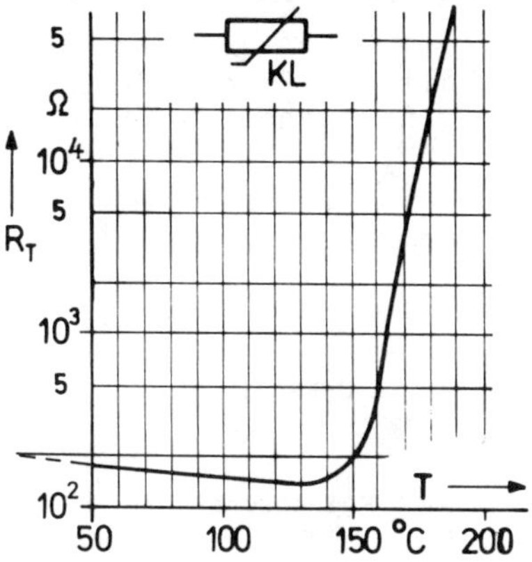

a) Man ermittle tabellarisch die stationäre I-U-Kennlinie für eine Umgebungstemperatur T_U = 20 °C.

b) Wie hoch sind der Einschaltstrom und der stationäre Strom, wenn man den Kaltleiter über einen Vorwiderstand R_V = 100 Ω an eine Spannung U = 20 V schaltet.

c) Auf welchen Endwert stellt sich der Strom ein, wenn der Kaltleiter ohne Vorwiderstand an 20 V betrieben wird?

d) Welche Temperatur erreicht der KL im Fall c)?

Lösungen

a) ▼ b und c) graphische Lösung ▶

				I-U-Kennlinie	
$\frac{T}{°C}$	$\frac{R_T}{k\Omega}$	$\frac{\Delta T}{K}$	$\frac{P}{mW}$	$\frac{U}{V}$	$\frac{I}{mA}$
20	0,2	0	0	0	0
50	0,18	30	75	3,7	20,4
100	0,15	80	200	5,5	36,5
130	0,14	110	275	6,2	44,3
150	0,2	130	325	8,1	40,3
160	0,45	140	350	12,5	27,9
165	1,5	145	363	23,3	15,5
170	4	150	375	38,7	9,7
Kennlinie R-T		$T-T_U$	$\Delta T \cdot G_{th}$	$\sqrt{P \cdot R_T}$	$\frac{U}{R_T}$

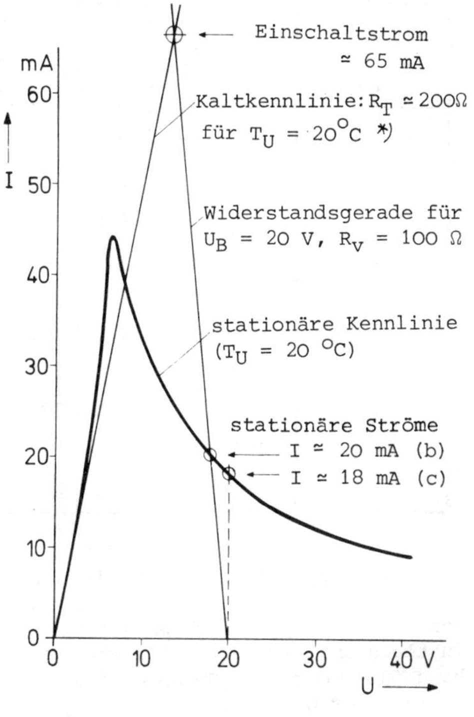

d) $\Delta T = \frac{P}{G_{th}} = \frac{18\ mA \cdot 20\ V}{2{,}5\ mW/_K} = 144\ K$,

$T = \Delta T + T_U = \underline{164\ °C}$.

*) Varistor-Effekt vernachlässigt

I.8	Heißleiter - I-U-Kennlinien

Lehrbuch: Abschnitt 2.3

Gegeben sei ein Heißleiter HL mit den Werten $R_{20} = 2{,}5$ kΩ und $B = 3420$ K, $G_{th} = 0{,}8$ mW/K .

a) Man ermittle die Widerstands-Temperatur-Kennlinie sowie die stationäre I-U-Kennlinie für $T_U = 20\,^{\circ}C$ in tabellarischer Form, wenn der Heißleiter der Beziehung $R_T = A \cdot e^{B/T}$ folgt.

b) Man ermittle die resultierende I-U-Kennlinie für den Fall, daß der Heißleiter mit einem linearen Widerstand R = 75 Ω in Reihe geschaltet wird ($T_U = 20\,^{\circ}C$).

Lösungen

a)

$$R_T = A \cdot e^{\frac{B}{T}} \quad \text{mit T in Kelvin (K)}$$

$$T \text{ in K} = T \text{ in } ^{\circ}C + 273 \text{ K} \;.$$

$$2{,}5\,k\Omega = A \cdot e^{\frac{3420\,K}{293\,K}} \quad \text{bei } T = 20\,^{\circ}C,$$

$$\rightarrow A = 2{,}13 \cdot 10^{-5}\,k\Omega \;.$$

$\frac{T}{^{\circ}C}$	$\frac{R_T}{k\Omega}$	$\frac{\Delta T}{K}$	$\frac{P}{mW}$	$\frac{U}{V}$	$\frac{I}{mA}$
20	2,5	0	0	0	0
30	1,7	10	8	3,7	2,2
50	0,84	30	24	4,5	5,4
70	0,46	50	40	4,3	9,3
80	0,34	60	48	4,1	11,8
100	0,20	80	64	3,6	17,9
110	0,16	90	72	3,4	21,2
150	0,07	130	104	2,7	38,6
$R_T = A \cdot e^{\frac{B}{T}}$		$T - T_U$	$\Delta T \cdot G_{th}$	$\sqrt{P \cdot R_T}$	$\frac{U}{R_T}$

b) I-U-Kennlinien

Bei der Reihenschaltung addieren sich die Spannungen.

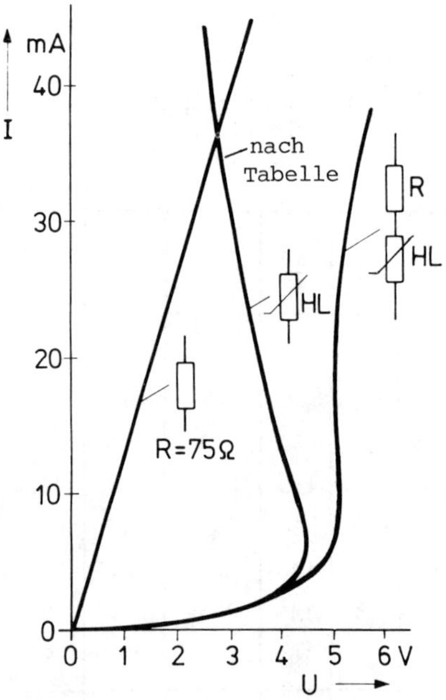

Alle drei Kennlinien nach b) gelten für Gleich- und für Wechselstrom. Das Letztere gilt für den Heißleiter jedoch nur bei ausreichender Frequenz, wobei sich eine praktisch konstante Temperatur entsprechend der mittleren Verlustleistung einstellt. Die steil ansteigende Kennlinie der Kombination R-HL kann für Zwecke der Spannungsstabilisierung genutzt werden analog der Kennlinie einer Z-Diode.

I.9	Kompensationsheißleiter

Lehrbuch: Abschnitt 2.2 und 2.3

Es wird ein Widerstand mit fallender Widerstands-Temperatur-Kennlinie gesucht, bei dem der Widerstandswert im Bereich von 20 °C bis 80 °C von 5 kΩ auf 4 kΩ etwa linear abnehmen soll.

a) Man entwerfe mit dem Heißleiter des vorigen Beispiels eine geeignete Widerstandskombination.

b) Man stelle die R-T-Kennlinie der Kombination dar.

c) Welche Linearitätsabweichung F tritt in der Bereichsmitte auf?

d) Welcher resultierende Temperaturkoeffizient ergibt sich bei 50 °C?

e) Welcher Strom I darf bei 50 °C über die Kombination fließen, wenn der Heißleiter dadurch nur eine Temperaturerhöhung von 1 K erfährt?

Lösungen

a)

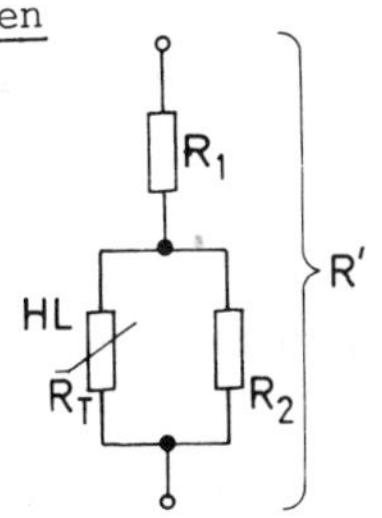

$$20\ ^\circ C:\ R_1 + \frac{R_{20} \cdot R_2}{R_{20} + R_2} = 5\ k\Omega \quad \text{mit } R_{20} = 2{,}5\ k\Omega\ ,$$

$$80\ ^\circ C:\ R_1 + \frac{R_{80} \cdot R_2}{R_{80} + R_2} = 4\ k\Omega \quad \text{mit } R_{80} = 0{,}34\ k\Omega\ ,$$

$$\rightarrow\ \underline{R_1 = 3{,}7\ k\Omega}\ ,\quad \underline{R_2 = 2{,}7\ k\Omega}\ .$$

b)

$\frac{T}{^\circ C}$	$\frac{R_T}{k\Omega}$	$\frac{R'}{k\Omega}$
20	2,5	5
30	1,7	4,7
50	0,84	4,3
70	0,46	4,1
80	0,34	4

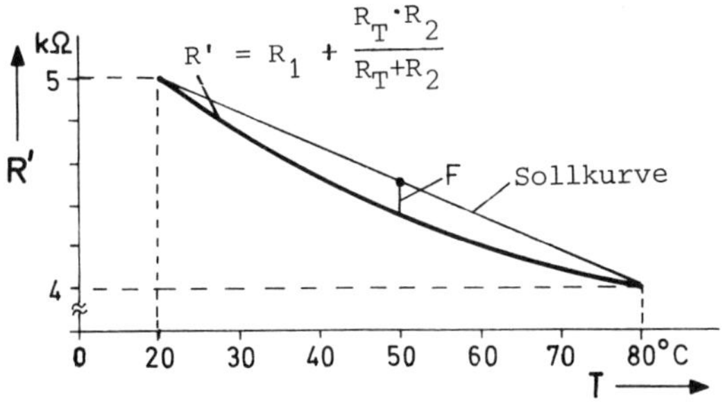

c) $F \simeq 0{,}2 k\Omega\ ,\ F_{rel} = \frac{F}{R'_{soll}} \cdot 100\% = \frac{0{,}2 k\Omega}{4{,}5 k\Omega} \cdot 100\% \simeq \underline{4{,}5\%}\ .$

d) $TK_{50} \simeq \frac{\Delta R'}{\Delta T} \cdot \frac{1}{R'_{50}} = \frac{(4{,}1-4{,}7)k\Omega}{40K} \cdot \frac{1}{4{,}3k\Omega} \simeq \underline{-\ 3{,}5 \cdot 10^{-3}\ \frac{1}{K}}\ .$

e) $I_{HL} = \sqrt{\frac{\Delta T \cdot G_{th}}{R_T}} = \sqrt{\frac{1K \cdot 0{,}8mW/_K}{0{,}84k\Omega}} \simeq 1mA,\ \rightarrow U_{HL} \simeq 1mA \cdot 0{,}84k\Omega = 0{,}84V\ ,$

$I_{R2} = \frac{U_{HL}}{R_2} = \frac{0{,}84V}{2{,}7k\Omega} \simeq 0{,}31mA \ \rightarrow\ I = I_{HL} + I_{R2} \simeq \underline{1{,}3mA}\ .$

I.10	Heißleiter - Meßbrücke

Lehrbuch: Abschnitt 2.2

Gegeben sei eine Brückenschaltung mit 2 Festwiderständen R und 2 Heißleitern HL, zwischen denen ein Temperaturgleichlauf bestehen soll. Die Heißleiter haben die Daten: $R_{20} = 2{,}5\ \mathrm{k\Omega}$, $B = 3420\ \mathrm{K}$, $G_{th} = 0{,}8\ \mathrm{mW/K}$ (vgl. Aufg. I.8).

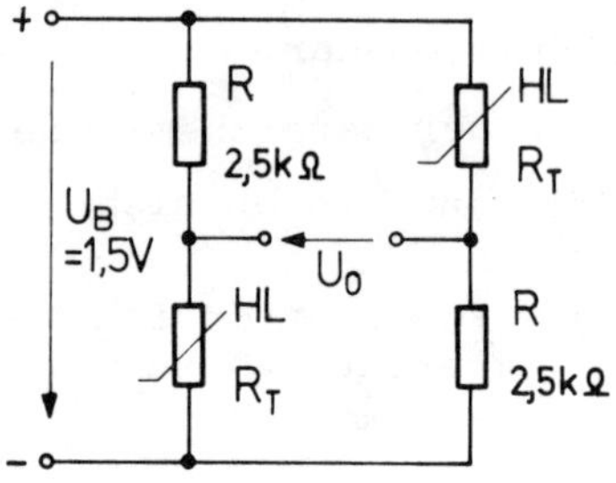

a) Man bestimme die Diagonalspannung $U_o = f(U_B, R, R_T)$ und den Brückeninnenwiderstand $R_i = f(R, R_T)$.

b) Welche Spannung U_o tritt auf, wenn infolge einer Temperaturerhöhung um $\Delta T = 2\ \mathrm{K}$ die bei 20°C abgeglichene Brücke verstimmt wird?

c) Man ermittle den Verlauf der Spannung U_o und des Innenwiderstandes über der Temperatur für das Intervall $0\ ^\circ\mathrm{C} < T < 100\ ^\circ\mathrm{C}$.

d) Welche Übertemperatur können die Heißleiter in der unbelasteten Brückenschaltung infolge der ihnen zugeführten elektrischen Verlustleistung annehmen?

e) Die Brücke werde an den Ausgangsklemmen belastet durch ein Anzeigeinstrument mit Widerstand $R_M = 1\ \mathrm{k\Omega}$. Man ermittle den Strom I_M durch das Instrument in Abhängigkeit von der Temperatur.

f) Welche maximale Leistung können die Heißleiter bei belasteter Brücke aufnehmen?

Lösungen

a) $$U_o = U_B \frac{R-R_T}{R+R_T}\ , \qquad R_i = \frac{R \cdot R_T}{R+R_T} \cdot 2\ .$$

b) $$U_o = U_B \frac{R-(R_{20}+\Delta R_T)}{R+(R_{20}+\Delta R_T)}\ , \qquad TK_{20} = -\frac{B}{T^2} = -0{,}04\ \frac{1}{K}\ ,$$

$$\Delta R_T = R_{20} \cdot TK_{20} \cdot \Delta T$$

$$= 2{,}5\ \mathrm{k\Omega} \cdot (-0{,}04\ \tfrac{1}{K}) \cdot 2K = -200\ \Omega\ ,$$

$$\rightarrow U_o = U_B \cdot \frac{2{,}5\ \mathrm{k\Omega} - (2{,}5\ \mathrm{k\Omega} - 0{,}2\mathrm{k\Omega})}{2{,}5\ \mathrm{k\Omega} + 2{,}5\mathrm{k\Omega} - 0{,}2\mathrm{k\Omega}} \simeq \underline{60\mathrm{mV}}\ .$$

c) $\quad R_T = A \cdot \exp\frac{B}{T}$ mit $A = 2{,}13 \cdot 10^{-5}$ kΩ

$\frac{T}{°C}$	$\frac{R_T}{k\Omega}$	$\frac{U_o}{V}$	$\frac{R_i}{k\Omega}$
0	5,9	-0,6	3,5
20	2,5	0	2,5
50	0,84	0,75	1,26
80	0,34	1,14	0,6
100	0,2	1,28	0,37

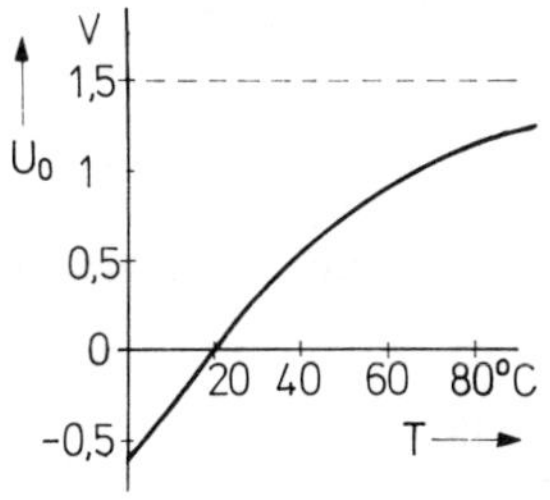

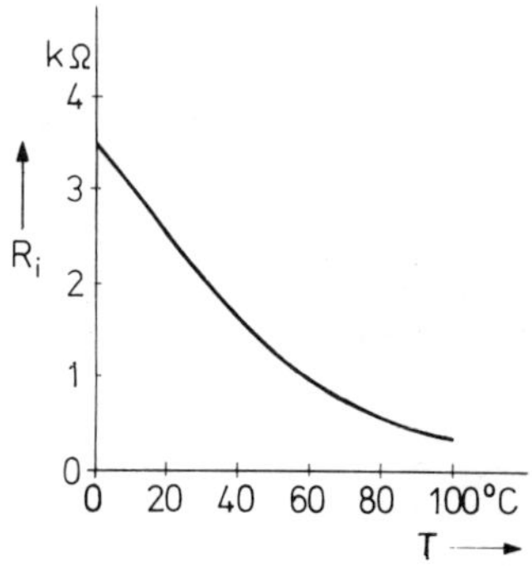

d) $$P_{max} = \left(\frac{U_B}{2}\right)^2 \cdot \frac{1}{R} = \frac{(0{,}75\ V)^2}{2{,}5\ k\Omega} = 0{,}225\ mW$$ (Leistungsanpassung)

$$\Delta T_{max} = \frac{P_{max}}{G_{th}} = \frac{0{,}225\ mW}{0{,}8\ mW/_K} = \underline{0{,}28\ K}\ .$$

Bei $R_T = R = 2{,}5$ kΩ nehmen sie die größtmögliche Leistung auf.

e)

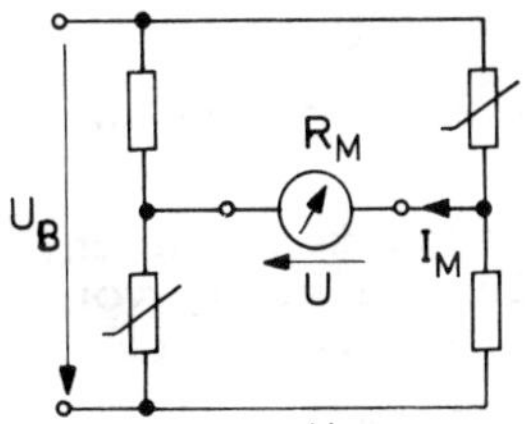

$$I_M = \frac{U_0}{R_i + R_M}$$

$\frac{T}{°C}$	$\frac{I_M}{mA}$
0	-0,13
20	0
50	0,33
80	0,71
100	0,93

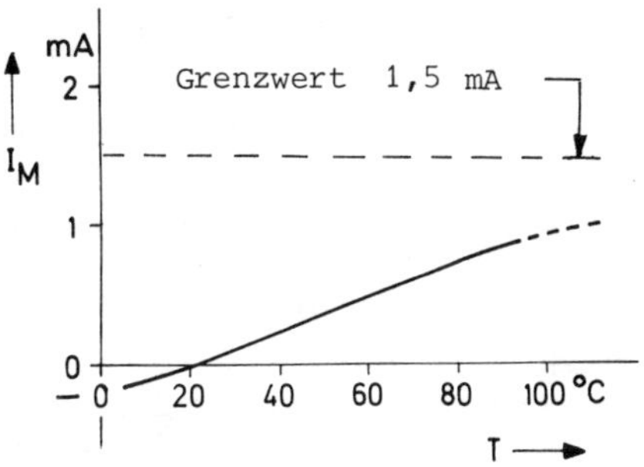

f)

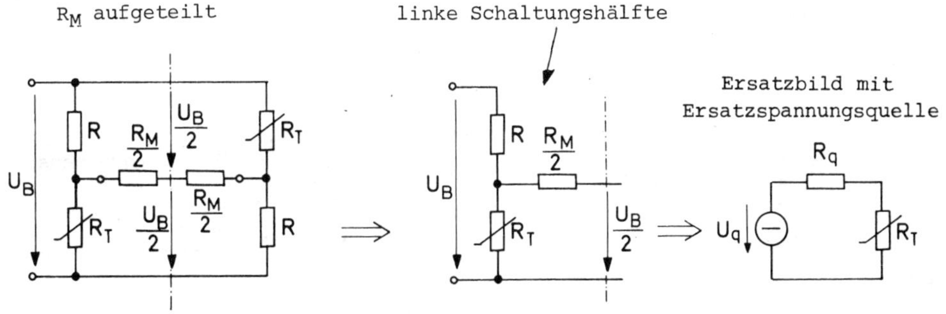

Man betrachtet nur eine Schaltungshälfte :

$$U_q = U_B \cdot \frac{R_M/2}{R + R_M/2} + \frac{U_B}{2} \cdot \frac{R}{R + R_M/2}$$ (Überlagerung) $\qquad R_q = R \,\|\, \frac{R_M}{2} = 0{,}42\ k\Omega$,

$$= 0{,}25\ V + 0{,}625\ V = 0{,}875\ V \longrightarrow P_{max} = \left(\frac{U_q}{2}\right)^2 \cdot \frac{1}{R_q} \approx \underline{0{,}45 mW}\ .$$

I.11 Fotowiderstand

Lehrbuch: Abschnitt 2.8

Über einen Fotowiderstand soll ein Relais in Abhängigkeit von der einwirkenden Beleuchtungsstärke geschaltet werden. Die I-U-Kennlinien des Fotowiderstandes sind gegeben.

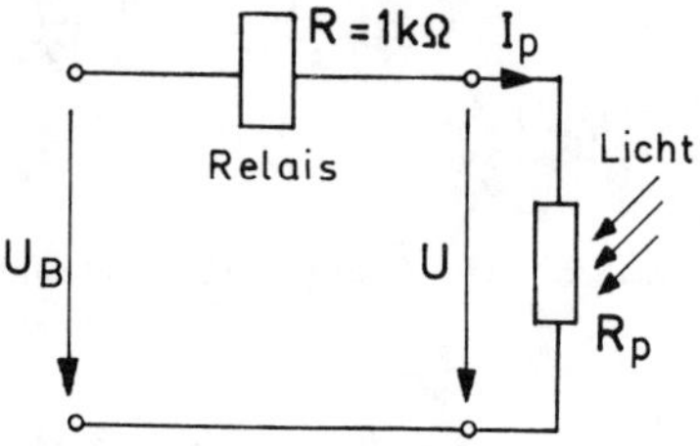

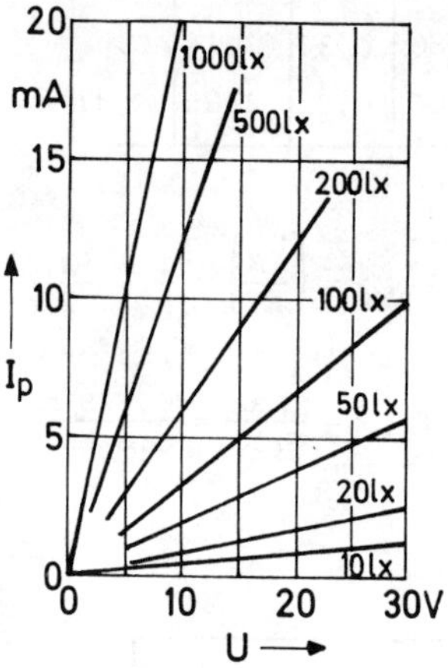

Relais:

Anzugstrom I_{AN} = 4 mA

Abfallstrom I_{AB} = 2 mA

a) Man trage die Verlustleistungshyperbel für P_{max} = 100 mW in das Kennlinienfeld ein.

b) Welchen Wert darf die Betriebsspannung U_B höchstens haben, wenn die angegebene maximal zulässige Verlustleistung von 100 mW nicht überschritten werden darf?

c) Man zeichne die zugehörige Widerstandsgerade im I-U-Kennlinienfeld ein und beachte, daß sie die Verlustleistungshyperbel bei $U = \frac{1}{2} U_B$ tangiert.

d) Bei welcher Beleuchtungsstärke zieht das Relais an bzw. fällt ab?

e) Welche Verlustleistung kann das Relais höchstens aufnehmen?

Lösungen

a) und c)

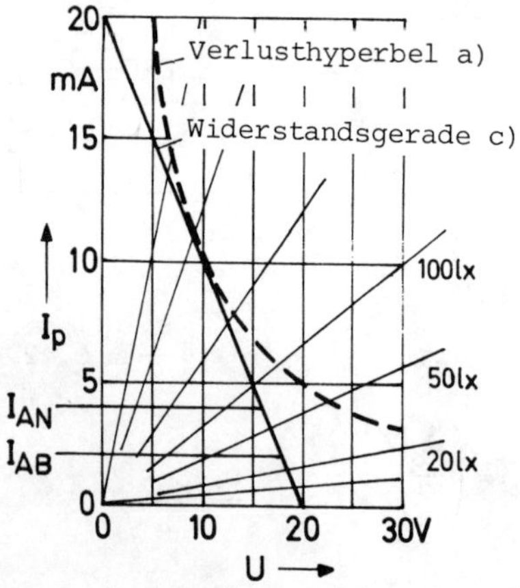

b)
$$P_{max} = \left(\frac{U_B}{2}\right)^2 \cdot \frac{1}{R} \quad \text{(Leistungsanpassung)}$$

$$U_B = \sqrt{4\, P_{max} \cdot R} = \underline{20\ \text{V}}\ .$$

d) Relais zieht an bei ca. 75 lx,
Relais fällt ab bei ca. 30 lx
(Ablesung aus Kennlinienfeld).

e) $I_{max} = \frac{U_B}{R} = \frac{20\ \text{V}}{1\ \text{k}\Omega} = 20\ \text{mA}$ für $R_p \rightarrow 0$,

$P_{R\,max} = (20\ \text{mA})^2 \cdot 1\ \text{k}\Omega = \underline{0{,}4\ \text{W}}$.

I.12	Feldplatte

Lehrbuch: Abschnitt 2.7

Gegeben sei ein Feldplattenmikrophon, bei dem eine Feldplatte angeordnet ist hinter einer beweglichen Membran im Luftspalt eines magnetischen Kreises. Sie bildet zusammen mit dem Widerstand R_2 einen Spannungsteiler. Im Ruhezustand sei die Luftspaltinduktion $B=B_O=0,7$ T.

Schaltung:

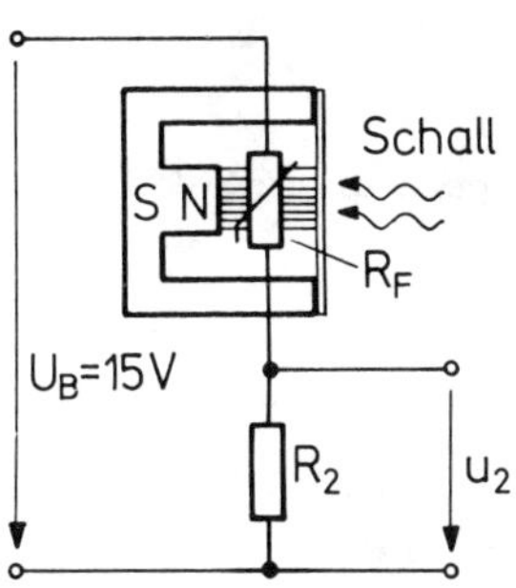

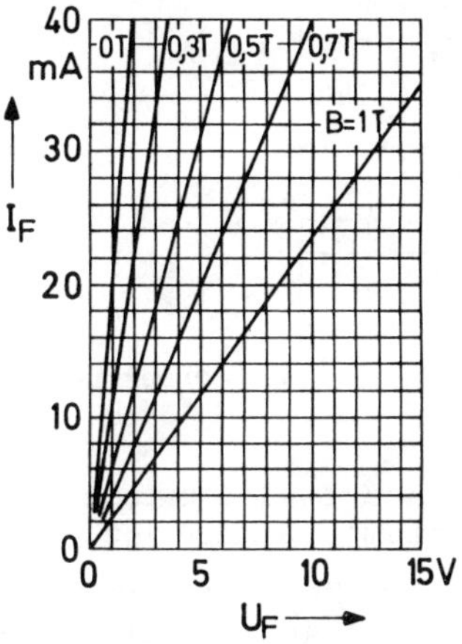

◀ I-U-Kennlinien der Feldplatte

Widerstand der Feldplatte:

$$R_F = \frac{U_F}{I_F}$$

Empfindlichkeit der Feldplatte:

$$S = \frac{dR_F}{dB}$$

a) Man bestimme den Ruhewert der Spannung u_2, wenn der Widerstand R_2 1 kΩ beträgt.

b) Welche Empflindlichkeit weist die Feldplatte in der Umgebung **des Induktionswertes** B_O **auf** ?

c) Welchen Wert müßte der Widerstand R_2 haben, damit die Ausgangsspannung möglichst stark auf eine Induktionsänderung reagiert?

d) Mit welcher Betriebsspannung darf die Schaltung nach c) höchstens betrieben werden, wenn eine Verlustleistung von 50 mW in der Feldplatte nicht überschritten werden soll?

Lösungen

a) $R_{FO} = \frac{5\ V}{20\ mA} = 250\ \Omega$ (Kennlinie für B_O), $U_{2O} = 15\ V \cdot \frac{1\ k\Omega}{1,25\ k\Omega} = \underline{12\ V}$.

b) Es werden die Kennlinien für B = 0,5 T und B = 1 T untersucht.

$B = 0,5\ T : R_F \approx 160\ \Omega,\ B = 1\ T : R_F \approx 430\ \Omega$,

$$S_O \approx \frac{\Delta R_F}{\Delta B} = \frac{430\Omega - 160\Omega}{0,5\ T} = \underline{540\ \frac{\Omega}{T}} .$$

c) $u_2 = U_B \cdot \frac{R_2}{R_2+R_F(B)}$, $\frac{du_2}{dB} = -U_B \cdot \frac{S_O R_2}{(R_2+R_F)^2} = E$, $\frac{dE}{dR_2} = -U_B \cdot \frac{S_O(R_F^2-R_2^2)}{(R_2+R_f)^4}$.

E wird maximal für $\underline{R_2 = R_F = 250\ \Omega}$. (E = Mikrophonempfindlichkeit)

d) $P_{Fmax} = 50\ mW = \left(\frac{U_B}{2}\right)^2 \cdot \frac{1}{R_2} \longrightarrow \underline{U_B \approx 7\ V}$. (Leistungsanpassung)

Lehrbuch: Abschnitte 3.1 und 16.1

Gegeben ist die Durchlaßkennlinie einer Si-Diode in halblogarithmischer Darstellung.

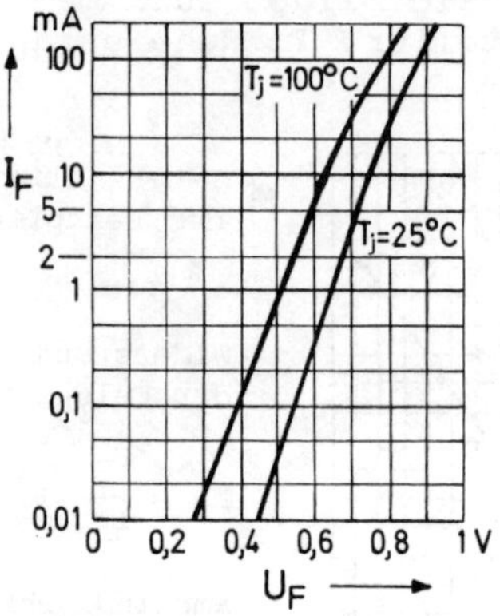

Für $I_F < 10$ mA (gerader Teil) gilt die modifizierte Shockleygleichung:

$$I_F \simeq I_{RO}\left(\exp\frac{U_F}{mU_T} - 1\right) \text{ mit } U_T \simeq \frac{86\,\mu V}{K}\cdot T$$

(– 1: vernachlässigbar für $U_F \gg mU_T$)

I_{RO}	Sperrsättigungsstrom (theoretisch)*)
U_T	Temperaturspannung
T	absolute Temperatur in Kelvin
m	Faktor (1...2)

*) Der tatsächliche Sperrstrom ist bedingt durch Oberflächeneffekte meistens größer.

a) Man bestimme aus zwei Punkten der Kennlinie für $T_j = 25\ ^\circ C$ (Sperrschichttemperatur) die Werte für I_{RO} und m.

b) Man bestimme den Zuwachs der Spannung U_F, der sich jeweils bei einer Verdopplung des Diodenstroms ergibt.

c) Man bestimme den Verlauf des differentiellen Widerstandes r_F für den Bereich 1 mA < I_F < 10 mA.

d) Die Durchlaßkennlinie ist für den Bereich 0 < I_F < 10 mA mit linearem Maßstab aufzutragen und durch einen geknickten Geradenzug anzunähern.

Lösungen

a) $1\text{mA} \simeq I_{RO}\cdot\exp\frac{650\text{mV}}{m\cdot 26\text{mV}}$, $0{,}1\text{mA} \simeq I_{RO}\cdot\exp\frac{550\text{mV}}{m\cdot 26\text{mV}} \rightarrow m = \frac{3{,}85}{\ln 10} = \underline{1{,}67}$,

$I_{RO} \simeq \underline{0{,}3\text{nA}}$.

b) $$\left.\begin{aligned} I_{F1} &\simeq 0{,}3\text{nA}\cdot\exp\frac{U_{F1}}{m\cdot 26\text{mV}} \\ I_{F2} &\simeq 0{,}3\text{nA}\cdot\exp\frac{U_{F1}+\Delta U}{m\cdot 26\text{mV}} \end{aligned}\right] \rightarrow \frac{I_{F2}}{I_{F1}} = 2 = \exp\frac{\Delta U}{m\cdot 26\text{mV}} \rightarrow \Delta U = m\cdot\ln 2\cdot 26\text{mV} \simeq \underline{30\text{mV}}\ .$$

c)

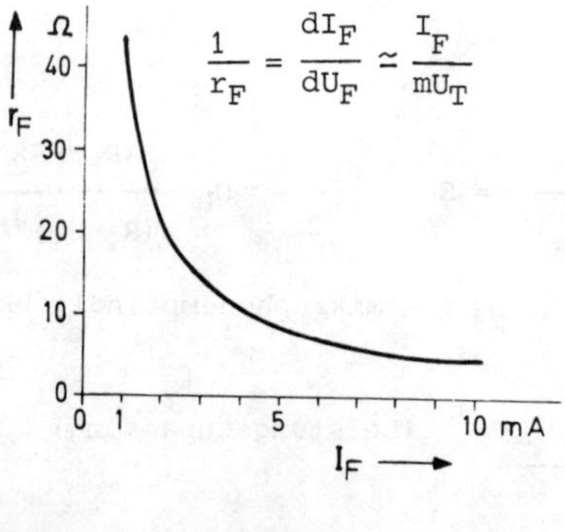

$$\frac{1}{r_F} = \frac{dI_F}{dU_F} \simeq \frac{I_F}{mU_T}$$

d)

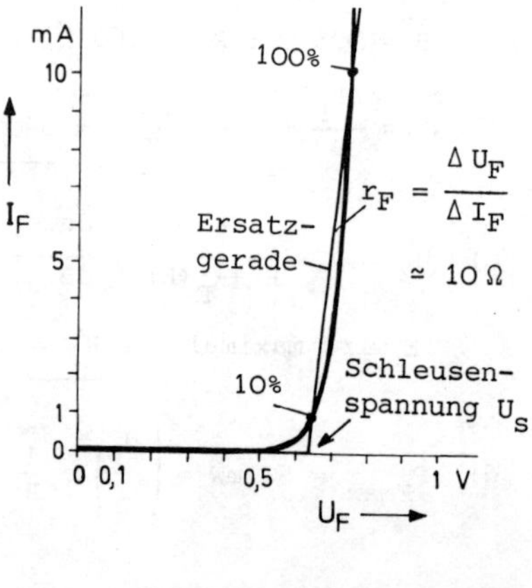

I.14	Reihenschaltung Diode - Widerstand

Lehrbuch: Abschnitt 3.1 und 16.1

Ein Sägezahngenerator arbeitet auf die Reihenschaltung einer Si-Diode mit einem Widerstand R_L = 500 Ω. Die Sperrschicht-temperatur T_j sei gleich der Umgebungstemperatur T_U = 25 °C. Die Diodenkennlinie werde angenähert durch eine Ersatzgerade mit U_S = 0,6 V und r_F = 10 Ω.

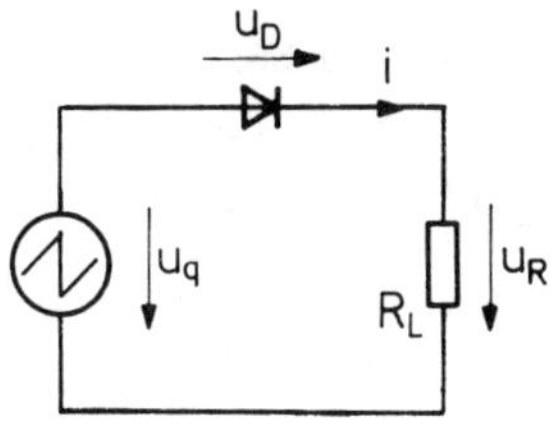

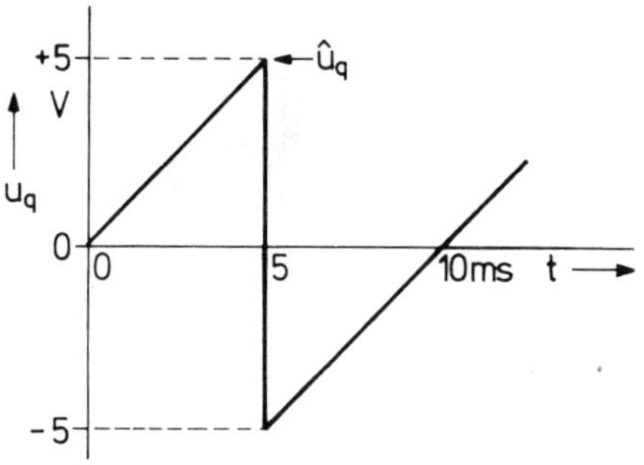

a) Man bestimme den Maximalwert $\hat{i}$ des Stromes i und zeichne seinen Zeitverlauf.

b) Man berechne den arithmetischen Mittelwert $\bar{i}$ (Richtstrom) des Stromes i sowie den Effektivwert I.

c) Welche (mittlere) Verlustleistung nimmt die Diode auf?

d) Welche Übertemperatur stellt sich tatsächlich ein bei einem Wärmewiderstand R_{thJU} (R_{thU}) = 0,3 K/mW ?

Lösungen

a) $\hat{i} = \frac{\hat{u}_q - U_S}{R_L + r_F} = \frac{(5-0,6)\,V}{(500+10)\,\Omega} \approx \underline{8,6\text{ mA}}$.

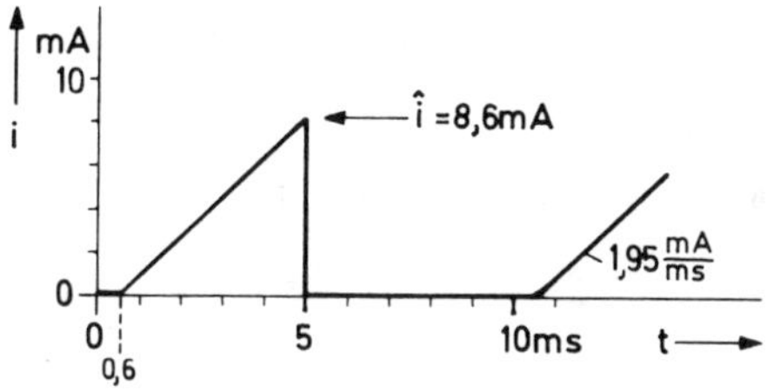

b) $\bar{i} = \frac{1}{T} \cdot \int_0^T i\,dt = \frac{8,6\text{ mA} \cdot 4,4\text{ ms}}{2} \cdot \frac{1}{10\text{ ms}} \approx \underline{1,9\text{ mA}}$.

$$I = \sqrt{\frac{1}{T} \cdot \int_0^T i^2\,dt} = \sqrt{\frac{1}{10\text{ms}} \cdot \int_0^{4,4\text{ms}} \left(1,95\,\frac{\text{mA}}{\text{ms}} \cdot t\right)^2 \cdot dt} \approx \underline{3,3\text{ mA}}$$.

↑ versetzter Nullpunkt

c) $P = U_S \cdot \bar{i} + r_F \cdot I^2 = 0,6\text{V} \cdot 1,9\text{mA} + 10\Omega \cdot (3,3\text{mA})^2 \approx \underline{1,25\text{ mW}}$.

d) $\Delta T = P \cdot R_{thU} = 2,25\text{mW} \cdot 0,3\text{K/}_{\text{mW}} = \underline{0,38\text{ K}}$.

Die Annahme $T_j \approx T_U$ ist also hier berechtigt!

Lehrbuch: Abschnitt 3.2

Gegeben sei eine Fotodiode/Fotoelement auf Siliziumbasis.

Strom-Spannungs-Beziehung : $I = I_D - I_P = I_{RO} \cdot (\exp \frac{U}{mU_T} - 1) - S \cdot E$

I_D Dunkelstrom , I_P Fotostrom .

Schaltzeichen:

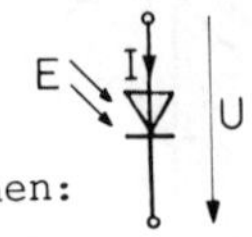

I_{RO}	= 10 nA	Sperrstrom ohne Beleuchtung *)
U_T	= 26 mV	Temperaturspannung bei T = 25 °C
m	= 2	Faktor, gültig für Si-Fotoelemente
S	= 50 $\frac{nA}{lx}$	Fotoempfindlichkeit
E		Beleuchtungsstärke in lx

*) siehe Anmerkung Aufg. I.13

a) Man gebe zu der Strom-Spannungs-Beziehung ein Ersatzbild an.

b) Es sind die I-U-Kennlinien zu berechnen und zu zeichnen für drei verschiedene Beleuchtungsstärken: E = 0 lx, 400 lx, 1000 lx.

c) Welche Spannung U stellt sich jeweils in den beiden folgenden Betriebsfällen A und B ein?

A)

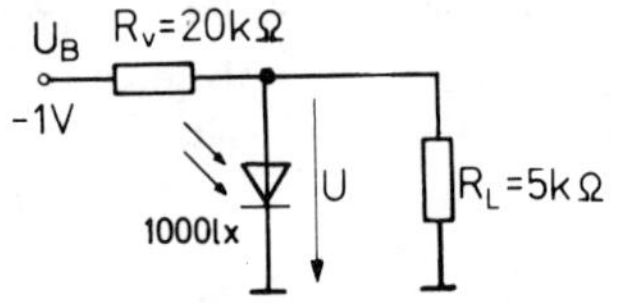

B)

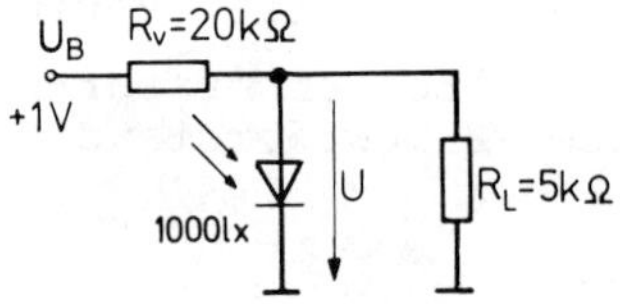

Lösungen

a) Ersatzbild

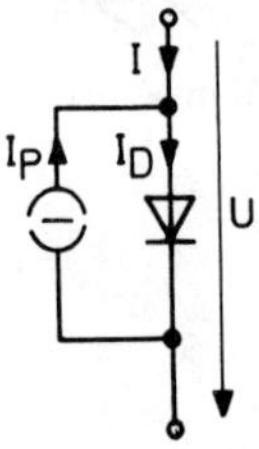

b) I-U-Kennlinien

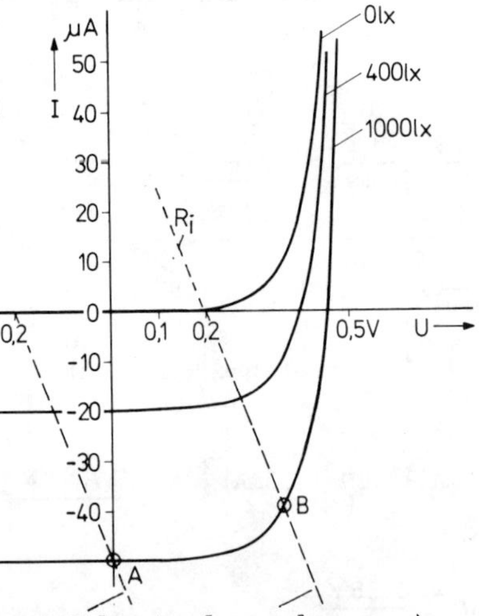

Widerstandsgeraden zu c)

c) Die äußere Beschaltung der Dioden wird durch eine Ersatzspannungsquelle dargestellt:

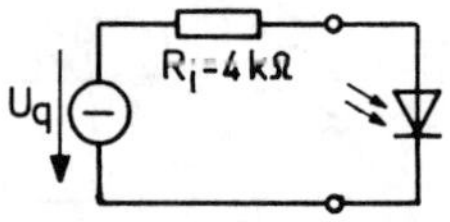

$$U_q = U_B \cdot \frac{R_L}{R_L + R_V} , \quad R_i = \frac{R_V \cdot R_L}{R_V + R_L}$$

$= -0{,}2$ V (Fall A) ,

$= +0{,}2$ V (Fall B) .

Konstruktion der Widerstandsgeraden liefert:

U = <u>0V</u> zu A, U ≃ <u>0,35V</u> zu B.

I.16	Leuchtdioden - Antiparallelschaltung

Lehrbuch: Abschnitte 5.1 und 16.2

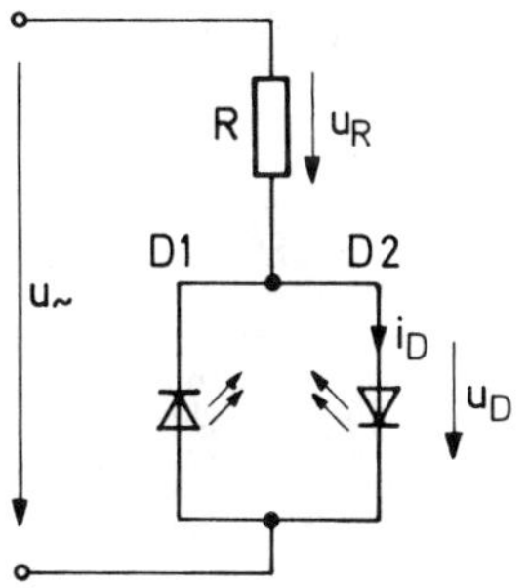

Die Antiparallelschaltung zweier Leuchtdioden D1 und D2 soll über einen Vorwiderstand R = 100 Ω an sinusförmiger Wechselspannung mit dem Effektivwert $U_{\sim} = 6$ V betrieben werden. Für die Diode wird im Durchlaßbetrieb eine konstante Flußspannung $U_D = U_F = 1{,}6$ V angenommen. Ihr Sperrverhalten sei ideal.

a) Man zeichne den Zeitverlauf der Spannung u_D sowie des Stromes i_D während der positiven Halbschwingung und ermittle den Stromflußwinkel λ.

b) Man bestimme die (mittlere) Verlustleistung in einer Diode und im Widerstand R.

Lösungen

a)

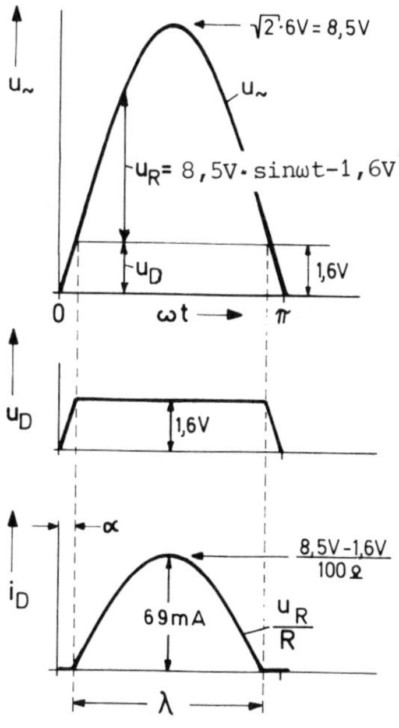

$\alpha = \arcsin \frac{1{,}6}{8{,}5} \approx 11^\circ$,

$\lambda = 180^\circ - 2 \cdot 11^\circ = \underline{158^\circ}$.

b) exakter Lösungsweg:

$$P_D = \frac{1}{2\pi} \cdot \int_{11^\circ}^{169^\circ} 1{,}6\ \text{V} \cdot \frac{8{,}5\text{V}\sin\omega t - 1{,}6\text{V}}{100\ \Omega}\, d\omega t$$

$= \underline{31\ \text{mW}}$,

einfachere Näherungslösung:

$$P_D \approx 1{,}6\ \text{V} \cdot \underbrace{\frac{1}{\pi} \cdot 69\ \text{mA}}_{\text{Strommittelwert}} \approx \underline{35\ \text{mW}} .$$

Der Strom wird als vollständige Sinushalbschwingung betrachtet.

exakter Lösungsweg:

$$P_R = \frac{1}{\pi} \cdot \int_{11^\circ}^{169^\circ} \left(\frac{8{,}5\text{V} \cdot \sin\omega t - 1{,}6\text{V}}{100\ \Omega} \right)^2 \cdot 100\Omega\ d\omega t$$

$= \underline{214\ \text{mW}}$,

einfachere Näherungslösung:

$$P_R \approx \left(\frac{69\text{mA}}{\sqrt{2}} \right)^2 \cdot 100\Omega \approx \underline{240\ \text{mW}} .$$

Die Näherungslösungen werden umso genauer, je größer die Wechselspannung ist ($\lambda \to 180^\circ$).

I.17	Spannungsstabilisierung mit Z-Diode

Lehrbuch: Abschnitt 3.3

Gegeben ist die folgende Schaltung zur Stabilisierung der Spannung über dem Lastwiderstand R_L.

Schaltung

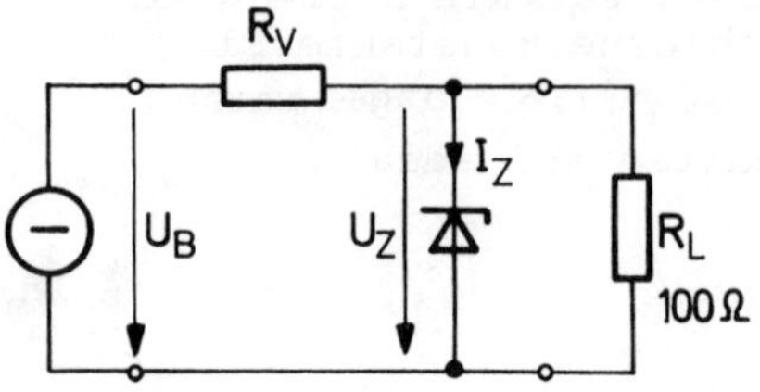

Kennlinie und Ersatzbild der Z-Diode (gültig im Durchbruchgebiet)

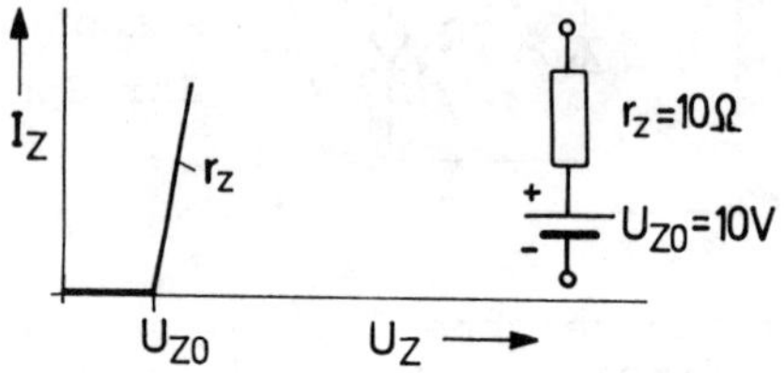

a) Welchen Widerstandswert muß der Vorwiderstand R_V haben, wenn sich bei einer Spannung $U_B = 15$ V ein Strom $I_Z = 10$ mA einstellen soll?

b) Welche Werte erreichen die Spannung U_Z und der Strom I_Z, wenn die Spannung U_B bis auf 20 V ansteigt?

c) Welchen Einfluß hat eine (kleine) Änderung des Lastwiderstandes R_L auf die Spannung U_Z?

d) Bei welchem Wert R_L setzt bei $U_B = 15$ V die Stabilisierung aus?

e) Man beantworte Frage b) unter Berücksichtigung des Temperatureinflusses infolge der erhöhten Verlustleistung.

($R_{thU} = 100$ K/W, $T_U = 20\ ^\circ$C, $TK_U = 5\cdot 10^{-4}\ \frac{1}{K}$ auf U_{ZO} bezogen)

f) Man zeige, daß sich die Temperaturabhängigkeit der Spannung U_{ZO} durch einen Zusatzwiderstand r_{Zth} in Reihe zu dem "inhärenten Widerstand" r_Z erfassen läßt.

Lösungen

a) $U_Z = 10\text{ V} + r_Z \cdot I_Z = 10{,}1\text{ V}$, $I_L = \frac{U_Z}{R_L} = 101\text{ mA}$,

$$R_V = \frac{U_B - U_Z}{I_Z + I_L} = \frac{4{,}9\text{ V}}{111\text{ mA}} = \underline{44{,}14\ \Omega} .$$

b) $\Delta U_B = 5\text{ V} \longrightarrow \Delta U_Z = 5\text{ V} \cdot \frac{r_Z \parallel R_L}{(r_Z \parallel R_L) + R_V} = 5\text{ V} \cdot \frac{9{,}1\ \Omega}{53{,}24\ \Omega} \simeq 0{,}85\text{ V}$,

$$U_Z \simeq 10{,}1\text{ V} + 0{,}85\text{ V} = \underline{10{,}95\text{ V}} , \quad I_Z = \frac{U_Z - U_{ZO}}{r_Z} \simeq \frac{0{,}95\text{ V}}{10\ \Omega} = \underline{95\text{ mA}} .$$

c) $$U_Z = U_B \cdot \frac{r_z \| R_L}{(r_z \| R_L)+R_V} + U_{ZO} \cdot \frac{R_V \| R_L}{(R_V \| R_L)+r_z} = \frac{(U_B \cdot r_z + U_{ZO} \cdot R_V) R_L}{r_z R_V + (r_z+R_V) \cdot R_L},$$

└── Überlagerungsgesetz ──┘

$$\frac{dU_Z}{dR_L} = \frac{U_B r_z^2 \cdot R_V + U_{ZO} R_V^2 \cdot r_z}{\left[r_z R_V + (r_z+R_V) \cdot R_L\right]^2} .$$ Bei $U_B = 15$ V wird:

$$\frac{dU_Z}{dR_L} = \frac{15\text{ V} \cdot (10\Omega)^2 \cdot 44{,}1\,\Omega + 10\text{ V} \cdot (44{,}1\Omega)^2 \cdot 10\Omega}{\left[10\,\Omega \cdot 44{,}1\,\Omega + 54{,}1\,\Omega \cdot 100\,\Omega\right]^2} = \underline{7{,}6\ \frac{\text{mV}}{\Omega}} .$$

Bei einer Änderung des Lastwiderstandes um 1 Ω ändert sich die Spannung U_Z gleichsinnig um 7,6 mV.

d) $$I_Z = 0 :\ U_Z = U_B \frac{R_L}{R_V+R_L} = U_{ZO}, \quad R_L = \frac{U_{ZO} \cdot R_V}{U_B - U_{ZO}} = \frac{10\text{ V} \cdot 44{,}1\Omega}{15\text{ V} - 10\text{ V}} = \underline{88{,}2\ \Omega} .$$

e) Mit den Werten nach b) berechnet man zunächst angenähert die zu erwartende Verlustleistung:

$$P = 10{,}95\text{ V} \cdot 95\text{ mA} = 1{,}04\text{ W} \approx 1\text{ W},$$

$$\Delta T = T - T_U = P \cdot R_{thU} \approx 1\text{ W} \cdot 100\text{ K/W} = 100\text{ K},$$

$$\Delta U_{ZO} = TK_U \cdot U_{ZO} \cdot \Delta T = 5 \cdot 10^{-4}\,\frac{1}{K} \cdot 10\text{ V} \cdot 100\text{ K} = 0{,}5\text{ V}, \rightarrow U_{ZO} = 10{,}5\text{V}.$$

Bei Dauerbetrieb mit $U_B = 20$ V stellen sich also tatsächlich ein:

$$U_Z = \frac{(20\text{ V} \cdot 10\,\Omega + 10{,}5\text{ V} \cdot 44{,}1\,\Omega) \cdot 100\,\Omega}{10\,\Omega \cdot 44{,}1\,\Omega + 54{,}1\,\Omega \cdot 100\,\Omega} \approx \underline{11{,}3\text{ V}}$$ (berechnet nach c))

und

$$I_Z \approx \frac{11{,}3\text{ V} - 10{,}5\text{ V}}{r_z} = \underline{80\text{ mA}} .$$

Offenbar ändern sich Strom und Spannung an der Z-Diode mit steigender Temperatur gegenläufig. Dabei bleibt die Verlustleistung in erster Näherung konstant.

f) $$U_Z = U_{ZO} + TK_U \cdot U_{ZO} \cdot \Delta T + r_z \cdot I_Z ,$$

$$\Delta T = P \cdot R_{thU} = U_Z \cdot I_Z \cdot R_{thU} \approx U_{ZO} \cdot I_Z \cdot R_{thU} .$$ Damit folgt:

$$U_Z \approx U_{ZO} + TK_U \cdot U_{ZO}^2 \cdot R_{thU} \cdot I_Z + r_z \cdot I_Z = \underline{U_{ZO} + (r_{zth} + r_z) \cdot I_Z} .$$

→ Ersatzbild:

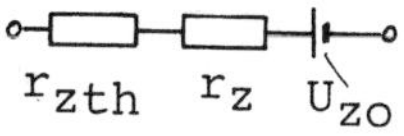

mit $r_{zth} = TK_U \cdot U_{ZO}^2 \cdot R_{thU}$.

Im Beispiel wird:

$$r_{zth} = TK_U \cdot U_{ZO}^2 \cdot R_{thU} = 5 \cdot 10^{-4}\,\frac{1}{K} \cdot 10^2 V^2 \cdot 100\,\frac{K}{W} = \underline{5\ \Omega} .$$

Der Widerstand r_{zth} ist nur wirksam in bezug auf den Gleichstrom I_Z und langsame Stromänderungen, bei denen die Temperatur mitläuft!

I.18	Begrenzerschaltung mit Z-Diode

Lehrbuch: Abschnitt 3.3

Die folgende Begrenzerschaltung mit einer Z-Diode (U_{ZO} = 10V) werde mit einer dreieckförmig pulsierenden Eingangsspannung betrieben.

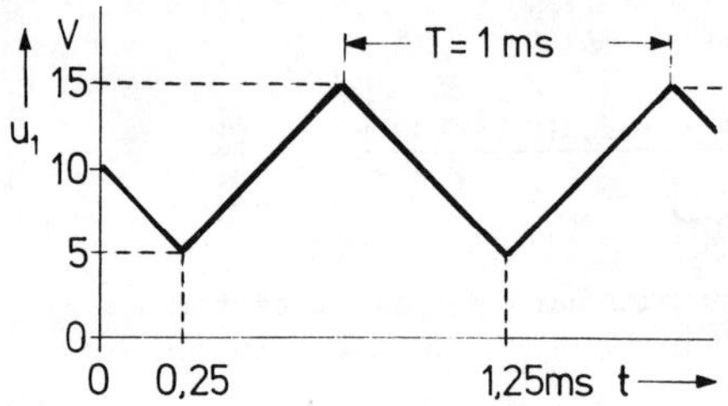

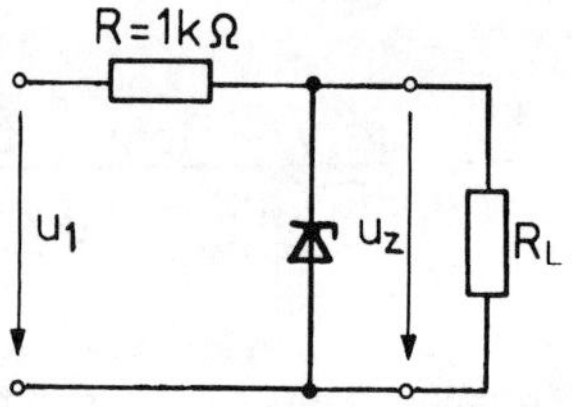

a) Man gebe zu dem linearen Schaltungsteil ($R-R_L$) eine Ersatzspannungsquelle an, die von der Z-Diode belastet wird.

b) Man zeichne maßstäblich den Zeitverlauf der Spannung u_z für die Fälle $R_L \to \infty$ und R_L = 4kΩ mit der Annahme einer idealen Z-Diode (r_z=0).

c) Es ist u_z für den ersten Fall ($R_L \to \infty$) noch einmal darzustellen, wenn die Z-Diode den relativ hohen differentiellen Widerstand r_z = 100Ω aufweist.

Lösungen

a)

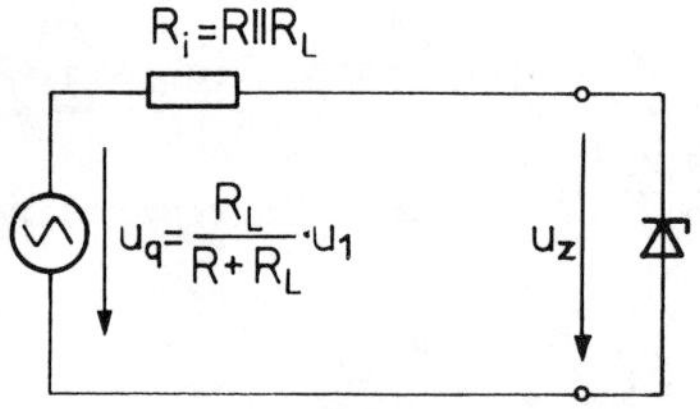

Ersatzspannungsquelle

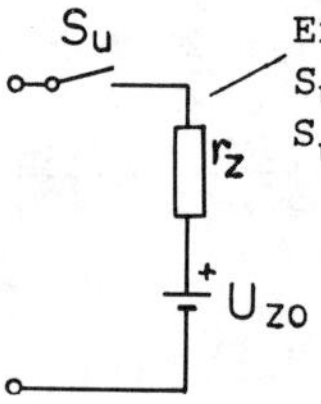

Ersatzbild Z-Diode :
S_u offen für $u_z < U_{ZO}$,
S_u geschlossen für $u_z > U_{ZO}$.

b)

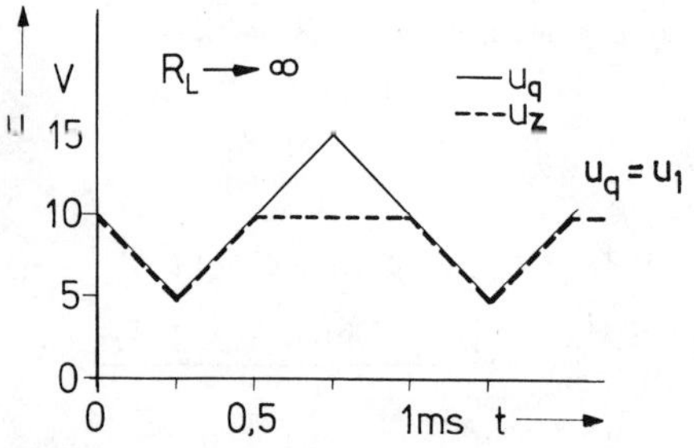

c)

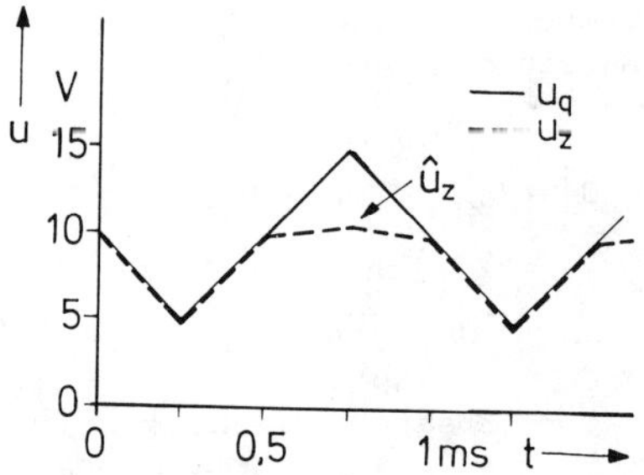

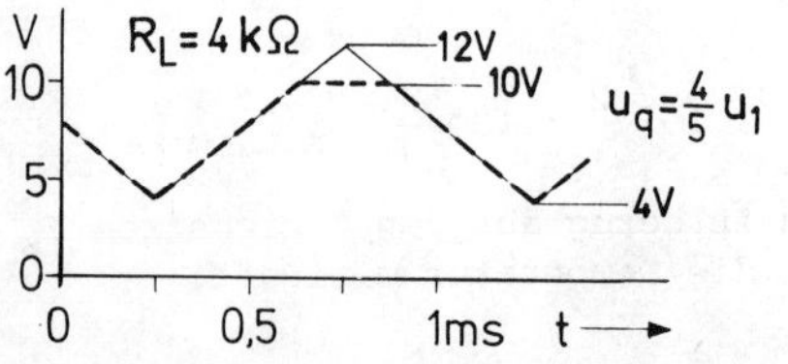

Es wird $\hat{u}_z = \dfrac{\hat{u}_1 \cdot r_z + U_{ZO} \cdot R}{r_z + R}$

$= \underline{10,5\ V}$.

vgl. dazu Aufg. I. 17c.

I.19	Begrenzerschaltungen mit vorgespannten Dioden

Zu untersuchen sind die beiden folgenden Übertragungsglieder mit Begrenzerdiode D. Die Diode habe im Durchlaßzustand die konstante Flußspannung $u_F = U_S = 0{,}6$ V (Schleusenspannung). Ihr Sperrverhalten sei ideal.

A)

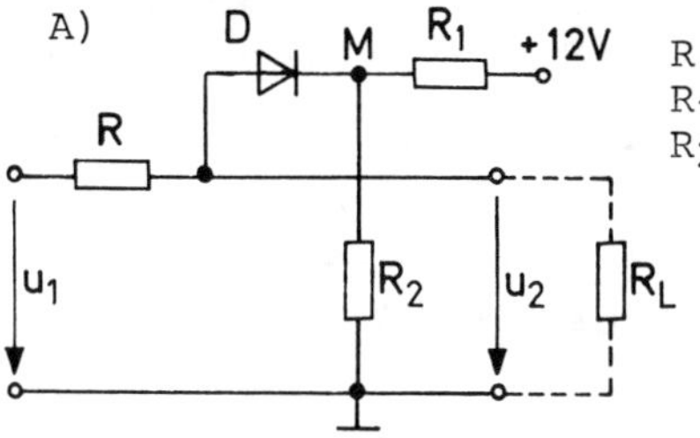

$R = 1\ \text{k}\Omega$
$R_1 = 200\ \Omega$
$R_2 = 1\ \text{k}\Omega$

B)

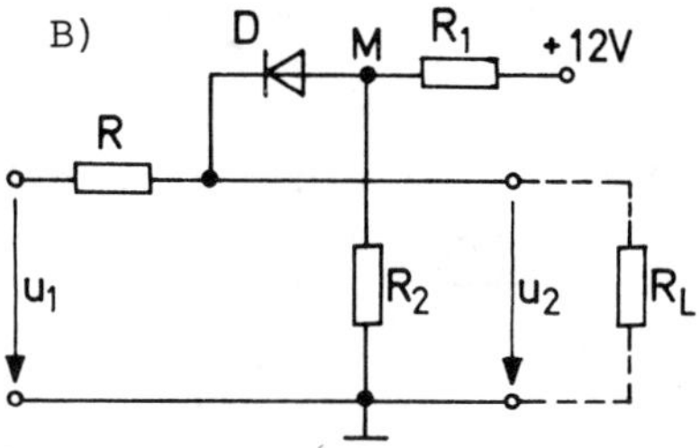

a) Man ermittle die Übertragungskennlinien $u_2 = f(u_1)$ für ausgangsseitigen Leerlauf ($R_L \to \infty$).

b) Man zeichne den Zeitverlauf der Ausgangsspannung für den Fall $R_L \to \infty$, wenn die Spannung u_1 den gleichen Zeitverlauf hat wie in Aufg. I.18.

c) Wie ermittelt man zweckmäßig das Übertragungsverhalten für die mit R_L belasteten Schaltungen?

<u>Lösungen</u>

a) Für den Übertragungsfaktor findet man zu beiden Schaltungsvarianten :

D gesperrt: $A = \frac{u_2}{u_1} = 1$, D leitend: $A_{diff} = \frac{\Delta U_2}{\Delta U_1} = \frac{R_1 || R_2}{(R_1 || R_2) + R} \simeq 0{,}14$.

Zu A:

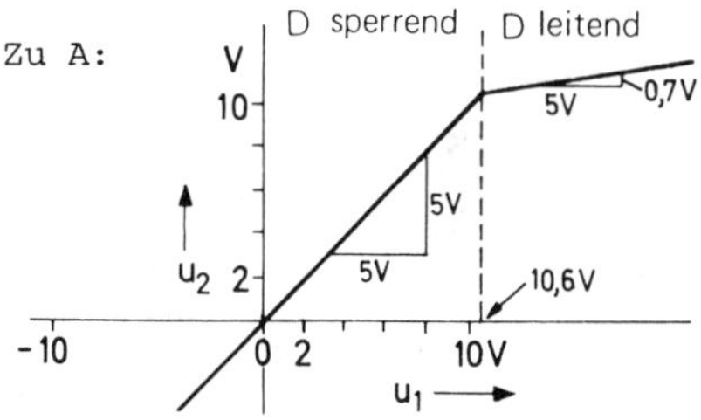

Zu B:

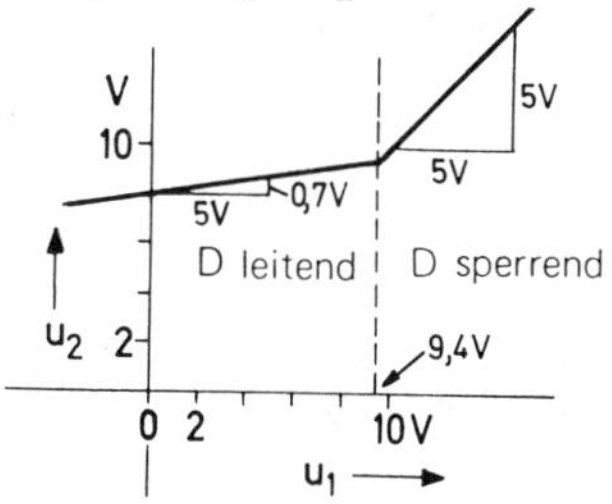

b)

Zu A:

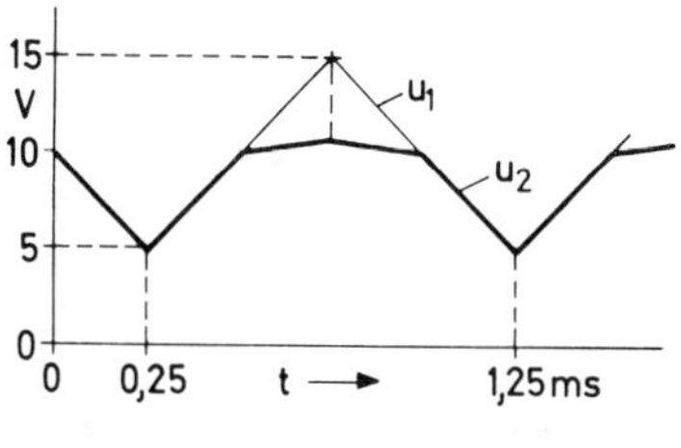

Zu B:

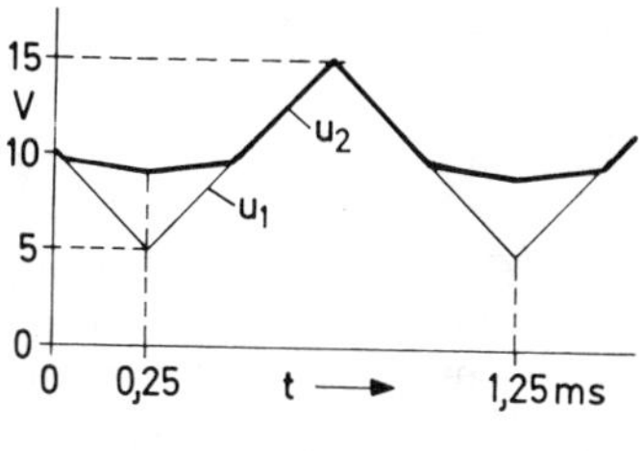

c) Man bezieht den Lastwiderstand in den Innenwiderstand einer Ersatzspannungsquelle mit der Quellenspannung u_q ein.
(vgl. vorige Aufgabe, Begrenzer mit Z-Diode)

II Kondensatoren und Widerstände

II.1 Kondensator an ohmschem Spannungsteiler

Lehrbuch: Abschnitt 6.2

Ein Kondensator mit der Kapazität C = 100 µF befindet sich bei der angegebenen Schalterstellung u in einem stationären Ladungszustand. Zum Zeitpunkt t = 0 wird der Schalter nach Stellung o umgeschaltet und nach Ablauf von 0,6s wieder zurückgeschaltet.

a) Man stelle den Zeitverlauf der Spannung u_C und des Stromes i_C graphisch dar.

b) Man formuliere die Zeitfunktion für die Spannung u_C und den Strom i_C analytisch.

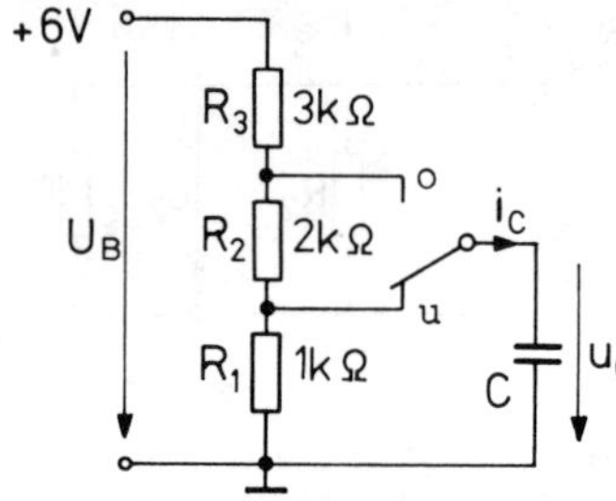

Lösungen

a) Zweckmäßig stellt man den Spannungsteiler für jede Schalterstellung durch eine Ersatzspannungsquelle dar und findet dann sofort über deren Innenwiderstand

$$\tau_1 = \frac{R_3 \cdot (R_1+R_2)}{R_1+R_2+R_3} \cdot C = \underline{0{,}15\ \text{s}}$$

zu Schalterstellung o

und

$$\tau_2 = \frac{R_1 \cdot (R_2+R_3)}{R_1+R_2+R_3} \cdot C = \underline{0{,}083\ \text{s}}$$

zu Schalterstellung u .

Zur Spannungsersatzschaltung eines ohmschen Spannungsteilers siehe Aufg. 1.1.

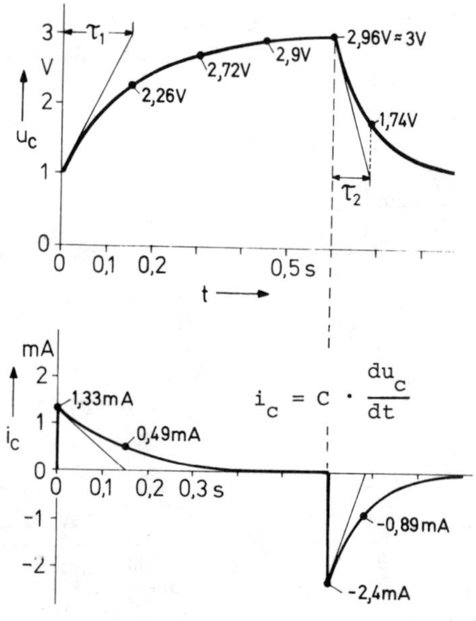

b) $0 \leqslant t \leqslant 0{,}6\text{s}$:

$$u_C = 1\text{V} + 2\text{V} \cdot \left[1 - \exp\left(-\frac{t}{0{,}15\ \text{s}}\right)\right],$$

$$i_C = 1{,}33\ \text{mA} \cdot \exp\left(-\frac{t}{0{,}15\ \text{s}}\right).$$

$0{,}6\text{s} \leqslant t \leqslant \infty$:

$$u_C = 1\text{V} + 2\text{V} \cdot \exp\left(-\frac{t-0{,}6\ \text{s}}{0{,}083\ \text{s}}\right),$$

$$i_C = -\,2{,}4\ \text{mA} \cdot \exp\left(-\frac{t-0{,}6\ \text{s}}{0{,}083\ \text{s}}\right).$$

Allgemeine Anmerkung zu Schaltvorgängen

In linearen Netzwerken mit einem Energiespeicher (C oder L) verlaufen die durch den Schaltvorgang ausgelösten Spannungs- und Stromänderungen nach einfachen e-Funktionen mit derselben Zeitkonstante. Diese erhält man, indem man alle Spannungsquellen als Kurzschlüsse, alle Stromquellen als offene Klemmenpaare behandelt. Im übrigen wird der Zeitverlauf durch den jeweiligen Anfangs- und Endwert vollständig bestimmt.

II.2	Kondensator mit Wechselladung

Lehrbuch: Abschnitt 6.2

Ein Kondensator mit der Kapazität $C = 10\ \mu F$ befindet sich bei der angegebenen Schalterstallung u im stationären Ladungszustand. Vom Zeitpunkt $t = 0$ ab wechselt die Schalterstellung zwischen u und o in kontinuierlicher Folge.

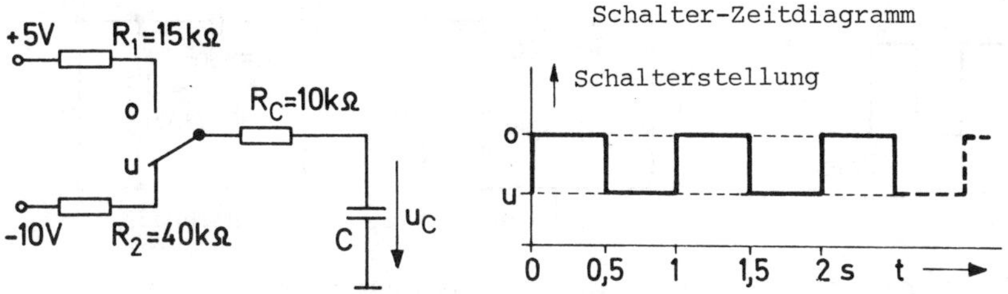

a) Man stelle den Zeitverlauf der Spannung u_C graphisch dar.

b) Man formuliere die Zeitfunktion für die Spannung u_C analytisch.

Lösungen

a)

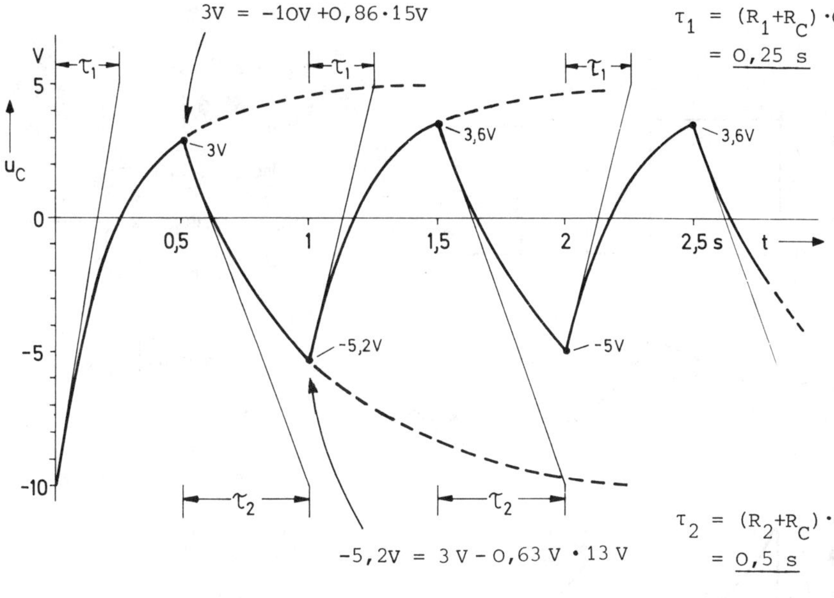

$\tau_1 = (R_1+R_C)\cdot C$
$= \underline{0,25\ s}$

$\tau_2 = (R_2+R_C)\cdot C$
$= \underline{0,5\ s}$

b) $0 \leqslant t \leqslant 0,5s$:

$$u_C = -10V + 15V\cdot\left[1-\exp\left(-\frac{t}{\tau_1}\right)\right],$$

$0,5s \leqslant t \leqslant 1s$:

$$u_C \simeq 3V - 13V\cdot\left[1-\exp\left(-\frac{t-0,5s}{\tau_2}\right)\right],$$

$1s \leqslant t \leqslant 1,5s$:

$$u_C \simeq -5,2V + 10,2V\cdot\left[1-\exp\left(-\frac{t-1s}{\tau_1}\right)\right],$$

$1,5s \leqslant t \leqslant 2s$:

$$u_C \simeq 3,6V - 13,6V\cdot\left[1-\exp\left(-\frac{t-1,5s}{\tau_2}\right)\right].$$

Lehrbuch: Abschnitte 6.2 und 6.4

Auf den Eingang der beiden folgenden RC-Glieder (Tiefpaß und Hochpaß) wirkt ein Doppelimpuls der dargestellten Form. Der Kondensator sei im Ausgangszustand ungeladen.

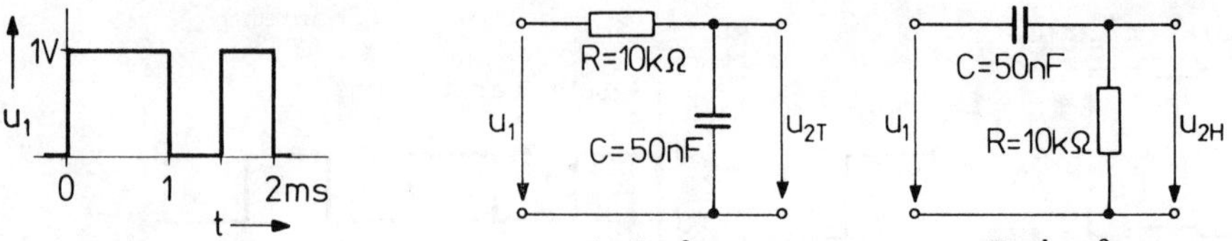

Tiefpaß Hochpaß

a) Man konstruiere dazu die zugehörige Ausgangsspannung u_2.

b) Man formuliere die Zeitfunktionen analytisch.

Lösungen

a) Zeitverläufe

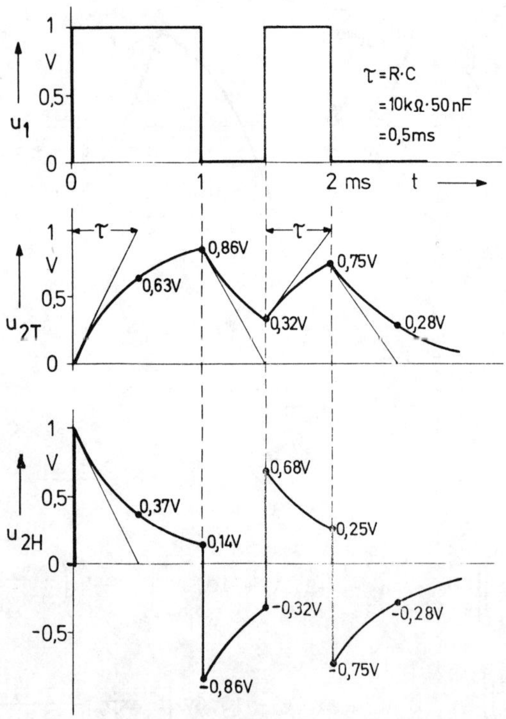

b) Zeitfunktionen

$0 \leq t \leq 1$ ms:

$$u_{2T} = 1\text{V} \cdot \left[1 - \exp\left(-\frac{t}{\tau}\right)\right] .$$

1 ms $\leq t \leq 1{,}5$ ms:

$$u_{2T} = 0{,}86\text{V} \cdot \exp\left(-\frac{t - 1\text{ms}}{\tau}\right) .$$

$1{,}5$ ms $\leq t \leq 2$ ms:

$$u_{2T} = 0{,}32\text{V} + 0{,}68\text{V} \cdot \left[1 - \exp\left(-\frac{t - 1{,}5\text{ms}}{\tau}\right)\right]$$

usw.

$0 \leq t \leq 1$ ms:

$$u_{2H} = 1\text{V} \cdot \exp\left(-\frac{t}{\tau}\right) .$$

1 ms $\leq t \leq 1{,}5$ ms:

$$u_{2H} = -0{,}86\text{V} \cdot \exp\left(-\frac{t - 1\text{ms}}{\tau}\right) .$$

$1{,}5$ ms $\leq t \leq 2$ ms:

$$u_{2H} = 0{,}68\text{V} \cdot \exp\left(-\frac{t - 1{,}5\text{ms}}{\tau}\right)$$

usw.

Lehrbuch: Abschnitte 6.2 und 6.5

Gegeben sei der folgende RC-Hochpaß, auf dessen Eingang die dargestellte Impulsfolge mit einem Tastverhältnis $\nu=0,5$ aufgeschaltet wird. Der Kondensator sei zunächst ungeladen.

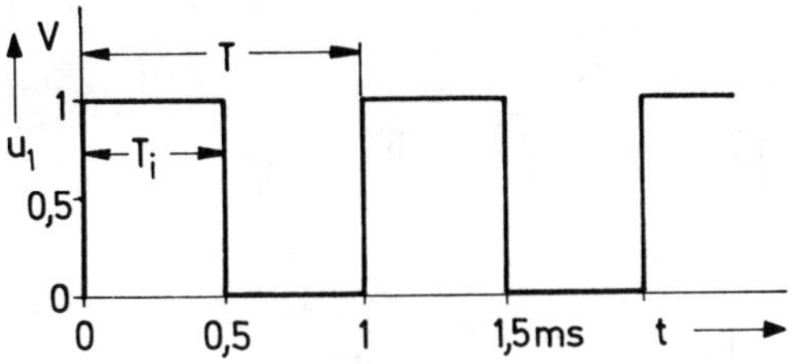

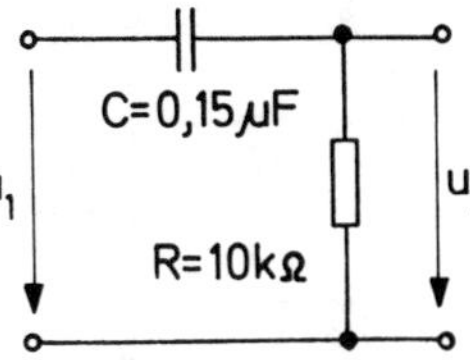

RC-Hochpaß

a) Man konstruiere näherungsweise den Zeitverlauf der Ausgangsspannung u_2.

b) Man bestimme exakt die Amplitude der Ausgangsspannung im stationären Zustand.

c) Welche (relative) Dachschräge ergibt sich im stationären Zustand?

Lösungen

a)

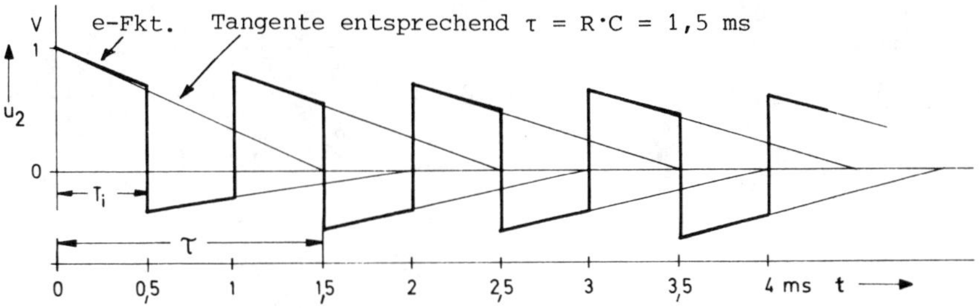

Der eingeschwungene (stationäre Zustand) wird praktisch nach etwa 3...5τ erreicht.

b)

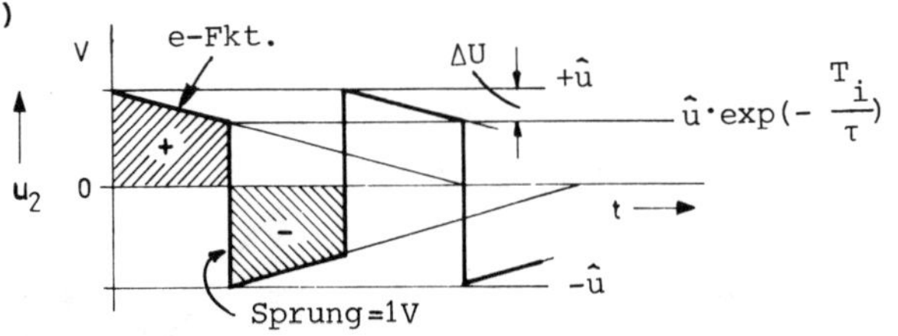

$$\hat{u}\cdot\exp\left(-\frac{T_i}{\tau}\right) - 1\,\mathrm{V} = -\hat{u}$$

$$\rightarrow \hat{u} \simeq \underline{0{,}58\ \mathrm{V}}\,.$$

Die Spannung schwingt symmetrisch zwischen den Werten +û und −û. Die schraffierten Spannungszeitflächen sind gleich, es tritt keine Gleichspannungskomponente auf.

c) Geometrie: $\dfrac{\hat{u}-\Delta U}{\hat{u}} = \dfrac{\tau - T_i}{\tau} \longrightarrow \dfrac{\Delta U}{\hat{u}} = \dfrac{T_i}{\tau} \simeq \underline{0{,}33 = 33\ \%}$

bei ersatzweiser Darstellung des Impulsdaches durch eine Gerade.

II.5	RC-Spannungsteiler

Lehrbuch: Abschnitte 6.4, 6.5 und Anhang VIII

Es ist das Übertragungsverhalten von RC-Spannungsteilern in drei verschiedenen Schaltungsvarianten A, B und C zu untersuchen. Die Widerstände und Kondensatoren sollen wie folgt bemessen werden: $R_1=1\,k\Omega$, $R_2=2\,k\Omega$, $C=0{,}15\,\mu F$.

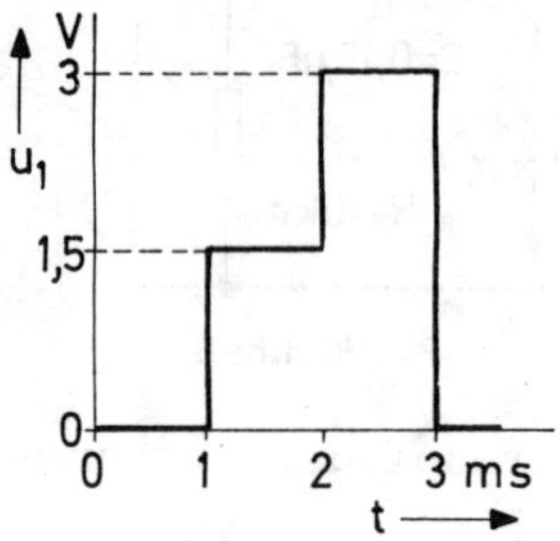

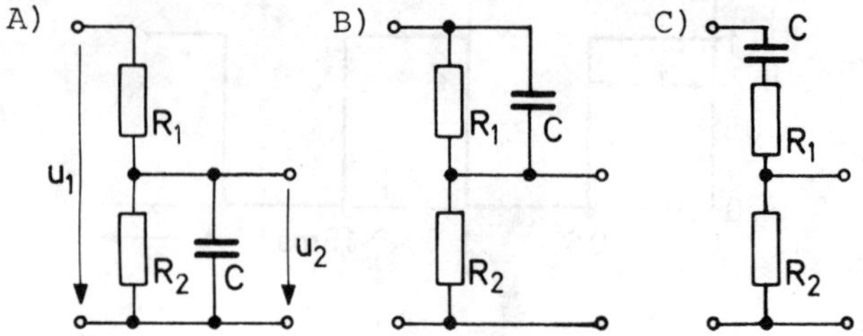

a) Man bestimme jeweils den Antwortimpuls, wenn am Eingang der Schaltungen der angegebene Treppenimpuls wirksam wird.

b) Man ermittle jeweils den Frequenzgang des (Spannungs-)Übertragungsfaktors nach Betrag und Phase.

Lösungen:

Variante A:

a) $\tau = (R_1 \| R_2) \cdot C$

$= \frac{R_1 \cdot R_2}{R_1 + R_2} \cdot C$

$= 0{,}66\ k\Omega \cdot 0{,}15\ \mu F$

$= \underline{0{,}1\ ms}$

Man findet die Zeitkonstante durch Kurzschluß der Eingangsklemmen.

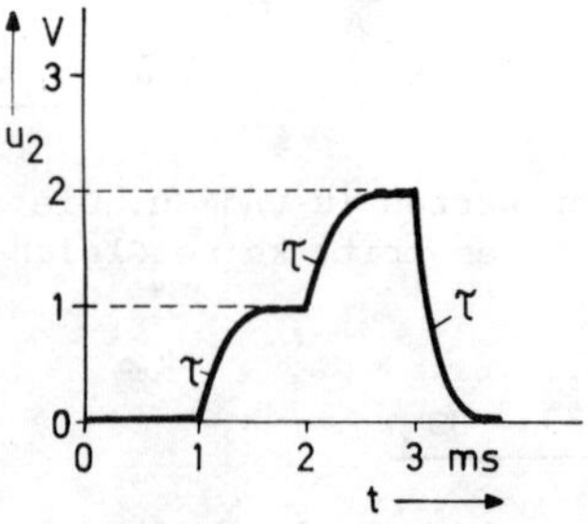

b) $$\underline{A} = \frac{\underline{U}_2}{\underline{U}_1} = \frac{\frac{R_2}{1+j\omega CR_2}}{R_1 + \frac{R_2}{1+j\omega CR_2}} = \frac{\frac{R_2}{R_1+R_2}}{1+j\omega\tau} ,$$

$$A = \frac{R_2}{R_1+R_2} \cdot \frac{1}{\sqrt{1 + \left(\frac{\omega}{\omega_g}\right)^2}} \quad \text{mit } \omega_g = \frac{1}{\tau} .$$

$$\varphi = -\arctan \frac{\omega}{\omega_g} \quad .$$

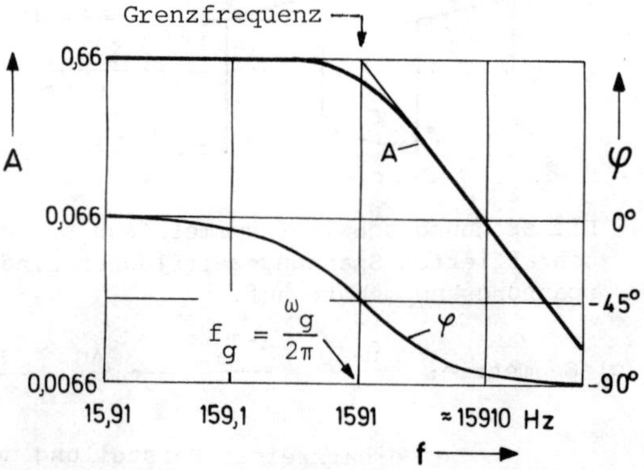

Variante B:

a) $\tau = (R_1 \| R_2) \cdot C$

$= \dfrac{R_1 \cdot R_2}{R_1 + R_2} \cdot C$

$= 0{,}66\ \text{k}\Omega \cdot 0{,}15\ \mu\text{F}$

$= \underline{0{,}1\ \text{ms}}$

Man findet die Zeitkonstante durch Kurzschluß der Eingangsklemmen.

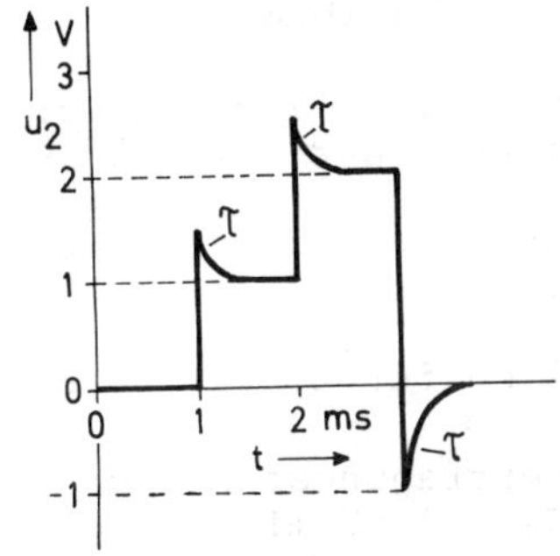

b) $$\underline{A} = \frac{R_2}{\dfrac{R_1}{1+j\omega C R_1} + R_2} = \frac{\dfrac{R_2}{R_1+R_2} \cdot \left(1 + j\omega\tau \cdot \dfrac{R_1+R_2}{R_2}\right)}{1 + j\omega\tau},$$

$$A = \frac{R_2}{R_1+R_2} \cdot \frac{\sqrt{1 + \left(\dfrac{\omega}{\omega_g'}\right)^2}}{\sqrt{1 + \left(\dfrac{\omega}{\omega_g}\right)^2}}$$ mit $\omega_g = \dfrac{1}{\tau}$ und $\omega_g' = \dfrac{1}{\tau} \cdot \dfrac{R_2}{R_1 + R_2}$,

$$\varphi = \arctan \frac{\omega}{\omega_g'} - \arctan \frac{\omega}{\omega_g} .$$

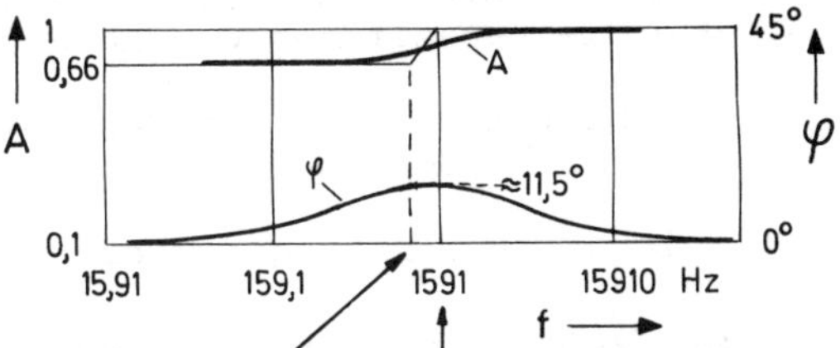

$f_g' = f_g \cdot \dfrac{R_2}{R_1+R_2}$ $\quad f_g = \dfrac{\omega_g}{2\pi}$

Eckfrequenzen

Variante C:

a) $\tau = (R_1 + R_2) \cdot C$

$= 3\ \text{k}\Omega \cdot 0{,}15\ \mu\text{F}$

$= \underline{0{,}45\ \text{ms}}$

Man findet die Zeitkonstante durch Kurzschluß der Eingangsklemmen.

b) $$\underline{A} = \frac{R_2}{R_1 + \dfrac{1}{j\omega C_1} + R_2} = \frac{j\omega\tau \cdot \dfrac{R_2}{R_1+R_2}}{1 + j\omega\tau},$$

Mit $\omega_g = \dfrac{1}{\tau}$ folgt:

$$A = \frac{R_2}{R_1+R_2} \cdot \frac{\dfrac{\omega}{\omega_g}}{\sqrt{1 + \left(\dfrac{\omega}{\omega_g}\right)^2}} = \frac{R_2}{R_1 + R_2} \cdot \frac{1}{\sqrt{1 + \left(\dfrac{\omega_g}{\omega}\right)^2}},$$

$$\varphi = 90^\circ - \arctan \frac{\omega}{\omega_g} = \arctan \frac{\omega_g}{\omega} .$$

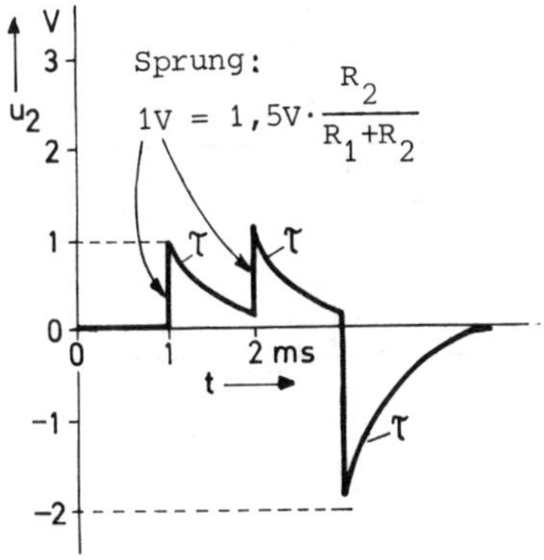

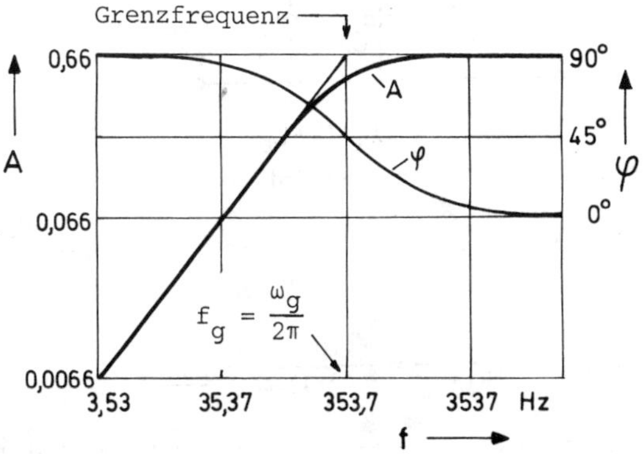

II.6	Tastteiler zum Oszilloskop

Lehrbuch: Abschnitte 6.4 und 6.5

Es wird der Tastkopf zu einem Oszilloskop im Zusammenhang mit der Eingangsschaltung des Oszilloskops betrachtet.

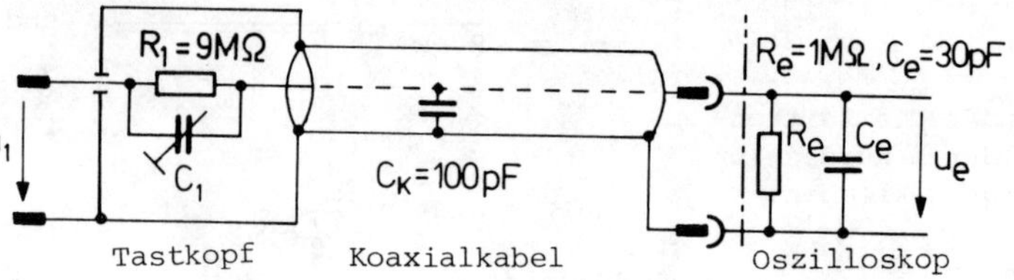

a) Man gebe ein Ersatzbild in Form eines RC-Teilers an, in dem die Kapazitäten C_K und C_e zusammengefaßt werden.

b) Man bestimme allgemein den komplexen Übertragungsfaktor sowie dessen Betrag (Amplitudenfaktor).

c) Welcher Übertragungsfaktor ergibt sich für tiefe Frequenzen?

d) Man zeichne den Frequenzgang des Übertragungsfaktors (Betrag) für die Fälle $C_1 = 0$ und $C_1 = 1$ pF mit doppeltlogarithmischem Maßstab.

e) Welche Bedingung muß erfüllt sein, wenn der Teiler frequenzgangkompensiert sein soll?

f) Man skizziere den Zeitverlauf der Spannung u_e als Antwort auf einen Sprung der Eingangsspannung für verschiedene Größen der Kapazität C_1.

<u>Lösungen</u>

a) Ersatzbild

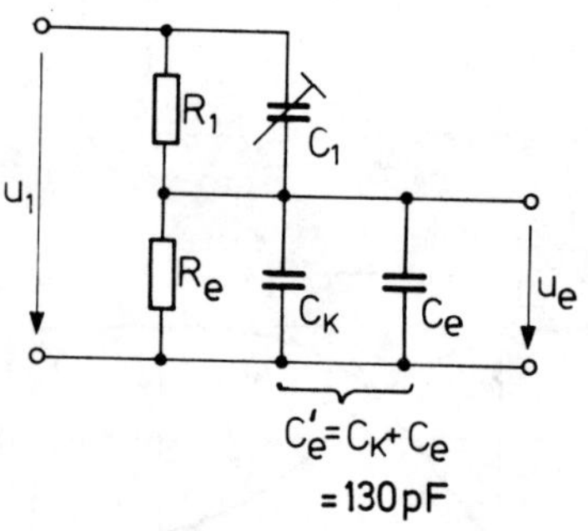

b) $$\underline{A} = \frac{\underline{Z}_e}{\underline{Z}_1 + \underline{Z}_e},$$

R || C: $$\underline{Z}_{RC} = \frac{R \cdot \frac{1}{j\omega C}}{R + \frac{1}{j\omega C}} = \frac{R}{1 + j\omega CR}$$

$$= \frac{\frac{R_e}{1+j\omega C_e' R_e}}{\frac{R_1}{1+j\omega C_1 R_1} + \frac{R_e}{1+j\omega C_e' R_e}},$$

$$= \frac{R_e}{R_1+R_e} \cdot \frac{1+j\omega C_1 R_1}{1+j\omega \frac{R_1 R_e}{R_1+R_e}(C_1+C_e')},$$

$$A = \frac{\hat{u}_e}{\hat{u}_1} = \frac{R_e}{R_1+R_e} \cdot \frac{\sqrt{1+(\omega C_1 R_1)^2}}{\sqrt{1+\left[\omega \frac{R_1 R_e}{R_1+R_e}(C_1+C_e')\right]^2}}.$$

c) $$|\underline{A}| \approx \frac{R_e}{R_1+R_e} = \frac{1M\Omega}{(9+1)M\Omega} = \underline{0{,}1}.$$

d) $C_1 = 0$: Es gibt nur einen "Abwärtsknick" bei der Eckfrequenz f_1:

$$f_1 = \frac{1}{2\pi \cdot \frac{R_1 R_e}{R_1 + R_e}(C_1 + C_e')} \simeq \underline{1{,}35\ \text{kHz}}$$ (folgt direkt aus der Nennerzeitkonstante des Übertragungsfaktors).

$C_1 = 1$ pF: Wegen $C_1 \ll C_e'$ verschiebt sich der Abwärtsknick praktisch nicht. Es gibt einen zusätzlichen "Aufwärtsknick" bei

$$f_2 = \frac{1}{2\pi R_1 C_1} = \frac{1}{2\pi \cdot 9 \cdot 10^6\,\Omega \cdot 10^{-12}\,\frac{s}{\Omega}} \simeq \underline{17{,}7\ \text{kHz}}$$ (nach Zählerzeitkonstante).

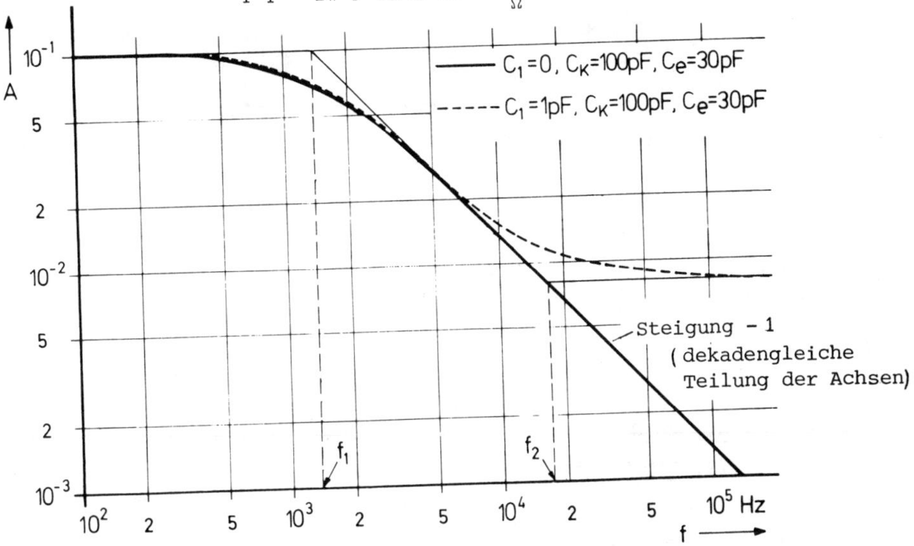

e) $$R_1 C_1 = \frac{R_1 R_e}{R_1 + R_e} \cdot (C_1 + C_e') \rightarrow \frac{C_1}{C_1 + C_e'} = \frac{R_e}{R_1 + R_e} \rightarrow C_1 = C_e' \cdot \frac{R_e}{R_1} = \underline{14{,}5\ \text{pF}}\ .$$

f) Mögliche Antworten auf einen Sprung der Höhe U_1 am Eingang:

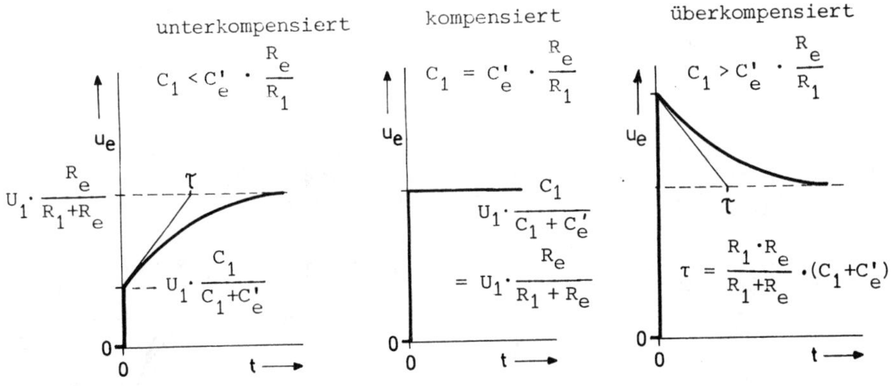

Man kann die Schaltung als Parallelschaltung eines ohmschen und eines kapazitiven Spannungsteilers auffassen. Für die Übertragung des Sprunges (hohe Frequenzen) ist der kapazitive Teiler maßgebend, für den stationären Wert der ohmsche Teiler. Die Zeitkonstante für den Übergangsvorgang findet man durch Kurzschluß der Eingangsklemmen.

II.7	Dreigliedriger RC-Tiefpaß

Lehrbuch: Abschnitt 6.4

Gegeben sei folgende Schaltung:

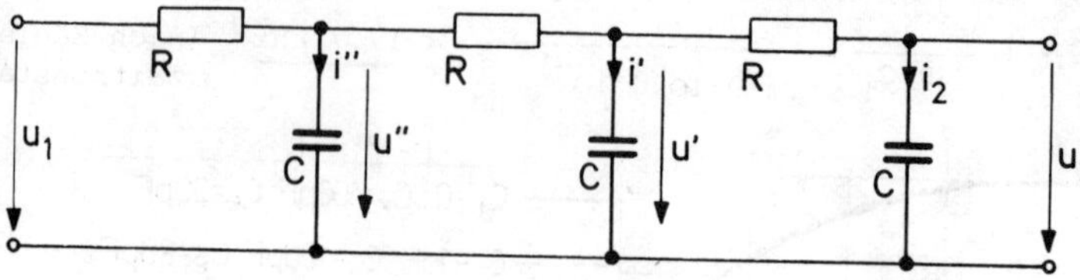

a) Man bestimme den Spannungs-Übertragungsfaktor in komplexer Form und führe eine Frequenznormierung durch.

b) Der Frequenzgang des Amplitudenfaktors (Betrag des Übertragungsfaktors) und des Phasenwinkels ist darzustellen.

c) Man bestimme Frequenz und Amplitudenfaktor zu einer Phasenverschiebung von 180° zwischen u_2 und u_1.

Lösungen

a) $\underline{I}_2 = \underline{U}_2 \cdot j\omega C$,

$\underline{U}' = \underline{U}_2 + \underline{U}_2 \cdot j\omega C \cdot R = \underline{U}_2(1+j\omega CR) \rightarrow \underline{I}' = \underline{U}_2(1+j\omega CR)\cdot j\omega C$,

$\underline{U}'' = \underline{U}' + (\underline{I}_2+\underline{I}')\cdot R$,

$= \underline{U}_2(1+j\omega CR) + \underline{U}_2\cdot j\omega CR + \underline{U}_2(1+j\omega CR)\cdot j\omega CR$,

$= \underline{U}_2\cdot\left[(1+j\omega CR)^2 + j\omega CR\right] \rightarrow \underline{I}'' = \underline{U}_2\left[(1+j\omega CR)^2 + j\omega CR\right]\cdot j\omega C$.

$\underline{U}_1 = \underline{U}'' + (\underline{I}_2+\underline{I}'+\underline{I}'')\cdot R$

$= \underline{U}_2\left[(1+j\omega CR)^3 + j\omega CR(3+2j\omega CR)\right]$

$$\underline{A} = \frac{\underline{U}_2}{\underline{U}_1} = \frac{1}{1-5(\omega CR)^2 + j\omega CR\left[6-(\omega CR)^2\right]} = \frac{1}{1-5\Omega^2 + j\Omega(6-\Omega^2)} \quad \text{mit } \Omega = \frac{\omega}{\omega_o} = \omega CR .$$

normierte Frequenz

Die Bezugsfrequenz $\omega_o = \frac{1}{RC}$ bezeichnet man auch als Kenn(kreis)frequenz.

b) $$A = \frac{1}{\sqrt{(1-5\Omega^2)^2+\Omega^2(6-\Omega^2)^2}} ,$$

$$\varphi = -\arctan\frac{\Omega\cdot(6-\Omega^2)}{1-5\Omega^2} .$$

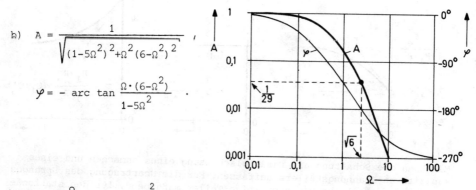

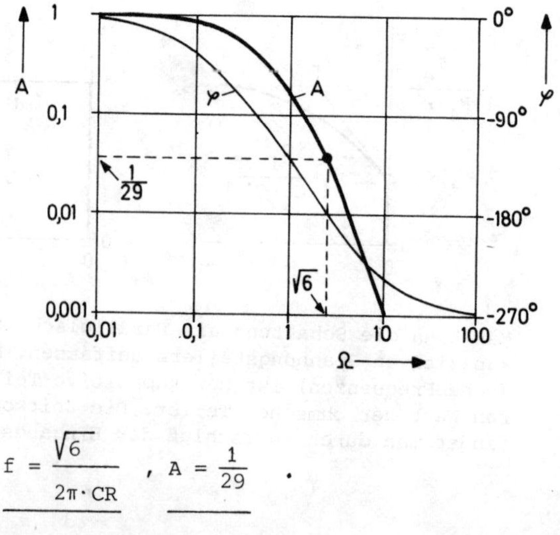

c) $\tan 180^{\circ} = 0 \rightarrow 6 - \Omega^2 = 0$

$$\rightarrow \Omega = \sqrt{6} \rightarrow \omega = \frac{\sqrt{6}}{CR} \rightarrow f = \frac{\sqrt{6}}{2\pi\cdot CR} , \quad A = \frac{1}{29} .$$

II.8	Dreigliedriger RC-Hochpaß

Lehrbuch: Abschnitt 6.4

Gegeben sei folgende Schaltung:

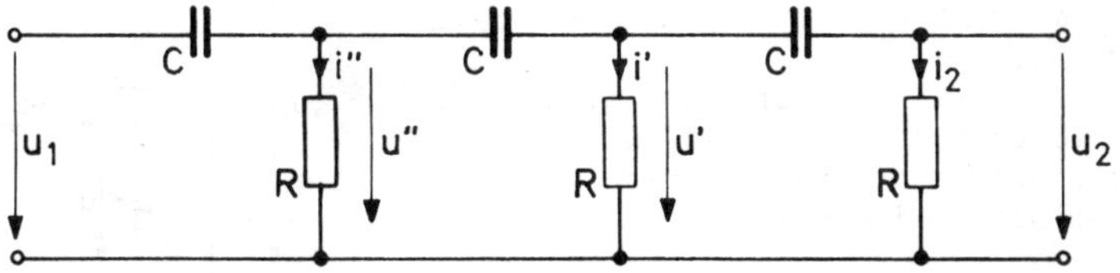

Aufgabentext wie beim RC-Tiefpaß (vorangehende Aufgabe)

Lösungen

a) $\underline{I}_2 = \underline{U}_2 \cdot \frac{1}{R}$,

$\underline{U}' = \underline{U}_2 + \underline{U}_2 \cdot \frac{1}{R} \cdot \frac{1}{j\omega C} = \underline{U}_2 \cdot (1 + \frac{1}{j\omega CR}) \rightarrow \underline{I}' = \underline{U}_2 \cdot (1 + \frac{1}{j\omega CR}) \cdot \frac{1}{R}$,

$\underline{U}'' = \underline{U}' + (\underline{I}_2 + \underline{I}') \cdot \frac{1}{j\omega C}$,

$= \underline{U}_2 \cdot (1 + \frac{1}{j\omega CR}) + \underline{U}_2 \cdot \frac{1}{j\omega CR} + \underline{U}_2 \cdot (1 + \frac{1}{j\omega CR}) \frac{1}{j\omega CR}$

$= \underline{U}_2 \cdot \left[(1 + \frac{1}{j\omega CR})^2 + \frac{1}{j\omega CR}\right] \rightarrow \underline{I}'' = \underline{U}_2 \cdot \left[(1 + \frac{1}{j\omega CR})^2 + \frac{1}{j\omega CR}\right] \cdot \frac{1}{R}$,

$\underline{U}_1 = \underline{U}'' + (\underline{I}_2 + \underline{I}' + \underline{I}'') \cdot \frac{1}{j\omega C}$

$= \underline{U}_2 \cdot \left[(1 + \frac{1}{j\omega CR})^3 + \frac{1}{j\omega CR} \cdot (3 + \frac{2}{j\omega CR})\right]$,

$$\underline{A} = \frac{\underline{U}_2}{\underline{U}_1} = \frac{1}{1 - \frac{5}{(\omega CR)^2} + \frac{1}{j\omega CR} \cdot \left[6 - \frac{1}{(\omega CR)^2}\right]} = \frac{1}{1 - \frac{5}{\Omega^2} + \frac{1}{j\Omega}(6 - \frac{1}{\Omega^2})} .$$

mit $\Omega = \frac{\omega}{\omega_o} = \omega CR$

b) $$A = \frac{1}{\sqrt{\left(1 - \frac{5}{\Omega^2}\right)^2 + \frac{1}{\Omega^2} \cdot \left(6 - \frac{1}{\Omega^2}\right)^2}} ,$$

$$\varphi = \arctan \frac{6 - \frac{1}{\Omega^2}}{\Omega(1 - \frac{5}{\Omega^2})} .$$

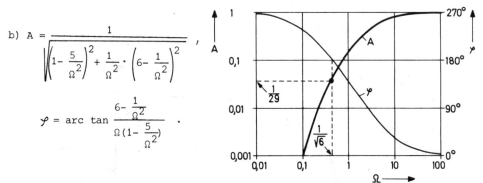

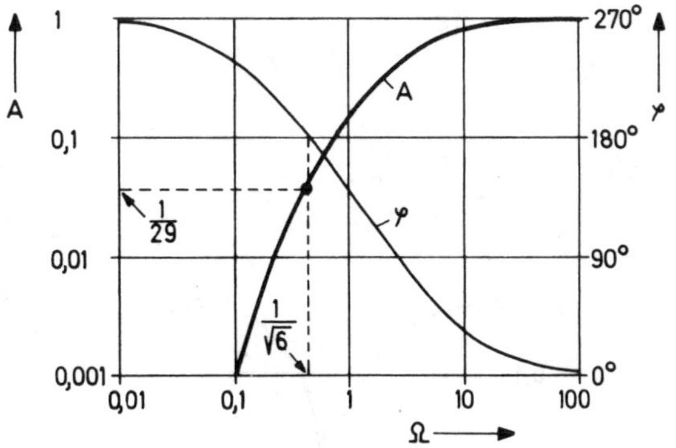

c) $\tan 180° = 0 \rightarrow 6 - \frac{1}{\Omega^2} = 0$

$\rightarrow \Omega = \frac{1}{\sqrt{6}} \rightarrow \omega = \frac{1}{\sqrt{6} \cdot CR} \rightarrow \underline{f = \frac{1}{2\pi \cdot \sqrt{6} \cdot CR}}$, $\underline{A = \frac{1}{29}}$.

Lehrbuch: Abschnitt 6.4

Gegeben sei eine Wien-Brückenschaltung entsprechend nebenstehendem Bild. Der Parameter α soll wahlweise die Werte 2 und 2,2 annehmen.
Man bestimme den Frequenzgang des Übertragungsfaktors nach Betrag und Phase und veranschauliche die Phasenverhältnisse in einem Zeigerdiagramm.

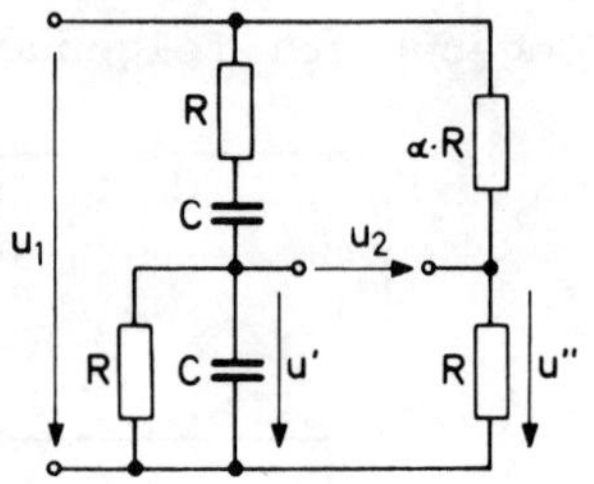

Lösung

$$\underline{U}' = \underline{U}_1 \frac{\frac{R}{1+j\omega CR}}{R + \frac{1}{j\omega C} + \frac{R}{1+j\omega CR}} = \underline{U}_1 \frac{1}{3 + j\left(\omega CR - \frac{1}{\omega CR}\right)} \quad . \text{ Mit } \alpha = 2+\varepsilon \text{ folgt:}$$

$$\underline{U}'' = \underline{U}_1 \cdot \frac{R}{R+\alpha R} = \underline{U}_1 \cdot \frac{1}{3+\varepsilon} = \frac{\underline{U}_1}{3\left(1+\frac{\varepsilon}{3}\right)} \approx \frac{\underline{U}_1}{3} \cdot \left(1 - \frac{\varepsilon}{3}\right) \quad .$$

$$\underline{U}_2 = \underline{U}' - \underline{U}'' \simeq \underline{U}_1 \cdot \left[\frac{1}{3+j\left(\omega CR - \frac{1}{\omega CR}\right)} - \frac{1}{3} \cdot \left(1 - \frac{\varepsilon}{3}\right)\right] \quad .$$

$$\rightarrow \underline{A} = \frac{\underline{U}_2}{\underline{U}_1} \simeq -\frac{1}{3} \cdot \frac{(1-\Omega^2)\cdot\left(1-\frac{\varepsilon}{3}\right) - j\varepsilon\Omega}{1 - \Omega^2 + j3\Omega} \quad \text{mit } \Omega = \frac{\omega}{\omega_0} = \omega CR \quad , \quad \omega_0 = \frac{1}{RC} \quad .$$

$$A = |\underline{A}| \simeq \frac{1}{3} \cdot \frac{\sqrt{\left[(1-\Omega^2)\cdot\left(1-\frac{\varepsilon}{3}\right)\right]^2 + (\varepsilon\Omega)^2}}{\sqrt{(1-\Omega^2)^2 + (3\Omega)^2}} \quad .$$

$$\varphi \simeq \pm 180^\circ - \arctan \frac{3\Omega}{1-\Omega^2} - \arctan \frac{\varepsilon\Omega}{(1-\Omega^2)\left(1-\frac{\varepsilon}{3}\right)} \quad .$$

+ für $\Omega<1$, − für $\Omega>1$

Zeigerdiagramme:

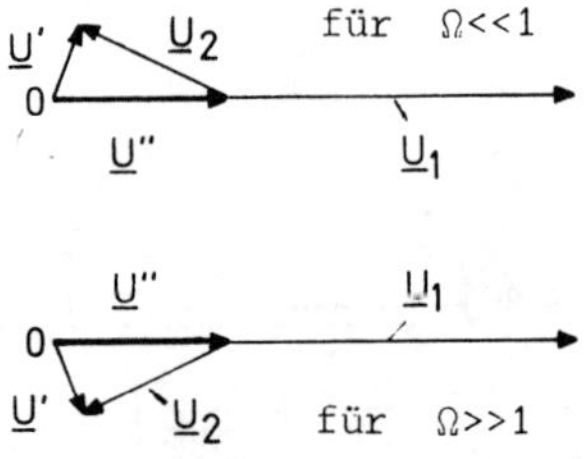

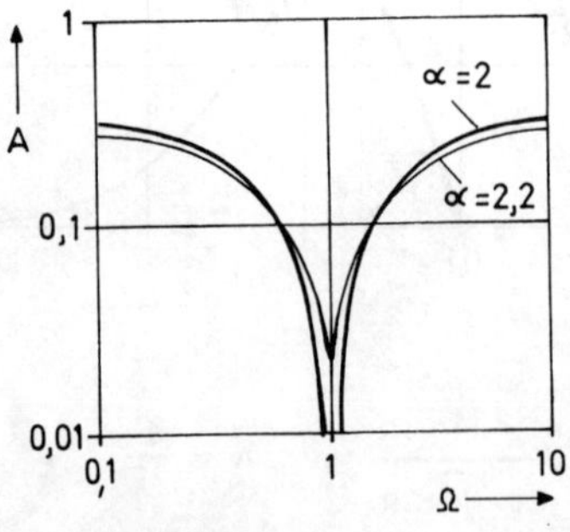

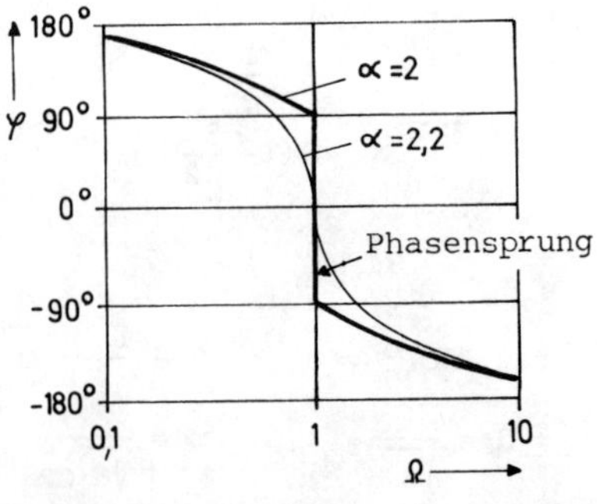

II.10	Doppel-T-Filter

Gegeben sei die nebenstehende Doppel-T-RC-Schaltung:

Man bestimme den Frequenzgang des Übertragungsfaktors nach Betrag und Phase.

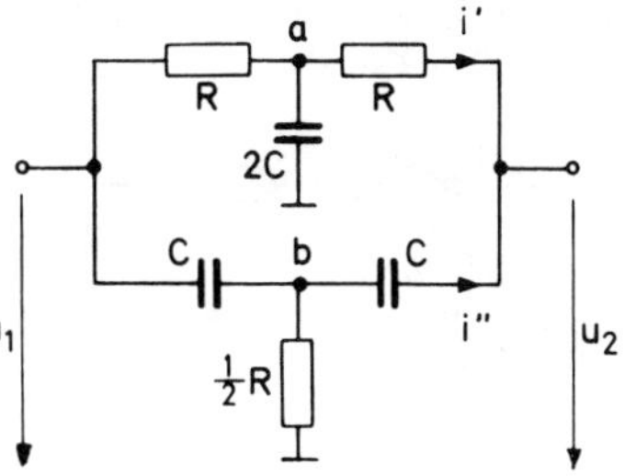

Lösung

$$\underline{I}' + \underline{I}'' = 0 \quad , \quad \underline{U}_a = \underline{U}_2 + \underline{I}' \cdot R \quad , \quad \underline{U}_b = \underline{U}_2 + \underline{I}'' \cdot \frac{1}{j\omega C} \quad .$$

$$\underline{U}_1 = \underline{U}_a + (\underline{U}_a\, j\omega 2C + \underline{I}') \cdot R = (\underline{U}_2 + \underline{I}' \cdot R) \cdot (1 + j\omega 2CR) + \underline{I}' \cdot R \quad ,$$

$$= \underline{U}_2 \cdot (1 + j\omega 2CR) + \underline{I}' \cdot R \cdot (2 + j\omega 2CR) \quad .$$

Damit folgt:
$$\frac{\underline{U}_1}{j\omega CR} = \underline{U}_2 \cdot \left(\frac{1}{j\omega CR} + 2\right) + \underline{I}' \cdot R \cdot \left(2 + \frac{2}{j\omega CR}\right) \quad . \qquad (1)$$

$$\underline{U}_1 = \underline{U}_b + \left(\underline{U}_b \cdot \frac{2}{R} + \underline{I}''\right) \cdot \frac{1}{j\omega C} = \left(\underline{U}_2 + \underline{I}'' \cdot \frac{1}{j\omega C}\right) \cdot \left(1 + \frac{2}{j\omega CR}\right) + \underline{I}'' \cdot \frac{1}{j\omega C} \quad ,$$

$$= \underline{U}_2 \left(1 + \frac{2}{j\omega CR}\right) + \underline{I}'' \cdot \frac{1}{j\omega C} \left(2 + \frac{2}{j\omega CR}\right) \quad ,$$

Damit folgt:
$$\underline{U}_1 \cdot j\omega CR = \underline{U}_2 \cdot (2 + j\omega CR) + \underline{I}'' \cdot R \cdot \left(2 + \frac{2}{j\omega CR}\right) \quad . \qquad (2)$$

Wegen $\underline{I}' = -\underline{I}''$ folgt durch Addition von Gl. (1) und (2):

$$\frac{\underline{U}_1}{j\omega CR} + \underline{U}_1 \cdot j\omega CR = \underline{U}_2 \left(\frac{1}{j\omega CR} + 2\right) + \underline{U}_2 \cdot (2 + j\omega CR) \quad ,$$

$$\rightarrow \underline{A} = \frac{\underline{U}_2}{\underline{U}_1} = \frac{1 - \Omega^2}{1 - \Omega^2 + j4\Omega} \qquad \text{mit } \Omega = \frac{\omega}{\frac{1}{RC}} = \omega \cdot CR \qquad \text{(normierte Frequenz)} \quad .$$

Für Betrag und Phase gilt dann:

$$A = \frac{U_2}{U_1} = \frac{|1 - \Omega^2|}{\sqrt{(1 - \Omega^2)^2 + (4\Omega)^2}}$$

$$\varphi = \arctan \frac{4\Omega}{\Omega^2 - 1} \quad .$$

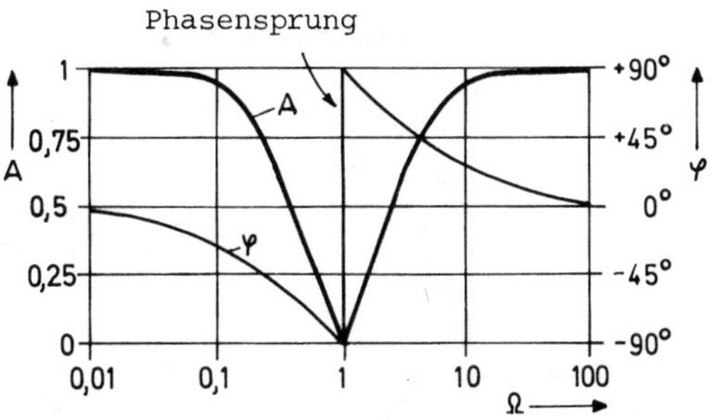

II.11	Kondensatoraufladung mit rampenförmiger Spannung

Ein ungeladener Kondensator C werde über einen Vorwiderstand R an eine rampenförmig ansteigende Spannung geschaltet.

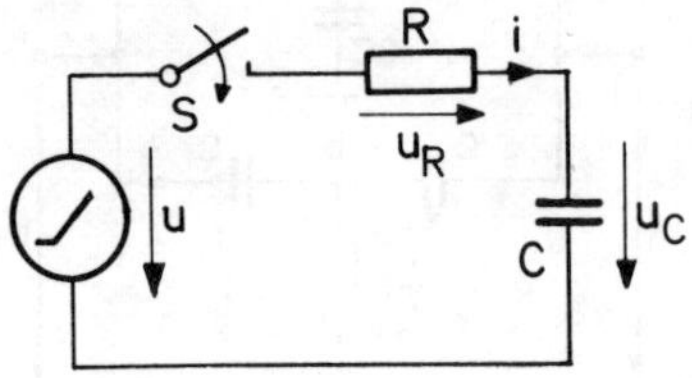

$R = 1\ k\Omega,\ C = 1\mu F$

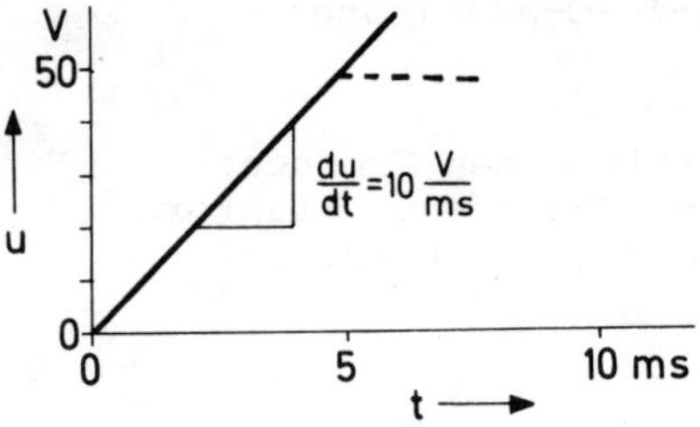

a) Man bestimme den Strom i und die Spannung u_C.

b) Man skizziere den Zeitverlauf der Größen i und u_C, wenn die Eingangsspannung u gemäß der angegebenen Zeitfunktion nur bis 50V ansteigt und dann konstant bleibt (gestrichelt).

Lösungen

a) Im ersten Augenblick ist der Strom Null (u = o). Nach einer gewissen Zeit stellt sich ein konstanter Strom ein (stationärer Wert). Es gilt :

$$\frac{du}{dt} = \frac{du_C}{dt} \rightarrow I = C \cdot \frac{du_C}{dt} = 10^{-6}\ \frac{s}{\Omega} \cdot 10\ \frac{V}{ms} = 10\ mA.$$

Dem stationären Strom überlagert sich ein Ausgleichsstrom i_f (abklingende e-Funktion) derart, daß die Anfangsbedingung (i=o) erfüllt wird.

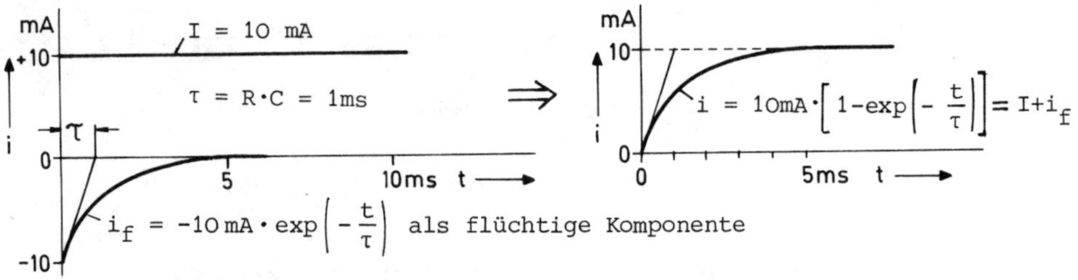

$$u_C = \frac{1}{C} \cdot \int_0^t i dt = \frac{10mA}{1\mu F}\left[(t-\tau) + \tau \cdot \exp\left(-\frac{t}{\tau}\right)\right]$$

$$= 10\ \frac{V}{ms}\ (t-\tau) + 10V \cdot \exp\left(-\frac{t}{\tau}\right)$$

↑ flüchtige Komponente

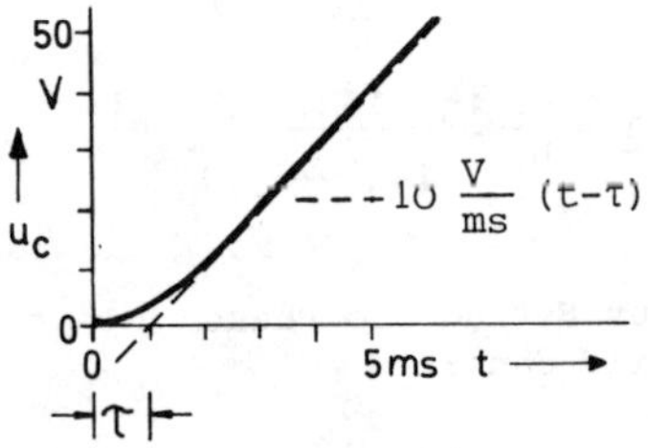

b)

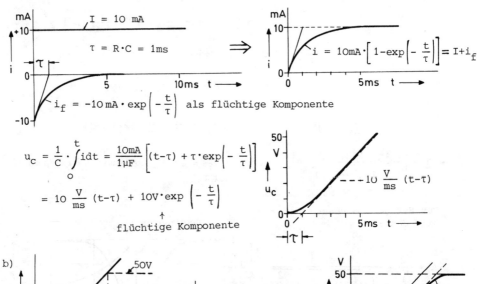

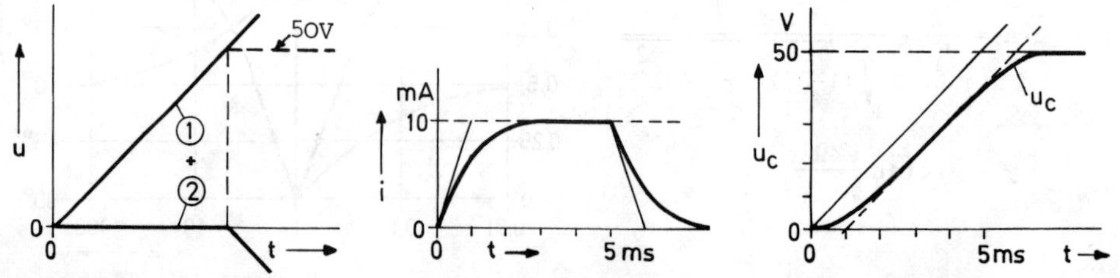

Der Gesamtvorgang wird aus den Teilvorgängen ① und ② zusammengesetzt (Anwendung des Überlagerungsgesetzes).

II.12	Kondensatoraufladung mit Wechselspannung

Die gegebene Schaltung werde zum Zeitpunkt t = 0 im Augenblick der positiven Scheitelspannung an die Wechselspannungsquelle geschaltet. Die Frequenz f der Wechselspannung betrage 50 Hz, die Diode D sei ideal.

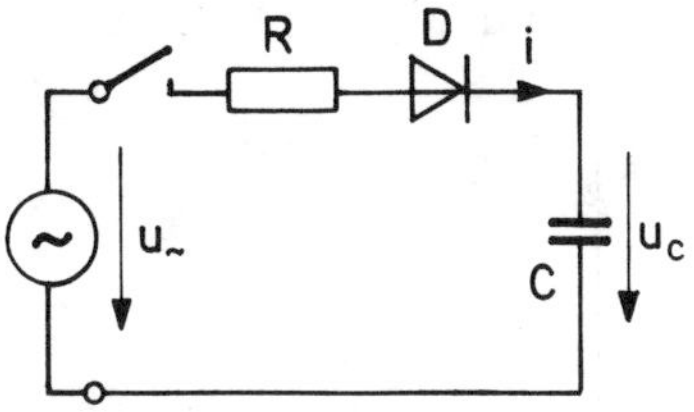

a) Man ermittle den Zeitverlauf der Spannung u_C und des Stromes i für den Fall, daß die Diode überbrückt ist.

b) Man stelle die Zeitverläufe dar für die Schaltung mit Diode.

$\hat{u} = 20V$, $R = 10\Omega$, $C = 100\mu F$

Lösungen

a) Es ist $Z = \sqrt{R^2 + \left(\frac{1}{\omega C}\right)^2} \simeq 33{,}5\,\Omega$, $\hat{i} = \frac{\hat{u}}{Z} \simeq 0{,}6\text{ A}$, $\hat{u}_C = \hat{i} \cdot \frac{1}{\omega C} \simeq 19\text{ V}$.

Phasenverschiebung der stationären Schwingungen:

$i/u_\sim$: $\tan \varphi_i = \frac{1}{\omega CR} \rightarrow \varphi_i \simeq 73^\circ \mathrel{\hat{=}} 4\text{ ms}$, $u_C/u_\sim$: $\varphi_u \simeq 73^\circ - 90^\circ = -17^\circ \mathrel{\hat{=}} -0{,}95\text{ ms}$.

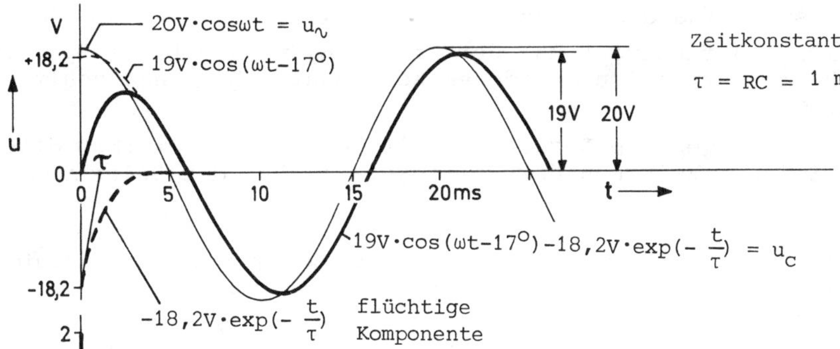

Zeitkonstante

$\tau = RC = 1\text{ ms}$

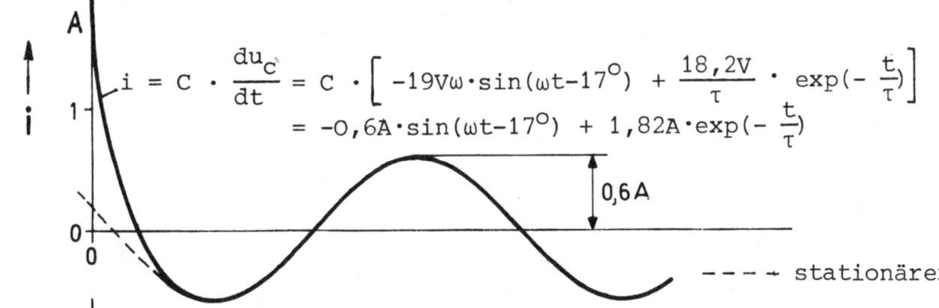

- - - stationärer Strom

b)

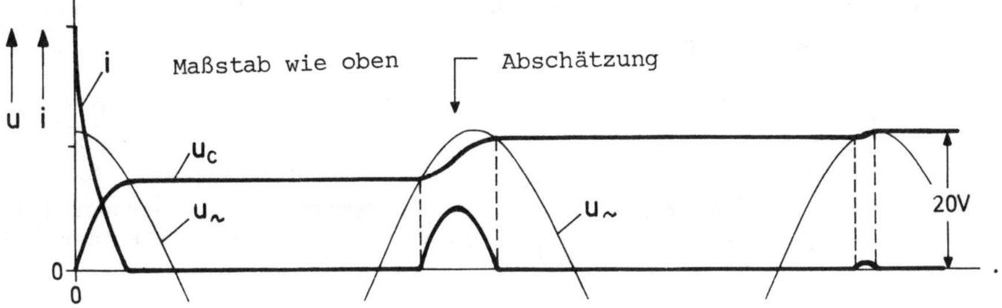

II.13	Einweggleichrichter mit Ladekondensator

Lehrbuch: Abschnitt 6.6

Gegeben sei ein Einweggleichrichter mit Ladekondensator, der eingangsseitig über einen Vorwiderstand R_V an einer Wechselspannung mit der Frequenz f = 50 Hz betrieben wird. Die mittlere Gleichspannung U_{go} über dem Widerstand R_L soll 12 V betragen.

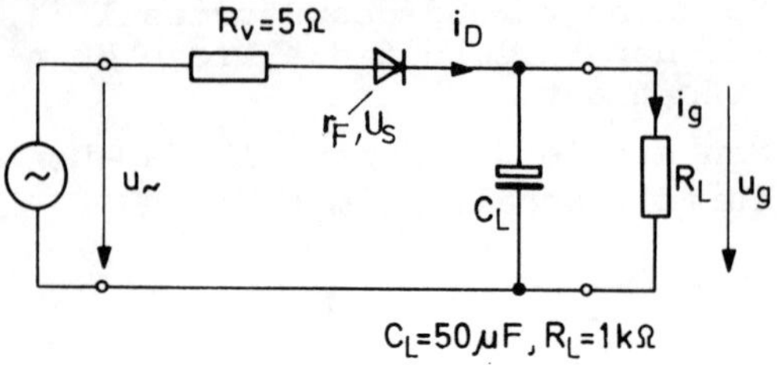

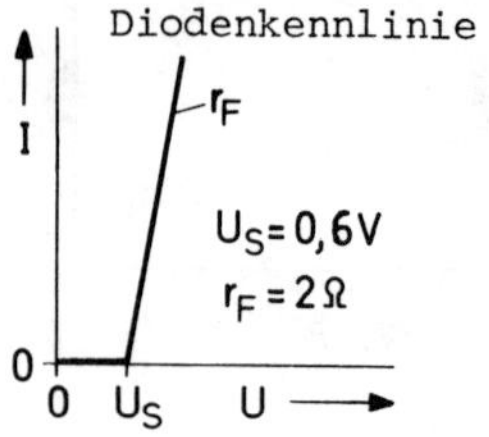

a) Man bestimme den Stromflußwinkel λ bzw. das Zeitintervall ΔT, in dem die Diode leitend ist.

b) Wie groß muß der Scheitelwert $\hat{u}$ der Wechselspannung $u_\sim$ sein?

c) Wie groß ist die Welligkeit ΔU der Ausgangsspannung ?

d) Man berechne angenähert den Scheitelwert des Stromes i_D, der stoßweise die Diode durchfließt.

e) Welchen Anfangswert hat der Strom i_D, wenn mit dem Spannungsscheitelwert bei ungeladenem Kondensator C_L eingeschaltet wird?

f) Welche allgemeine Beziehung gilt bei relativ kleinem Stromflußwinkel zwischen der Welligkeit ΔU und der Belastung ?

Lösungen

a) Es wird in grober Näherung der Zeitverlauf der Spannung u_g konstruiert. (zeichnerischer Lösungsversuch)

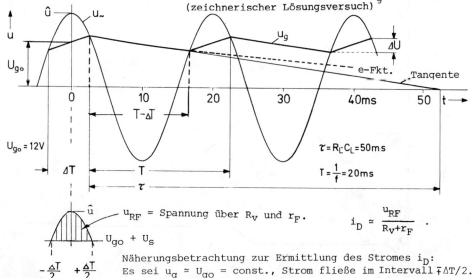

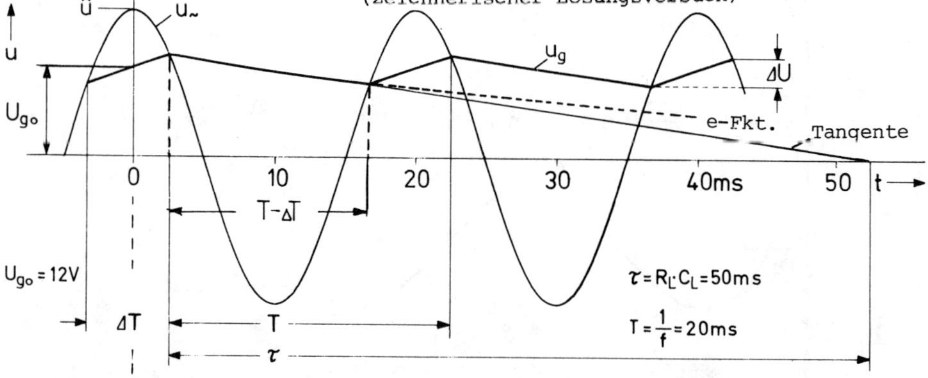

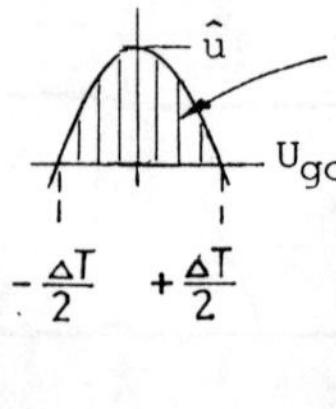

u_{RF} = Spannung über R_V und r_F.

$$i_D \approx \frac{u_{RF}}{R_V + r_F} .$$

Näherungsbetrachtung zur Ermittlung des Stromes i_D:
Es sei $u_g \approx U_{go}$ = const., Strom fließe im Intervall $\mp\Delta T/2$.

Für $-\frac{\Delta T}{2} \leq t \leq \frac{\Delta T}{2}$ gilt demnach:

$$i_D \approx \frac{\hat{u}\cos\omega t - (U_{go} + U_S)}{R_V + r_F} \quad .$$

Für $t = \pm\frac{\Delta T}{2}$ gilt $i_D = 0$:

$$\rightarrow \hat{u}\cos\omega\frac{\Delta T}{2} = U_{go} + U_S \quad .$$

Die während des Zeitintervalls ΔT zufließende Ladung fließt im stationären Zustand über R_L während T wieder ab:

$$Q \approx \int_{-\frac{\Delta T}{2}}^{+\frac{\Delta T}{2}} i_D dt \approx \int_{-\frac{\Delta T}{2}}^{+\frac{\Delta T}{2}} \frac{\hat{u}\cdot\cos\omega t-(U_{go}+U_S)}{R_V + r_F} dt = I_{go}\cdot T = \frac{U_{go}}{R_L}\cdot T \quad .$$

Mit $\hat{u} \approx \frac{U_{go}+U_S}{\cos\left(\omega\frac{\Delta T}{2}\right)}$, $\lambda = \omega\cdot\Delta T$ und $T = \frac{2\pi}{\omega}$ wird

$$Q \approx \frac{U_{go}+U_S}{R_V+r_F}\cdot\frac{2}{\omega}\cdot\left(\tan\frac{\lambda}{2} - \frac{\lambda}{2}\right) = \frac{U_{go}}{R_L}\cdot\frac{2\pi}{\omega} \quad .$$

Damit folgt:

$$\tan\frac{\lambda}{2} - \frac{\lambda}{2} = \pi\cdot\frac{U_{go}}{U_{go}+U_S}\cdot\frac{R_V+r_F}{R_L} \approx \frac{\lambda}{2} + \frac{1}{3}\left(\frac{\lambda}{2}\right)^3 - \frac{\lambda}{2} = \frac{1}{3}\left(\frac{\lambda}{2}\right)^3$$

für kleine λ.

(siehe Kurventafel im Buchdeckel)

$$\lambda \approx 2\cdot\sqrt[3]{3\pi\cdot\frac{U_{go}}{U_{go}+U_S}\cdot\frac{R_V+r_F}{R_L}} \approx 2\cdot\sqrt[3]{3\pi\cdot\frac{12}{12,6}\cdot\frac{7}{1000}} ,$$

$$\underline{\lambda \approx 0,8} \mathrel{\hat{=}} 0,8\cdot\frac{180^\circ}{\pi} = \underline{46^\circ} \quad \rightarrow \quad \Delta T \approx \frac{0,8}{314\,\frac{1}{s}} = \underline{2,5\ \text{ms}} \quad .$$

b) $\hat{u}\cdot\cos 23^\circ \approx U_{go} + U_S = 12,6\,V \rightarrow \hat{u} \approx \underline{13,7\,V}$.

c) $$\frac{U_{go} + \frac{\Delta U}{2}}{U_{go} - \frac{\Delta U}{2}} \approx \frac{\tau}{\tau-(T-\Delta T)} = \frac{50}{50-17,5} = 1,54 \longrightarrow \frac{\Delta U}{U_{go}} \approx \underline{0,4} \rightarrow \Delta U \approx 0,4\cdot 12\,V \approx \underline{5\,V} \quad .$$

(Ansatz folgt aus geometrischer Betrachtung des Zeitverlaufs)

d) $$\hat{i}_D \approx \frac{\hat{u}-(U_{go}+U_S)}{R_V+r_F} = \frac{13,7V-12,6V}{5\Omega+2\Omega} \approx \underline{160\ \text{mA}} \quad .$$

e) $$\hat{i}_{Dein} \approx \frac{\hat{u}-U_S}{R_V+r_F} \approx \underline{1,9\ A} \quad .$$

Dieser hohe Wert wird bei einem Elko als Ladekondensator nicht erreicht, da der Ersatzserienwiderstand (ESR) zusätzlich zu R_V und r_F strombegrenzend wirkt.

f) $$\frac{U_{go}+\frac{\Delta U}{2}}{U_{go}-\frac{\Delta U}{2}} = \frac{U_{go}\left(1+\frac{\Delta U}{2U_{go}}\right)}{U_{go}\left(1-\frac{\Delta U}{2U_{go}}\right)} \approx 1 + 2\cdot\frac{\Delta U}{2U_{go}} \approx \frac{\tau}{\tau-T} = \frac{\tau}{\tau(1-\frac{T}{\tau})} \approx 1 + \frac{T}{\tau} ,$$

(← folgt aus Lösung c)) für $\tau \gg T$

$$\rightarrow \frac{\Delta U}{U_{go}} \approx \frac{T}{\tau} = \frac{1}{f\cdot R_L C_L} = \frac{I_{go}}{f\cdot U_{go}\cdot C_L} \quad \rightarrow \quad \underline{\Delta U \approx \frac{I_{go}}{f\cdot C_L}} \quad .$$

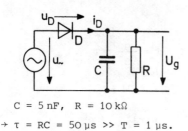

II.14	Lineare und quadratische Gleichrichtung

In der folgenden „Reihengleichrichterschaltung" mit Germaniumdiode D soll die hochfrequente Wechselspannung $u_\sim$ (f = 1 MHz) gleichgerichtet werden *).

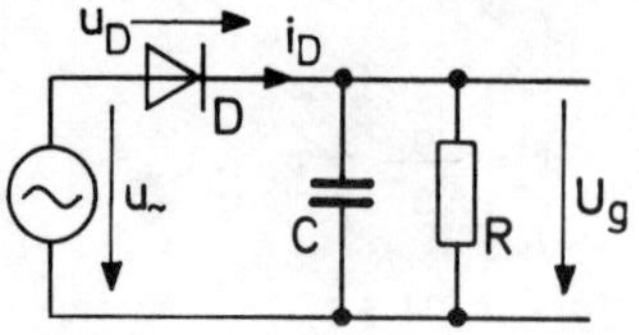

$C = 5\,\text{nF}$, $R = 10\,\text{k}\Omega$

$\rightarrow \tau = RC = 50\,\mu\text{s} \gg T = 1\,\mu\text{s}$.

Diodenkennlinie:

$$i_D \approx I_{Ro} \cdot \left(\exp \frac{u_D}{mU_T} - 1\right) \quad \text{für } |u_D| < 0{,}2\text{ V}$$

mit $I_{Ro} = 0{,}5\,\mu\text{A}$, $m = 1{,}2$, $U_T = 26\text{ mV}$,

bzw. bei Spannungen $u_D > 0{,}2\text{V}$

$$i_D \approx \frac{u_D - U_s}{r_F} \qquad \text{mit } U_s = 0{,}2\text{ V},\ r_F = 10\,\Omega\,.$$

*) Die Diode liegt in Reihe zur Last.

a) Man bestimme den Zusammenhang zwischen dem Scheitelwert $\hat{u}$ einer sehr kleinen Wechselspannung und der sich einstellenden Gleichspannung U_g.

b) Man bestimme den Zusammenhang zwischen $\hat{u}$ und U_g für den Bereich $0{,}2\text{ V} \ll \hat{u} < 10\text{ V}$.

c) Welcher Richtwirkungsgrad $\eta = U_g/\hat{u}$ wird bei $\hat{u} = 5$ V erreicht?

d) Man zeichne mit doppeltlogarithmischer Teilung die Spannung U_g als Funktion vom Scheitelwert $\hat{u}$.

<u>Lösungen</u> (verwende Kurventafel im Buchdeckel)

a) $$i_D \approx I_{RO} \cdot \left[1 + \frac{u_D}{mU_T} + \frac{1}{2}\left(\frac{u_D}{mU_T}\right)^2 - 1\right] \approx I_{RO} \cdot \left[\frac{\overbrace{\hat{u}\sin\omega t - U_g}^{u_D \,\approx\, u_\sim - U_g}}{mU_T} + \frac{(\hat{u}\sin\omega t - U_g)^2}{2(mU_T)^2}\right].$$

Mit $\sin^2\omega t = \frac{1}{2} - \frac{1}{2}\cos 2\omega t$ folgt für den „Richtstrom" (Gleichstrom über R):

$$\frac{U_g}{R} \approx I_{RO} \cdot \left[-\frac{U_g}{mU_T} + \frac{1}{4}\left(\frac{\hat{u}}{mU_T}\right)^2 + \cancel{\frac{1}{2}\left(\frac{U_g}{mU_T}\right)^2}\right] \rightarrow U_g \approx \frac{1}{4} \cdot \frac{I_{RO} \cdot R \cdot \hat{u}^2}{mU_T(mU_T + I_{RO} \cdot R)} \approx \underline{\frac{1{,}1}{\text{V}} \cdot \hat{u}^2}.$$

b) Nach Aufg. II.13 folgt für $U_g \gg U_s$ mit dem Stromflußwinkel λ:

$$\hat{u} \cdot \cos\frac{\lambda}{2} \approx U_g + U_s \approx \hat{u} \cdot \left[1 - \frac{1}{2}\left(\frac{\lambda}{2}\right)^2\right] \approx \left[1 - \frac{1}{2}\left(\frac{3\pi r_F}{R}\right)^{\frac{2}{3}}\right]\hat{u} \longrightarrow \underline{U_g \approx 0{,}97\,\hat{u} - 0{,}2\text{ V}}.$$

c) $U_g \approx 0{,}97 \cdot 5\text{V} - 0{,}2\text{V}$

$\approx 4{,}65$ V

$\eta \approx \frac{4{,}65}{5} = \underline{0{,}93}$.

In Wirklichkeit wird der Wirkungsgrad bei hohen Frequenzen etwas kleiner durch die Wirkung der Sperrschichtkapazität der Diode, die hier vernachlässigt wurde.

d)

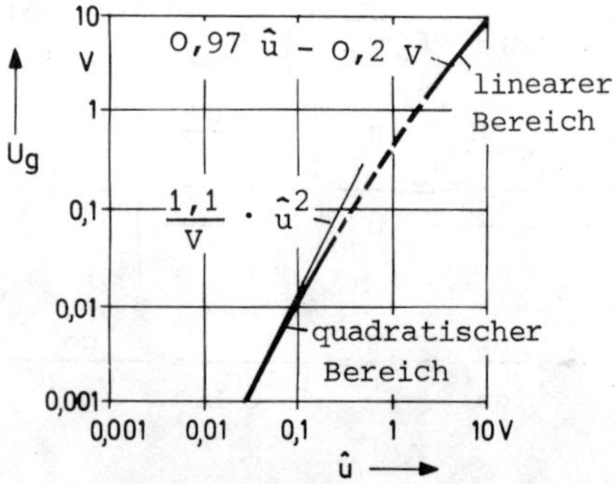

Lehrbuch: Abschnitt 6.5

Zu untersuchen seien die folgenden auch als Klemmschaltungen bezeichneten Gleichrichterschaltungen mit Germaniumdiode D (U_S = 0,2 V, $r_F \to 0$).

A)

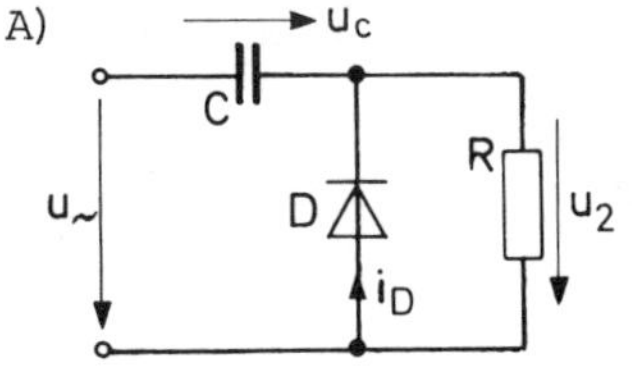

$C = 5\,\text{nF}$
$R = 10\,\text{k}\Omega$
$\tau = 50\,\mu\text{s}$

B)

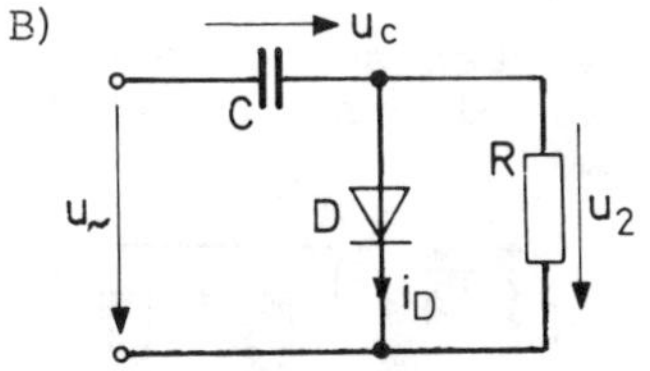

$u_\sim = \hat{u}\cdot\sin\omega t$ mit $\hat{u}$ = 2V, f = 1 MHz

a) Man zeichne den Zeitverlauf der Spannungen u_C und u_2, wenn die Eingangsspannung $u_\sim$ im Augenblick ihres positiven Nulldurchgangs bei ungeladenem Kondensator C aufgeschaltet wird.

b) Welcher Gleichanteil ist im stationären Zustand in der Ausgangsspannung u_2 enthalten?

c) Mit welcher maximalen Sperrspannung $\hat{u}_R$ werden die Dioden beansprucht?

d) Welche (mittlere) Leistung nehmen die Schaltungen auf und wie groß ist demnach ihr „effektiver" Eingangswiderstand?

Lösungen

a)

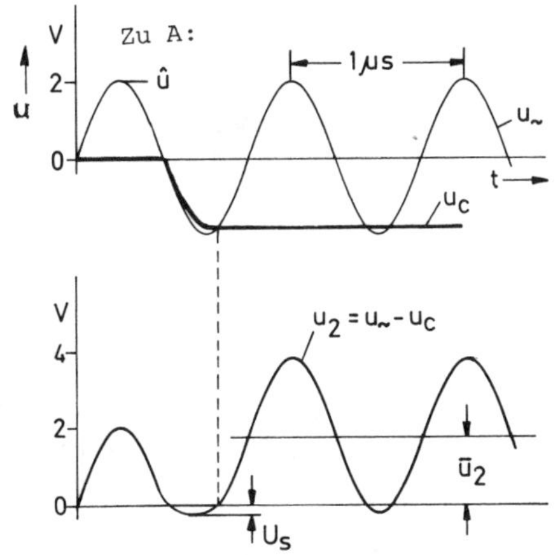

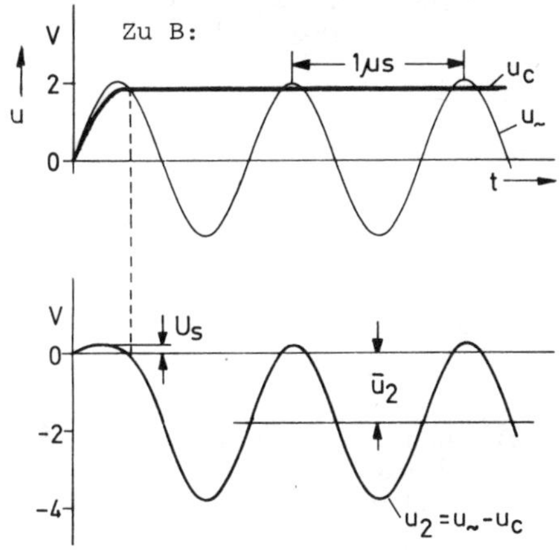

b) Zu A: $\bar{u}_2 \simeq \hat{u} - U_S = 2\,\text{V} - 0{,}2\,\text{V} = \underline{1{,}8\,\text{V}}$. Zu B: $\bar{u}_2 \simeq -\hat{u} + U_S = \underline{-1{,}8\,\text{V}}$.

c) Zu A: $\hat{u}_R \simeq 2\hat{u} = \underline{4\,\text{V}}$ ($u_R = u_{Reverse}$). Zu B: $\hat{u}_R \simeq 2\hat{u} = \underline{4\,\text{V}}$.

d) Bei Vernachlässigung von U_s wird die aufgenommene Leistung im Mittel:

$$P \simeq \frac{\bar{u}_2^2}{R} + \frac{\hat{u}^2}{2}\cdot\frac{1}{R} = \frac{1}{R}\left(\hat{u}^2 + \frac{1}{2}\hat{u}^2\right) = \frac{3}{2}\cdot\frac{\hat{u}^2}{R} = \frac{1}{2}\,\frac{\hat{u}^2}{R_{eff}} = \frac{U^2}{R_{eff}} \to R_{eff} \simeq \frac{1}{3}R.$$

Der Widerstand R_{eff} spielt eine Rolle, wenn man einen Schwingkreis mit der Gleichrichterschaltung belastet. R_{eff} wirkt dann als Dämpfungswiderstand. Bei der Reihengleichrichterschaltung ist $R_{eff} = \frac{1}{2}R$.

III.1 NF-Eisendrosselspule

Lehrbuch: Abschnitte 7.1 und 7.2

Gegeben sei eine NF-Eisendrosselspule aus Dynamoblech mit Mantelkern M55, Luftspalt s = 0,5 mm.

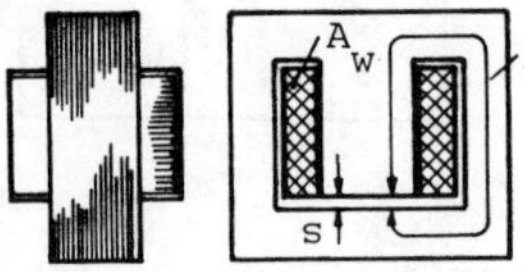

Eisenquerschnitt	A_E	=	3,06	cm^2
Eisenweglänge	l_E	=	13,1	cm
mtl. Windungslänge	l_m	=	11,6	cm
Wickelquerschnitt	A_W	=	2,5	cm^2
eff. Luftspalt	s'	=	0,35	mm

a) Man bestimme die ungefähre Windungszahl, wenn der Spulenkörper mit Kupferlackdraht Cu L, d = 0,2 mm, ohne Isolierzwischenlagen voll bewickelt ist.

b) Man bestimme den Kupferwiderstand R_{Cu} und die Induktivität, wenn mit einer Wechselfeldpermeabilität $\mu_\sim$=700 gerechnet wird.

c) Welcher überlagerte Gleichstrom bewirkt eine Vormagnetisierung bis zur halben Sättigungsinduktion ($\frac{1}{2}$ B_s = 0,6T) ?

d) Welche Wechselspannung an der Spule bewirkt bei einer Frequenz von 50 Hz eine magnetische Aussteuerung mit dem Scheitelwert $\hat{B}_\sim$ = 0,6 T?

Lösungen

a) $N = A_W \cdot N' = 2{,}5\,cm^2 \cdot 1650 \cdot \frac{1}{cm^2} \approx \underline{4125}$.   N' = Windungszahl pro cm^2 (aus Drahttabelle)

b) $R_{Cu} = R' \cdot N \cdot l_m \approx \underline{270\,\Omega}$ mit $R' = 0{,}56\ \frac{\Omega}{m}$.

$$\mu_{\sim g} = \frac{\mu_\sim}{1+\mu_\sim \cdot \frac{s'}{l_E}} \approx 244 \qquad L_\sim = \mu_o\,\mu_{\sim g} \cdot \frac{A_E}{l_E} \cdot N^2 \approx \underline{12\,H}$$

(Wechselfeld-induktivität).

c) Man führt beim gescherten Kern die "äußere Feldstärke" H_{-a} ein. Diese ist wie folgt über die gescherte Permeabilität μ_g (μ_{rg}) mit der Gleichinduktion B_- verknüpft:

$$H_{-a} = \frac{I \cdot N}{l_E} = \frac{B_-}{\mu_o \cdot \mu_g} \rightarrow I = \frac{B_- \cdot l_E}{N \cdot \mu_o \cdot \mu_g} = \frac{0{,}6\,Vs \cdot 0{,}131\,m}{m^2 \cdot 4125 \cdot 1{,}256 \cdot 10^{-6}\Omega s/m \cdot 244} \approx \underline{62\,mA}.$$

Dabei wurde $\mu_g \approx \mu_{\sim g}$ gesetzt. Bei einem Kern mit Luftspalt ist diese Näherung unterhalb der Sättigung zulässig, da als Folge der Scherung die Kennlinie $B_- = f(H_{-a})$ fast linear ist bei nur schwach ausgeprägter Hysterese. Es gilt dann auch: $L_- \approx L_\sim$ (Gleichfeldinduktivität ≃ Wechselfeldinduktivität).

d) $\hat{u}_\sim = \omega \cdot N \cdot \hat{B}_\sim \cdot A_E$

$$= 2\pi \cdot 50\frac{1}{s} \cdot 4125 \cdot 0{,}6 \cdot 10^{-4}\frac{Vs}{cm^2} \cdot 3{,}06\,cm^2 \approx 240\,V \rightarrow U_\sim = \frac{\hat{u}_\sim}{\sqrt{2}} \approx \underline{170\,V}\ .$$

Die Vormagnetisierung mit I = 62 mA und die Wechselmagnetisierung mit $U_\sim$ = 170 V bei 50 Hz ergeben also in der Überlagerung einen Scheitelwert $\hat{B}_\sim \approx 1{,}2$ T.

III.2 LC-Siebschaltung

Lehrbuch: Abschnitte 6.7, 7.6 und Anhang IX

Gegeben ist die folgende LC-Siebschaltung mit Lastwiderstand R_L.

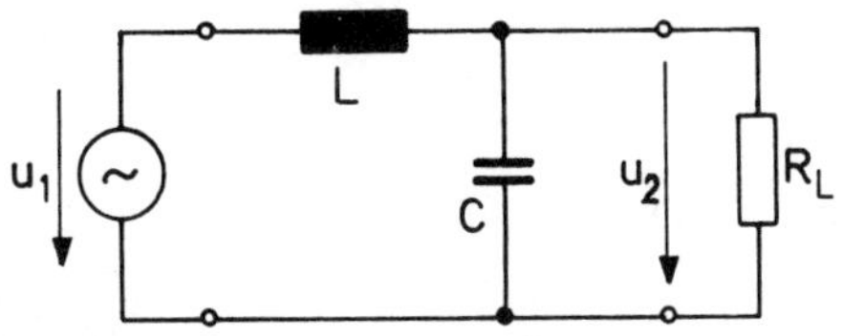

Siebfaktor $S = \frac{\hat{u}_1}{\hat{u}_2}$ auf Index ∿ wird verzichtet

$Z_o = \sqrt{\frac{L}{C}}$ (Kennwiderstand)

$\omega_o = \frac{1}{\sqrt{LC}}$ (Kenn(kreis)frequenz)

a) Man bestimme den Siebfaktor S.

b) Man stelle den Frequenzgang des Siebfaktors dar für die drei Fälle $Z_o/R_L = 5$, 1 sowie 0,2 und diskutiere den Verlauf.

c) Für L = 1H, C = 100μF, R_L = 500Ω, f = 100 Hz ist der Siebfaktor aus dem Diagramm abzulesen.

d) Wie verhält sich die Schaltung nach c) bei der Frequenz 16 Hz ?

Lösungen

a) $$\underline{S} = \frac{\underline{U}_1}{\underline{U}_2} = \frac{j\omega L + \frac{R_L}{1+j\omega CR_L}}{R_L/(1+j\omega CR_L)} = \frac{j\omega L + R_L - \omega^2 LCR_L}{R_L},$$

$$S = |\underline{S}| = \sqrt{(1-\omega^2 LC)^2 + (\frac{\omega L}{R_L})^2} = \sqrt{(1-\Omega^2)^2 + (\Omega\cdot\frac{Z_o}{R_L})^2} \quad \text{mit } \Omega = \frac{\omega}{\omega_o}.$$

b)

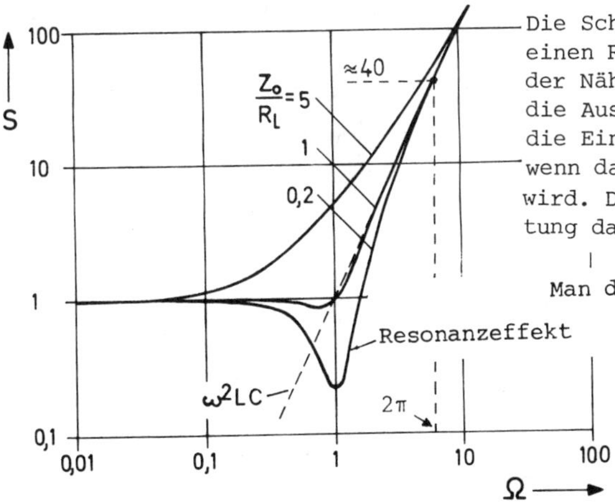

Die Schaltung stellt im Grunde einen Reihenschwingkreis dar. In der Nähe der Kennfrequenz ω_o wird die Ausgangsspannung größer als die Eingangsspannung (S < 1), wenn das Verhältnis $Z_o/R_L < \sqrt{2}$ wird. Dämpfend wirkt die Schaltung dann nur im Bereich $\omega >> \omega_o$.

Man definiert: $Z_o/R_L = d_K = \frac{1}{Q_K}$

d_K Kreisdämpfung

Q_K Kreisgüte *).

c) $Z_o = \sqrt{\frac{1\Omega s}{100\mu F}} = \underline{100\Omega}$, $\frac{Z_o}{R_L} = 0{,}2$, $\omega_o = \frac{1}{\sqrt{1\Omega s\cdot 100\mu F}} = \underline{100\ s^{-1}} \rightarrow \Omega = 2\pi \rightarrow S \approx \underline{40}$.

d) In diesem Fall ist $\omega \approx \omega_o$ bzw. $\Omega \approx 1$, $\rightarrow S \approx 0{,}2 \rightarrow \hat{u}_2 \approx 5\cdot\hat{u}_1$.

*) Da die Dämpfung durch den Betrieb mit der Last R_L verursacht wird, wären hier die Bezeichnungen d_B (Betriebs(kreis)dämpfung) und Q_B (Betriebs(kreis)güte) ebenso gerechtfertigt. Darin muß strenggenommen auch der Verlustfaktor der Spule berücksichtigt werden. (vgl. Anhang IX, Lehrbuch)

III.3	Spule mit Ferritschalenkern

Lehrbuch: Abschnitte 7.4, 7.5 und 8.4

Gegeben ist ein Ferritschalenkern 26/16 mit Luftspalt $s \simeq 0{,}25$ mm aus Material N 28 (Siemens) bzw. Material 3 H 1 (Valvo).

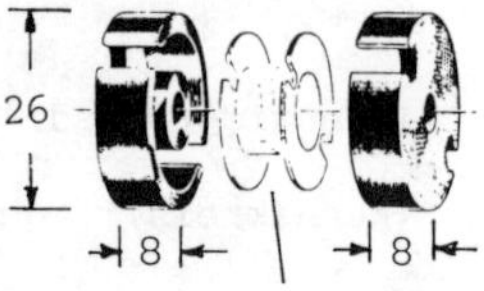

$A_R = 55\mu\Omega$
für $K_{Cu} = 0{,}5$
(Kupferfüllfaktor)

A_L-Wert $A_L \simeq 400$ nH ,

gescherte Permeabilität μ_g (μ_e) $\simeq$ 130 ,
(effektive)

rel. Temperaturkoeffizient $TK_{rel} = \frac{TK_{\mu_A}}{\mu_A} < 1{,}8 \cdot 10^{-6}\ \frac{1}{K}$,
(20 °C bis 70 °C)

rel. Kernverlustfaktor $\tan\delta_{krel} = \frac{\tan\delta_k}{\mu_A} < 10^{-6}$.
(f<20 kHz)

Es werde eine annähernd voll gewickelte Einkammerspule eingelegt mit Windungszahl N = 400, Draht CuL, d = 0,25 mm:

Spulenlänge l_w=10mm, Wickelhöhe h_w=3mm, mtl. Windungslänge l_m=50mm.

a) Man berechne Induktivität L und Kupferwiderstand R_{Cu} [1)].

b) Mit welcher Induktivitätsänderung ist zu rechnen bei einer Temperaturerhöhung von 20 °C auf 70 °C (ΔT= 50K) ?

c) Wie ändert sich die Spulengüte im Bereich 10 Hz < f < 10 kHz?

d) Man bestimme angenähert die Eigenkapazität und Eigenfrequenz (Resonanzfrequenz) der Spule.

---

1) Gesucht ist die Wechselfeldinduktivität $L_\sim$ für kleine Aussteuerung. Auf Index $\sim$ wird verzichtet. Kerndaten beziehen sich auf kleine Wechselfeldaussteuerung.

Lösungen

L mit Abgleichschraube variierbar

a) $L = A_L \cdot N^2 = 400\text{nH} \cdot 400^2 = \underline{64\ \text{mH}}$.

$R_{Cu} = N \cdot l_m \cdot R'_{Cu} = 400 \cdot 0{,}05\text{m} \cdot 0{,}36\ \frac{\Omega}{\text{m}}$ x) $= \underline{7{,}2\ \Omega}$.

b) Es ist $TK_L \simeq TK_{\mu_g}$ mit $TK_{\mu_g} = S \cdot TK_{\mu_A}$ (S = Scherungsverhältnis = μ_g/μ_A) .

$TK_L \simeq \frac{TK_{\mu_A}}{\mu_A} \cdot \mu_g = TK_{rel} \cdot \mu_g \simeq 234 \cdot 10^{-6}\ \frac{1}{K}$, $\Delta L = TK_L \cdot L \cdot \Delta T \simeq \underline{+0{,}75\ \text{mH}}$.

c) $Q = \frac{1}{\tan\delta}$, $\tan\delta = \tan\delta_{Cu} + \tan\delta_{kg}$, $\tan\delta_{kg} \simeq \frac{\tan\delta_k}{\mu_A} \cdot \mu_g < 0{,}13 \cdot 10^{-3}$.

$f = 10$ Hz: $\tan\delta_{Cu} = \frac{R_{Cu}}{\omega L} = \frac{7{,}2\Omega}{4\Omega} = 1{,}8$, $f = 10$kHz: $\tan\delta_{Cu} \simeq 1{,}8 \cdot 10^{-3}$.

Die Spulengüte Q steigt im betrachteten Intervall also von 0,6 bis etwa 500 an. Der Einfluß der Kernverluste ist dabei sehr gering.

d) $C_W \simeq \frac{K_C}{n^2} \cdot \frac{l_w \cdot l_m}{h_w} \simeq 1{,}8\ \frac{\text{pF}}{\text{cm}} \cdot \frac{1\text{cm} \cdot 5\text{cm}}{0{,}3\text{cm}} = \underline{30\ \text{pF}} \rightarrow f_o \simeq f_r \simeq \frac{1}{2\pi\sqrt{L \cdot C_W}} \simeq \underline{110\ \text{kHz.}}$

---

x) alternative Berechnung von R_{Cu} über A_R-Wert :

$R_{Cu} = A'_R \cdot N^2 = 46\ \mu\Omega \cdot 400^2 \simeq \underline{7{,}4\ \Omega}$. $A'_R = 55\ \mu\Omega \cdot \frac{0{,}5}{0{,}6} \simeq 46\ \mu\Omega$.

korrigierter Wert für $K_{Cu} = 0{,}6$

Lehrbuch: Abschnitt 7.2

Zu untersuchen ist die Induktivität der Spule nach Aufg. III.3 im Zusammenhang mit einem vormagnetisierenden Gleichstrom. Dazu werden noch folgende Angaben dem Datenblatt entnommen:

μ_A = 2200 Anfangspermeabilität

l_e (l_E) = 37,5 mm eff. magn. Weglänge

A_e (A_E) = 94 mm^2 eff. magn. Querschnitt

( ) entsprechende Bezeichnungen nach Lehrbuch

Im Diagramm bedeuten:

$H_{-a} = \frac{I \cdot N}{l_e}$ "äußere" Gleichfeldstärke

μ_{revg} gescherte reversible Permeabilität

μ_e gescherte Anfangspermeabilität

$$\mu_{revg} = \frac{\mu_{rev}}{1+\mu_{rev} \cdot s/l_e} \quad , \quad \mu_e = \frac{\mu_A}{1+\mu_A \cdot s/l_e}$$

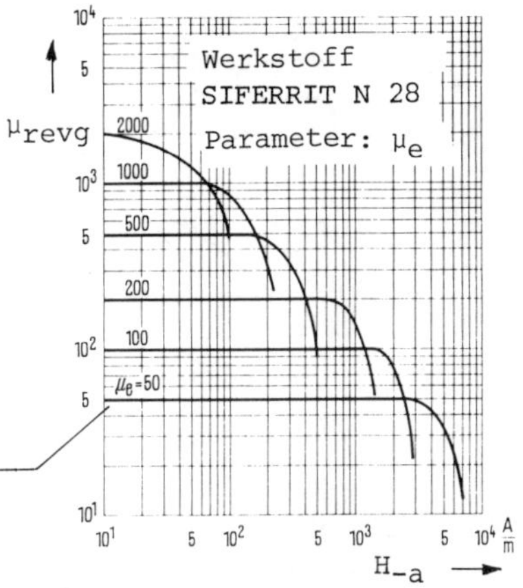

a) Man berechne die gescherte Anfangspermeabilität.

b) Welcher Gleichstrom ist zulässig ohne nennenswerte Einbuße der Wechselfeldinduktivität?

c) Wie erklärt sich der Sachverhalt nach b) aus der Magnetisierungskennlinie (Sättigungsinduktion B_S = 0,37 T, siehe Datenblatt)?

Lösungen:

a) $$\mu_e = \frac{\mu_A}{1+\mu_A \cdot \frac{s}{l_e}} = \frac{2200}{1+2200 \cdot \frac{0,25\,\text{mm}}{37,5\,\text{mm}}} \simeq \underline{140}$$ (≃ 130 nach Datenblatt, siehe Aufg. III.3) .

μ_e ist die gescherte Wechselfeldpermeabilität $\mu_{\sim g}$ für $H_- = 0$ und $\hat{H}_\sim \to 0$.

b) Nach obigem Diagramm ist eine Abnahme von μ_{revg} für den Fall μ_e = 14o bei H_{-a}>1ooo $\frac{A}{m}$ zu erwarten:
$$I_{max} = \frac{H_{-a} \cdot l_e}{N} = \frac{1000\,\frac{A}{m} \cdot 37{,}5\,\text{mm}}{400} \simeq \underline{94\,\text{mA}}.$$

c) Dem Datenbuch wird die statische Magnetisierungskennlinie entnommen, und die Scherungsgerade für H_{-a} = 1ooo A/m wird konstruiert:

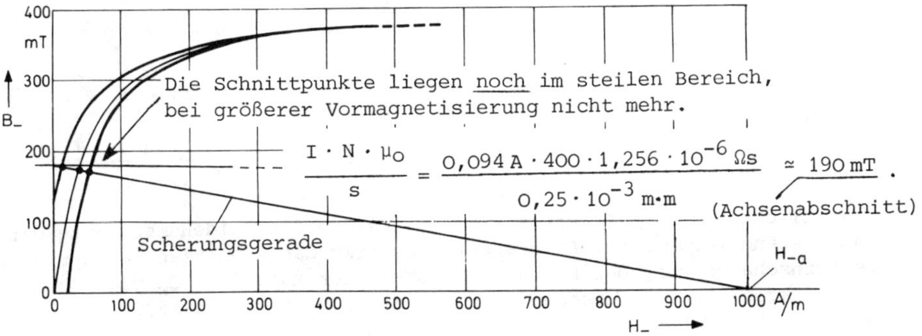

$$\frac{I \cdot N \cdot \mu_0}{s} = \frac{0{,}094\,A \cdot 400 \cdot 1{,}256 \cdot 10^{-6}\,\Omega s}{0{,}25 \cdot 10^{-3}\,m \cdot m} \simeq \underline{190\,\text{mT}}.$$

Lehrbuch: Abschnitte 7.4 und 7.5

Zu dem Schalenkern 26/16, Luftspalt 0,15 mm, Material N 28, können dem Datenblatt die folgenden Güte-Frequenz-Kurven entnommen werden, die sich auf ausgeführte Musterspulen beziehen.

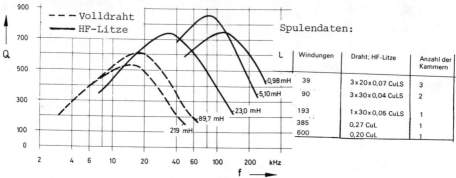

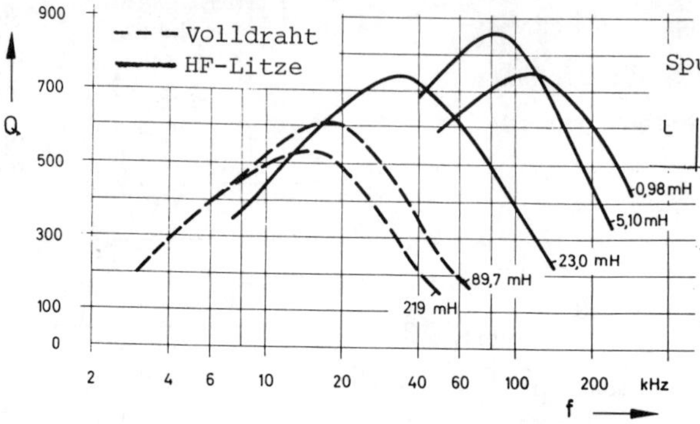

Spulendaten:

L	Windungen	Draht; HF-Litze	Anzahl der Kammern
0,98 mH	39	3x20x0,07 CuLS	3
5,10 mH	90	3x30x0,04 CuLS	2
23,0 mH	193	1x30x0,05 CuLS	1
89,7 mH	385	0,27 CuL	1
219 mH	600	0,20 CuL	1

a) Welchen Gütewert kann man aufgrund einer vergleichenden Betrachtung für die Spule nach Aufg. III.3 bei 80 kHz erwarten?

b) Man ermittle eine alternative Bewicklung im Hinblick auf möglichst hohe Güte bei 80 kHz (ohne Rücksicht auf die Induktivität).

c) Man bestimme Induktivität und Kupferwiderstand zu den Wickeldaten nach c).

d) Welche Eigenkapazität und Resonanzfrequenz sind zu erwarten?

Lösungen

a) Die mit Volldraht gewickelten Spulen haben ein Gütemaximum bei etwa 20 kHz und weisen bei 80 kHz nur noch eine Güte von annähernd 100 auf. Also kann man für die vergleichbare Spule nach Aufg. III.3 bei 80 kHz $Q \simeq 100$ erwarten.

b) In anbetracht der übrigen Kurven erscheint eine Zwei-Kammerwicklung zweckmäßig unter Verwendung von HF-Litze. Beispielsweise wählt man:

HF-Litze 45 x 0,07 CuLS (Kupferlackdraht mit Seidenumspinnung),

Außendurchmesser d = 0,72 mm,

Gleichstromwiderstand $R' = 0,10\ \frac{\Omega}{m}$,

Kupferfüllfaktor $K_{Cu} = 0,35$.

Spulenkörper: (2 Kammern)
$A_R = 59\ \mu\Omega$ für $K_{Cu} = 0,5$,
mtl. Windungslänge $l_m = 52$ mm.

$$\rightarrow A'_R = 59\ \mu\Omega \cdot \frac{0,5}{0,35} \simeq 85\ \mu\Omega \rightarrow 85\mu\Omega \cdot N^2 = N \cdot l_m \cdot R' = R_{Cu} \rightarrow N = \underline{63}\ .$$

c) $$L = A_L \cdot N^2 = 400\text{nH} \cdot 63^2 \simeq \underline{1,6\ \text{mH}}\ ,\ R_{Cu} = A'_R \cdot N^2 = 85\mu\Omega \cdot 63^2 \simeq \underline{0,34\Omega}\ .$$

d) $$C_W \simeq \frac{K_C}{n^2} \cdot \frac{l_w \cdot l_m}{h_w} \simeq \frac{1,8}{4} \cdot \frac{\text{pF}}{\text{cm}} \cdot \frac{1\ \text{cm} \cdot 5\ \text{cm}}{0,3\ \text{cm}} \simeq 7,5\ \text{pF} \rightarrow fr = \frac{1}{2\pi\sqrt{L \cdot C_W}} \simeq \underline{1,2\ \text{MHz}}\ .$$

In Wirklichkeit fällt C_W etwas kleiner aus, da die Seidenumspinnung den Drahtabstand vergrößert. Andererseits bewirkt das Einsetzen der Spule in die Kernschalen eine geringfügige Erhöhung der Kapazität C_W gegenüber der „nackten" Spule. Gemessen wurde an einer Musterspule: 5.9 pF. Der gemessene Q-Wert lag in der Größenordnung 800.

III.6	Parallelschwingkreis

Lehrbuch: Abschnitte 6.1, 7.4, 7.6 sowie Anhang IX und X

Mit Hilfe einer gegebenen Ferritkernspule mit Abgleichschraube und einem noch zu bestimmenden Kondensator soll ein Parallelschwingkreis für eine Kennfrequenz f_o =10kHz aufgebaut werden.

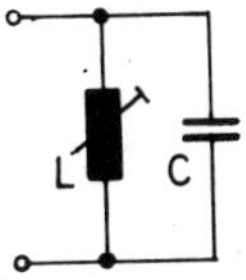

Spule : $L \approx 64\,\text{mH}$, $TK_L \approx 230\cdot 10^{-6}\,\frac{1}{K}$, $Q_L \approx 500$ bei 10kHz ,
$C_W \approx 30\,\text{pF}$, (Daten nach Aufg.III.3) .
Kondensator: Styroflex mit $TK_C = -210\cdot 10^{-6}\,\frac{1}{K}$, $\tan\delta_C = 0{,}2\cdot 10^{-3}$.

a) Man bestimme die notwendige Kapazität C, den Kennwiderstand Z_o und die sich ergebende Kreisgüte Q_K .

b) Man bestimme die Resonanzfrequenz f_r, den Resonanzwiderstand Z_r und die Bandbreite Δf des Schwingkreises.

c) Man bestimme die Temperaturabhängigkeit der Kennfrequenz .

d) Welche Bedingung muß erfüllt sein für eine temperaturunabhängige Kennfrequenz bzw. Resonanzfrequenz?

e) Man gebe eine geeignete Kondensatorschaltung für praktisch vollständige Temperaturkompensation an.

Lösungen

a) $f_o = \frac{1}{2\pi\sqrt{LC}} \rightarrow C = \left(\frac{1}{2\pi f_o}\right)^2 \cdot \frac{1}{L} \approx \underline{3{,}96\,\text{nF}}$

Gewählt wird C = 3,9 nF wegen C_W, Frequenz fo kann mit Spulenschraubkern über L eingestellt werden.

$Z_o = \sqrt{\frac{L}{C}} \approx \sqrt{\frac{64\,\text{mH}}{4\,\text{nF}}} = \underline{4\,\text{k}\Omega}$, $\frac{1}{Q_K} = \tan\delta_L + \tan\delta_C \approx 2\cdot 10^{-3} + 0{,}2\cdot 10^{-3} \rightarrow Q_K \approx \underline{450}$.

b)

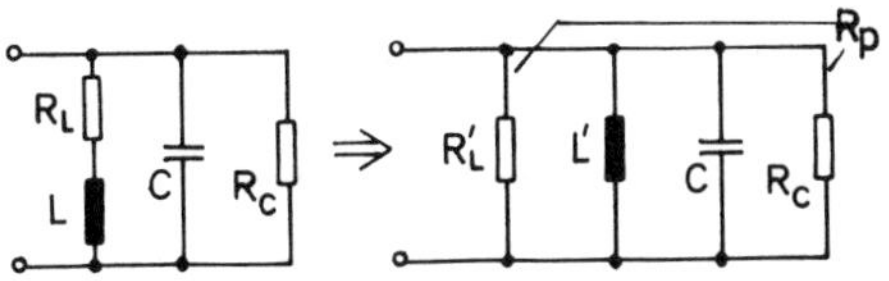

$R_C \approx \frac{Z_o}{\tan\delta_C} = 20\,\text{M}\Omega$, $R'_L \approx \frac{Z_o}{\tan\delta_L} = 2\,\text{M}\Omega$,

$L' \approx L\cdot(1+\tan^2\delta_L) \approx L$ *) .

$f_r = \frac{1}{2\pi\sqrt{L'C}} \approx f_o\cdot\left(1-\frac{1}{2}\tan^2\delta_L\right) \approx \underline{f_o}$

$Z_r = R_p = R'_L \| R_C = 2\,\text{M}\Omega \| 20\,\text{M}\Omega = \underline{1{,}8\,\text{M}\Omega}$, $\Delta f = f_o\cdot\frac{1}{Q_K} \approx \underline{22\,\text{Hz}}$.

*) Bei Schwingkreisen hoher Güte ist praktisch $L' = L$ und $f_o = f_r$.

c) $\Delta f_o \approx \frac{\partial f_o}{\partial L}\cdot\Delta L + \frac{\partial f_o}{\partial C}\cdot\Delta C \approx \frac{1}{2\pi}\left[-\frac{1}{2L\sqrt{LC}}\cdot L\cdot TK_L\cdot\Delta T - \frac{1}{2C\sqrt{LC}}\cdot C\cdot TK_C\cdot\Delta T\right]$,

$\frac{\Delta f_o}{f_o} \approx -\frac{1}{2}(TK_L + TK_C)\cdot\Delta T = -\frac{1}{2}(230-210)\cdot 10^{-6}\,\frac{1}{K}\cdot\Delta T = \underline{-10\cdot 10^{-6}\,\frac{1}{K}\cdot\Delta T}$.

d) $TK_L = -TK_C$.

e)

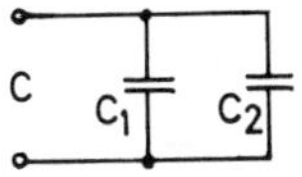

$\rightarrow$ $C_1 = 3{,}6\,\text{nF}$ $(TK_1 = -210\cdot 10^{-6}\,\frac{1}{K}$, Styroflex) ,
$C_2 = 0{,}3\,\text{nF}$ $(TK_2 = -470\cdot 10^{-6}\,\frac{1}{K}$, Keramik N 470) $\Big]$ C= 3,9 nF.

Beweis: $TK_C = \frac{C_1\cdot TK_1 + C_2\cdot TK_2}{C_1 + C_2} = \frac{3{,}6\cdot(-210)+0{,}3\cdot(-470)}{3{,}9}\cdot 10^{-6}\,\frac{1}{K} \approx \underline{-230\cdot 10^{-6}\,\frac{1}{K}}$.

III.7	Spannungsteiler mit Parallelschwingkreis

Lehrbuch: Abschnitte 7.6 und 7.8 sowie Anhang IX und X

Mit dem Parallelschwingkreis nach Aufg. III.6 sollen die folgenden Spannungsteiler aufgebaut werden.

A) Bandpaßschaltung

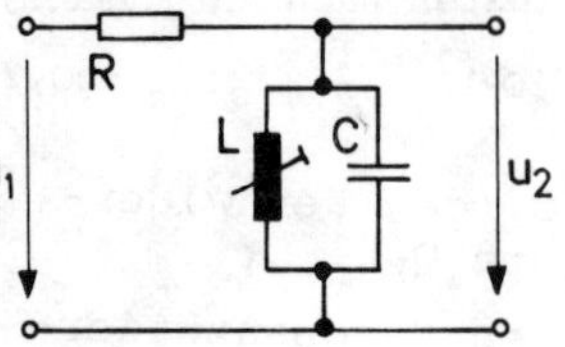

$R = 100\,k\Omega$
$L \simeq 64\,mH$
$C \simeq 4\,nF$
$Z_o = \sqrt{\frac{L}{C}} \simeq 4\,k\Omega$
$fo = 10\,kHz$

B) Bandsperrenschaltung

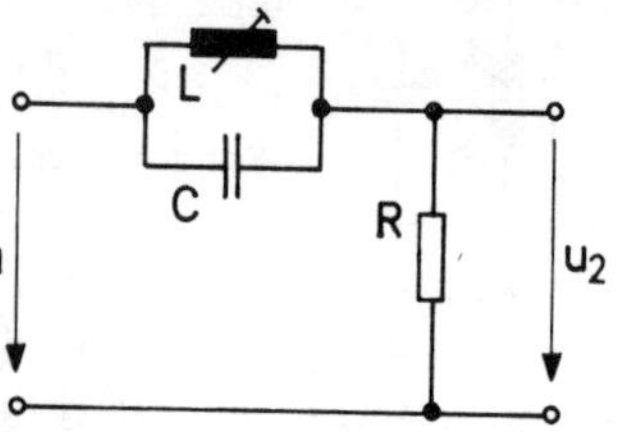

a) Man bestimme allgemein den komplexen (Spannungs-) Übertragungsfaktor $\underline{A}_u$ unter Berücksichtigung der Schwingkreisverluste.

b) Man skizziere den Frequenzgang des Amplitudenfaktors $A_u = |\underline{A}_u|$ in der Umgebung der Resonanzfrequenz.

c) Welche Ströme treten im Resonanzfall bei einer Eingangsamplitude von 10 V auf?

d) Wie weit wird der Spulenkern im Fall c) magnetisiert?

Lösungen zu Variante A)

a) Ersatzschaltung

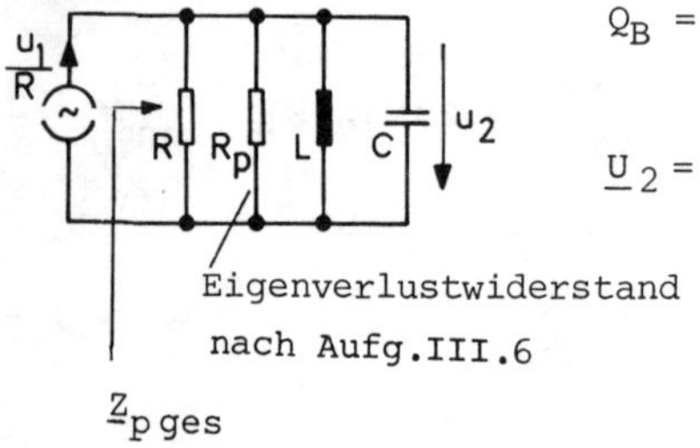

Durch Definition der Betriebsgüte Q_B wird der Widerstand R dem Schwingkreis zugerechnet:

$$Q_B = \frac{R \cdot R_p}{R + R_p} \cdot \frac{1}{Z_o} = \frac{100\,k\Omega \cdot 1{,}8\,M\Omega}{100\,k\Omega + 1{,}8\,M\Omega} \cdot \frac{1}{4\,k\Omega} \simeq 24 \;.$$

$$\underline{U}_2 = \frac{\underline{U}_1}{R} \cdot \underline{Z}_{p\,ges} = \frac{\underline{U}_1}{R} \cdot \frac{Z_o}{\frac{1}{Q_B} + j\left(\frac{\omega}{\omega_o} - \frac{\omega_o}{\omega}\right)} \;,$$

$$\longrightarrow \quad \underline{A}_u = \frac{\underline{U}_2}{\underline{U}_1} = \frac{Z_o/R}{\frac{1}{Q_B} + j\left(\frac{\omega}{\omega_o} - \frac{\omega_o}{\omega}\right)} \;.$$

b)

$f_o = 10\,kHz$

Bandbreite

$\Delta f = \frac{1}{Q_B} \cdot f_o \simeq \frac{1}{24} \cdot 10\,kHz \simeq 420\,Hz$

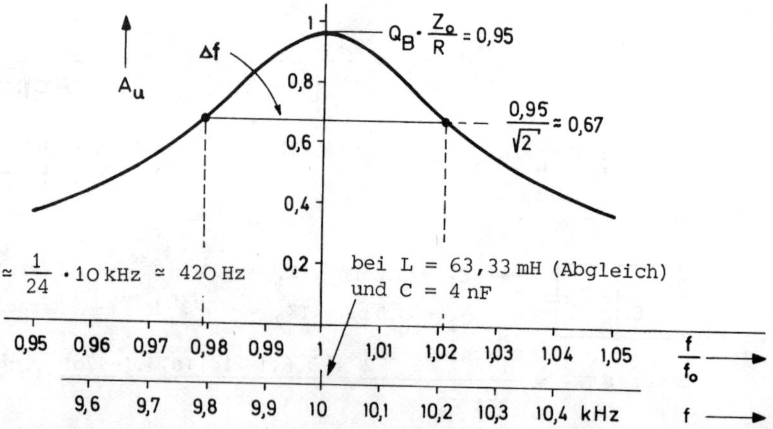

c)

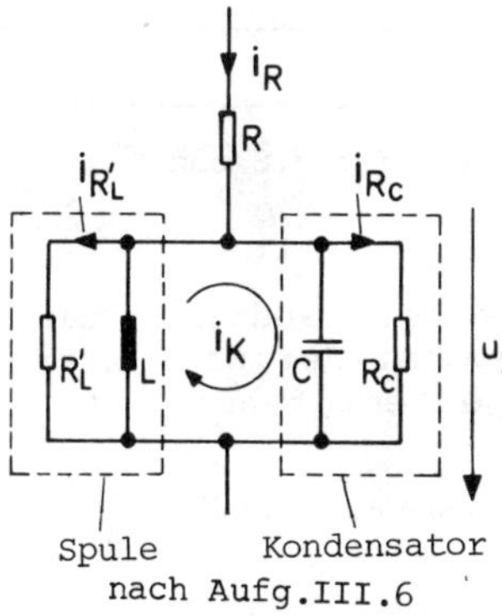

Verlustströme (Wirkströme):

$$\hat{i}_R = \frac{\hat{u}_1}{R+R_p} = \frac{10\,V}{(0{,}1+1{,}8)\,M\Omega} \simeq \underline{5{,}3\,\mu A}\,, \quad \text{mit } R_p = R_L' \parallel R_C$$

$$\hat{i}_{R_L'} = \frac{\hat{u}_2}{R_L'} \simeq \frac{9{,}6\,V}{2\,M\Omega} = \underline{4{,}8\,\mu A}\,,$$

$$\hat{i}_{R_C} = \frac{\hat{u}_2}{R_C} \simeq \frac{9{,}6\,V}{20\,M\Omega} = \underline{0{,}48\,\mu A}\,,$$

Kreisstrom: (Blindstrom)

$$\hat{i}_K = \frac{\hat{u}_2}{\omega_o L} = \hat{u}_2 \omega_o C = \frac{\hat{u}_2}{Z_o} = \frac{\hat{u}_1}{R}\cdot Q_B = \frac{10\,V}{0{,}1\,M\Omega}\cdot 24 = \underline{2{,}4\,mA}\,.$$

d) $$\hat{B} = \frac{\hat{u}_2}{\omega\cdot N\cdot A_E} = \frac{9{,}6\,V}{2\pi\cdot 10\cdot 10^3\frac{1}{s}\cdot 400\cdot 94\cdot 10^{-6}\,m^2} \simeq \underline{4\,mT}\,.$$

siehe Aufg. III.3 und III.4

Lösungen zu Variante B)

Bei gleicher Spannung u_1 liegen für den Schwingkreis die gleichen Verhältnisse vor wie bei Variante A.

a) $$\underline{U}_2 = \underline{U}_1 - \frac{\underline{U}_1}{R}\cdot \underline{Z}_{p\,ges} \quad \rightarrow \underline{A}_u = \frac{\underline{U}_2}{\underline{U}_1} = 1 - \frac{\underline{Z}_{p\,ges}}{R} \quad \text{(vgl. Variante A)}$$

$$\underline{A}_u = 1 - \frac{Z_o/R}{\frac{1}{Q_B} + j\left(\frac{\omega}{\omega_o} - \frac{\omega_o}{\omega}\right)} = \frac{\frac{1}{Q_K} + j\left(\frac{\omega}{\omega_o} - \frac{\omega_o}{\omega}\right)}{\frac{1}{Q_B} + j\left(\frac{\omega}{\omega_o} - \frac{\omega_o}{\omega}\right)} \quad \text{da } \frac{1}{Q_B} - \frac{Z_o}{R} = \frac{Z_o}{R_p} = \frac{1}{Q_K}\,.$$

(Q_K = Kreisgüte = „Leerlaufgüte")

$$\simeq Q_B\cdot\left[\frac{1}{Q_K} + j\left(\frac{\omega}{\omega_o} - \frac{\omega_o}{\omega}\right)\right] \quad \text{wegen } Q_K \simeq 450 \gg Q_B \simeq 24,\ \left(\frac{1}{Q_K} \ll \frac{1}{Q_B}\right).$$

(Näherung für $0{,}99 < \frac{f}{f_o} < 1{,}01$)

b)

f_o = 10 kHz

Bandbreite

$\Delta f \simeq \frac{1}{Q_K}\cdot f_o \simeq \underline{22\,Hz}$

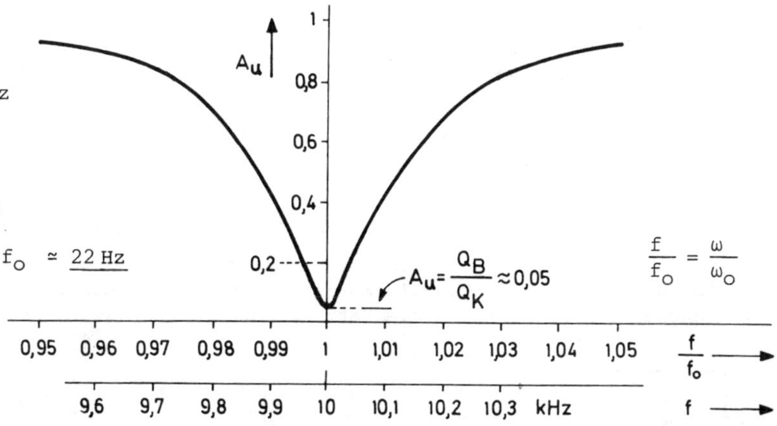

$\frac{f}{f_o} = \frac{\omega}{\omega_o}$

c) Wie bei Variante A .

d) Wie bei Variante A .

Lehrbuch: Abschnitt 7.6 und Anhang IX

Ein Parallelschwingkreis soll über einen Widerstand R an eine Gleichspannungsquelle geschaltet werden, wobei der Widerstand so bemessen ist, daß gedämpfte Schwingungen entstehen.

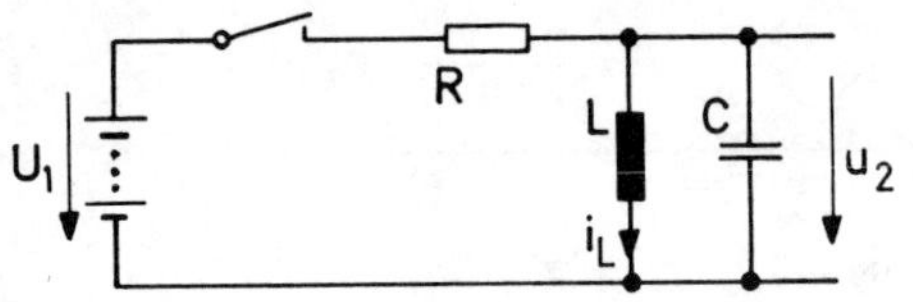

Kennwiderstand $Z_o = \sqrt{\frac{L}{C}}$

Kennfrequenz $f_o = \frac{1}{2\pi\cdot\sqrt{LC}}$

a) Man skizziere den zu erwartenden Zeitverlauf für den Strom i_L und entwickle die zugehörige Zeitfunktion.

b) Welche Bedingung bezüglich des Widerstandes bzw. der Betriebsgüte Q_B muß erfüllt sein, damit Schwingungen insbesondere mit schwacher Dämpfung entstehen?

c) Man leite die Zeitfunktion für die Spannung u_2 ab und skizziere den zugehörigen Zeitverlauf.

d) Man bestimme den Zeitverlauf der Spannung u_2, wenn der Schwingkreis nach Aufg. III.6 verwendet wird bei $U_1 = 100\,V$ und $R = 100\,k\Omega$.

e) Wie verlaufen der Strom i_L und die Spannung u_2, wenn im Fall d) nach dem Abklingen des Einschaltvorganges der Schalter erneut geöffnet wird?

f) Wie weit wird der Spulenkern bei den betrachteten Schaltvorgängen magnetisiert?

Lösungen

a)

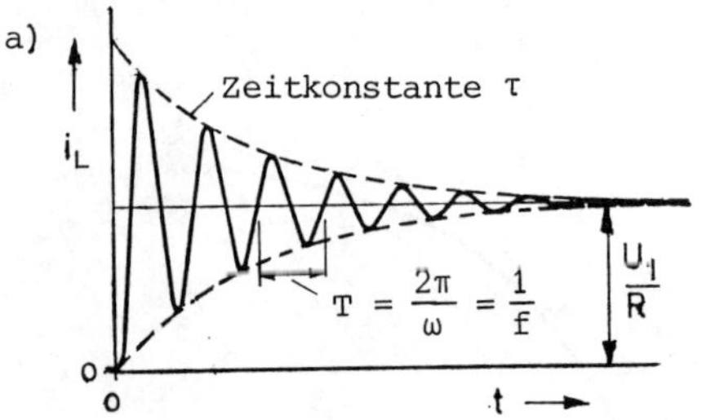

$$i_L \approx \frac{U_1}{R} - \frac{U_1}{R}\cdot\exp\left(-\frac{t}{\tau}\right)\cdot\cos\omega t \quad {}^{*)}$$

stationär (erster Term), flüchtig (zweiter Term), $\omega \approx \omega_o = \frac{1}{\sqrt{LC}}$.

*) Die exakte Lösung enthält noch eine (bei $\tau >> T$ vernachlässigbare) abklingende Sinuskomponente.

Ermittlung der Abklingkonstante δ bzw. der Abklingzeitkonstante τ:

Die Abklingkonstante δ wird nur bestimmt durch das Netzwerk R, L, C. Spannungsquellen wirken wie Kurzschlüsse, Stromquellen wie offene Klemmenpaare. Man definiert die Betriebsgüte Q_B für die Umgebung von ω_o.

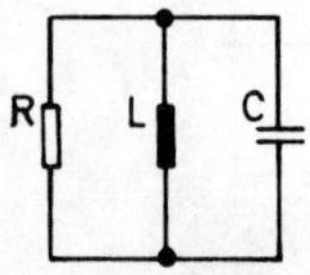

$Q_B = \frac{R}{\omega_o L} = \frac{R}{Z_o}$

$\Longrightarrow$ Transformation für ω_o

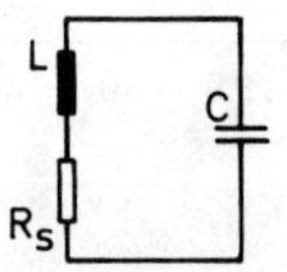

$$R_S \approx \frac{R}{Q_B^2} = \frac{L}{C\cdot R},$$

$$\delta = \frac{R_S}{2L} = \frac{1}{2CR} \rightarrow \tau = \frac{1}{\delta} = 2RC.$$

b) Schwingungen bei $\delta < \omega_o$ $\rightarrow R > \frac{1}{2}\cdot\sqrt{\frac{L}{C}}$ bzw. $Q_B > \frac{1}{2}$ mit $Q_B = R/\sqrt{\frac{L}{C}}$.

Schwache Dämpfung: $\delta \ll \omega_o$, $R \gg \frac{1}{2}\cdot\sqrt{\frac{L}{C}}$ bzw. $Q_B \gg \frac{1}{2}$.

c) $u_2 = L\frac{di_L}{dt} \simeq U_1 \cdot \frac{\sqrt{L/C}}{R} \cdot \exp(-\frac{t}{\tau})\sin\omega t$ *)

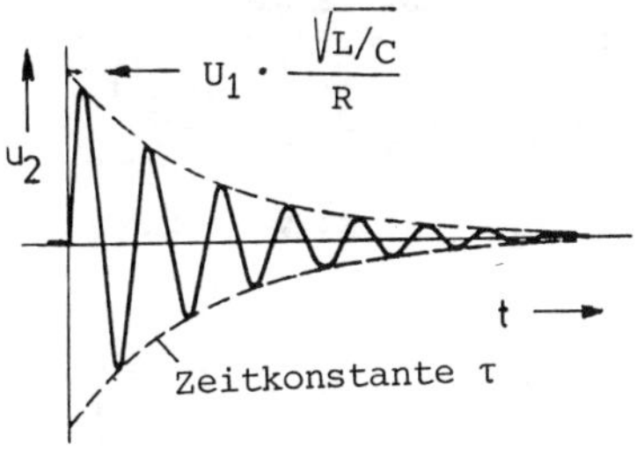

Die Lösung ist nicht exakt, aber hinreichend genau für $\delta \ll \omega_o$.

*) Das bei der Ableitung auftretende Cosinusglied entfällt in der exakten Lösung.

d) $Q_B = \frac{R\|R_p}{\sqrt{L/C}} = \frac{100\,k\Omega\|1{,}8\,M\Omega}{4\,k\Omega} \simeq 24 \gg \frac{1}{2}$ (schwache Dämpfung) $\rightarrow f \simeq f_o = \underline{10\,kHz}$,

$\tau = 2\cdot(R\|R_p)\cdot C = 2\cdot(100\,k\Omega\|1{,}8\,M\Omega)\cdot 4\,nF \simeq \underline{0{,}75\,ms}$.

└─Eigenverlustwiderstand berücksichtigt (siehe Aufg. III.6)

Anfangsamplitude $\hat{u}_2 \simeq U_1 \cdot \frac{\sqrt{L/C}}{R} = 100\,V\cdot\frac{4\,k\Omega}{100\,k\Omega} = \underline{4\,V}$.

e) Geschaltet werde zum Zeitpunkt $t = t_o$. Es entsteht ein Strom der Form:

$i_L \simeq \frac{U_1}{R}\cdot\exp(-\frac{t'}{\tau'})\cdot\cos\omega t'$ mit $\frac{U_1}{R} = 1\,mA$ ˣ) , $t' = t - t_o$.

ˣ) Strenggenommen $\frac{U_1}{R+R_{Cu}}$ mit R_{Cu} als Kupferwiderstand der Spule (vernachlässigt)

Es ist $\tau' = 2R_p\cdot C \simeq 15\,ms$. Die Zeitkonstante für den Abschaltvorgang ist also wesentlich größer als für den Einschaltvorgang, da der Kreis beim Abschalten nur durch den Eigenverlustwiderstand bedämpft wird.

$u_2 \simeq L\cdot\frac{di_L}{dt'} \simeq -U_1 \cdot \frac{\sqrt{L/C}}{R}\cdot\exp(-\frac{t'}{\tau'})\cdot\sin\omega t' = -4\,V\cdot\exp(-\frac{t'}{\tau'})\cdot\sin\omega t'$.

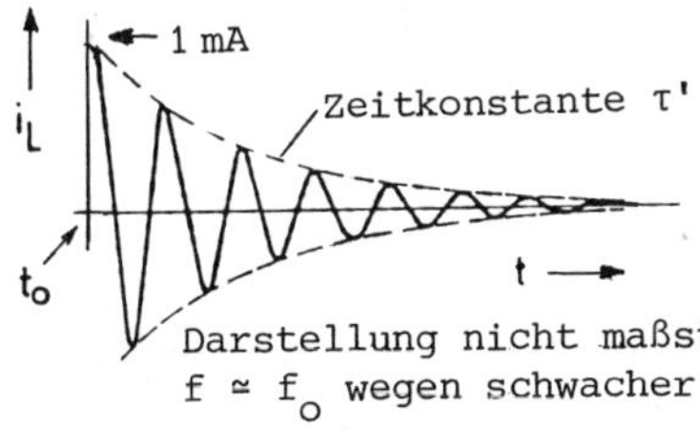

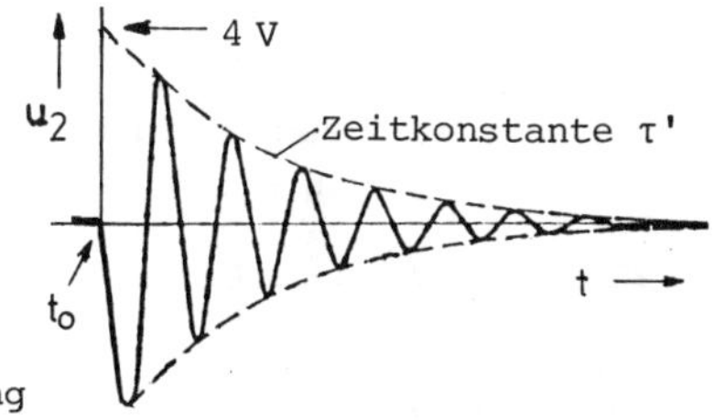

Darstellung nicht maßstäblich!
$f \simeq f_o$ wegen schwacher Dämpfung

f) Die stärkste Magnetisierung tritt mit $i_{L\,max} \simeq 2\,mA$ beim Einschalten auf.

Damit wird: $H_{a\,max} = \frac{i_{L\,max}\cdot N}{l_E} = \frac{2\,mA\cdot 400}{0{,}0375\,m} \simeq 21{,}3\,\frac{A}{m}$,

$B_{max} = \mu_o\cdot\mu_g\cdot H_{a\,max} \simeq 1{,}257\cdot 10^{-6}\,\frac{\Omega s}{m}\cdot 130\cdot 21{,}3\,\frac{A}{m} \simeq 3460\cdot 10^{-6}\,\frac{Vs}{m^2}$

$\simeq \underline{3{,}5\,mT}$.

III.9 Parallelschwingkreis als Resonanzübertrager

Lehrbuch: Abschnitte 7.6, 7.8 und 8.1, Anhang IX und X

Ein Verbraucher mit dem Widerstand $R_L = 15\,k\Omega$ soll selektiv über einen Schwingkreis mit kapazitiver bzw. induktiver Teilankopplung an einen Generator mit Innenwiderstand $R_i = 100\ k\Omega$ angekoppelt werden. Es wird eine Übertragungsbandbreite $\Delta f = 10$ kHz bei einer Bandmittenfrequenz $f_o = 450$ kHz verlangt.

A) kapazitive Teilankopplung

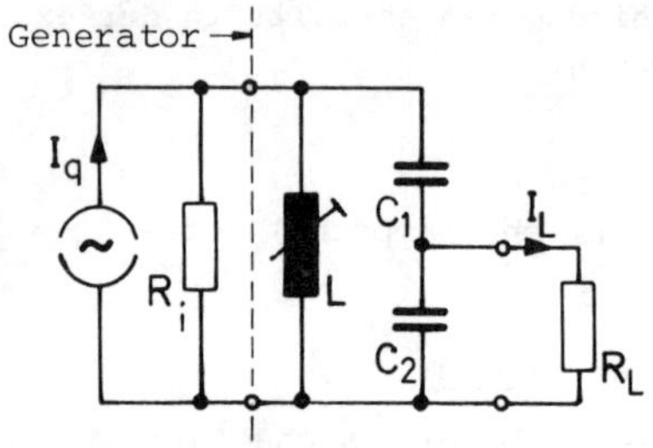

B) induktive Teilankopplung

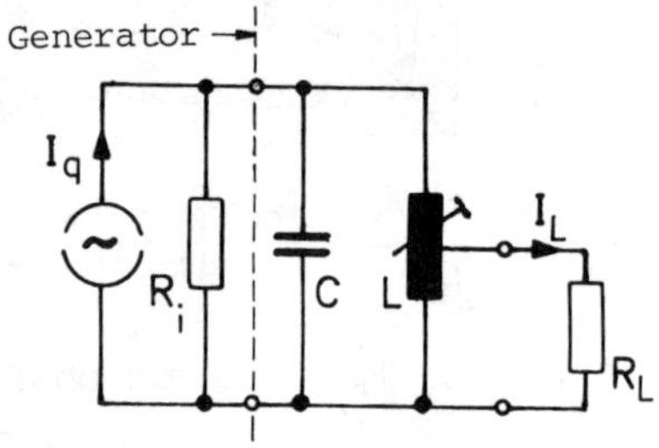

(Generator kann der Transistorausgang einer Verstärkervorstufe sein und Verbraucher der Eingang einer Folgestufe, vgl. Aufg. V.17)

(I_L bedeutet hier I_{Last}, R_L bedeutet R_{Last} !)

Aufgaben zu Variante A:

a) Welche Betriebsgüte Q_B muß die Schaltung aufweisen?

b) Man gebe ein Ersatzschaltbild an unter Berücksichtigung der Spulenverluste durch die Spulengüte Q_L. (Kondensatoren seien verlustfrei).

c) Welcher Zusammenhang besteht zwischen der Betriebsgüte und den Widerständen?

d) Wie groß muß der Kennwiderstand Z_o des Schwingkreises für Leistungsanpassung in Bandmitte sein?

e) Man bestimme die notwendigen Werte L und C.

f) Welche Einzelkapazitäten C_1 und C_2 ergeben sich, wenn man eine Spulengüte $Q_L = 150$ zugrundelegt?

g) Man stelle den Frequenzgang des Stromübertragungsfaktors $A_i = I_L/I_q$ in Resonanznähe graphisch dar.

Aufgaben zu Variante B:

h) Man bestimme die Windungszahlen der Spule bei einem Schalenkern 9/5 ($A_L = 40$ nH, magn. Querschnitt $A_e = 10\ mm^2$), wenn die gleiche Induktivität L wie bei Variante A verwendet wird.

i) Wie weit wird der Kern magnetisiert, wenn bei Resonanz die Quellenstromamplitude $\hat{i}_q = 0{,}1$ mA beträgt?

Lösungen

a) $\frac{1}{Q_B} = \frac{\Delta f}{f_o} = 0{,}022 \rightarrow Q_B \approx \underline{45}$.

b) Parallelersatzschaltung für Resonanzgebiet

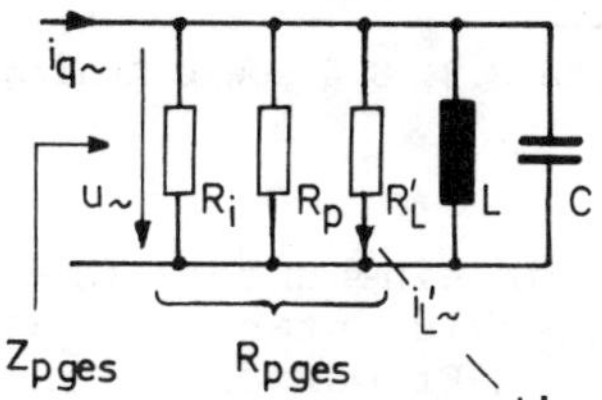

Parallelverlustwiderstand der Spule:

$R_p = Q_L \cdot \omega_o L = Q_L \cdot Z_o$ mit $Z_o = \sqrt{\frac{L}{C}}$ und $\omega_o = \frac{1}{\sqrt{LC}}$,

transformierter Lastwiderstand:

$R'_L = ü^2 \cdot R_L$ mit $ü = 1 + \frac{C_2}{C_1} = \frac{C_2}{C}$ und $C = \frac{C_1 \cdot C_2}{C_1 + C_2}$.

$i'_{L\sim}$ = transformierter Laststrom

c) $$\frac{1}{Q_B} = \frac{Z_o}{R_{p\,ges}} = Z_o \cdot \left(\frac{1}{R_i} + \frac{1}{R_p} + \frac{1}{R'_L}\right) .$$

d) Anpassung: $$\frac{1}{R_p} + \frac{1}{R'_L} = \frac{1}{R_i} \rightarrow \frac{1}{Q_B} = Z_o \cdot \frac{2}{R_i} \rightarrow Z_o = \frac{R_i}{2\,Q_B} \approx \frac{100\,k\Omega}{2 \cdot 45} \approx \underline{1{,}11\,k\Omega} .$$

(↑ nach c))

e) $$Z_o = \sqrt{\frac{L}{C}} = 1{,}11\,k\Omega,\ f_o = \frac{1}{2\pi\sqrt{LC}} = 450 \cdot 10^3\,\frac{1}{s} \rightarrow \underline{L \approx 0{,}4\,mH},\ \underline{C \approx 320\,pF} .$$

f) $$\frac{1}{R_i} = \frac{1}{R_p} + \frac{1}{R'_L} = \frac{1}{Q_L \cdot Z_o} + \frac{1}{ü^2 R_L} \rightarrow \underline{ü \approx 4} \rightarrow C_2 = \underline{1280\,pF},\ C_1 = \frac{C_2}{3} \approx \underline{430\,pF} .$$

(Bedingung $\frac{1}{\omega_o C_2} \ll R_L$ ist damit hinreichend erfüllt)

g) $I_q \cdot Z_{p\,ges} = I'_L \cdot R'_L$ mit $R'_L = ü^2 \cdot R_L$. Die Leistung für den Ersatzwiderstand R'_L muß gleich der von R_L aufgenommenen Leistung sein:

$$I'^2_L \cdot R'_L = I^2_L \cdot R_L \rightarrow I'_L = I_L \cdot \sqrt{\frac{R_L}{R'_L}} = I_L \cdot \frac{1}{ü}$$. Damit folgt:

$$A_i = \frac{I_L}{I_q} \approx \frac{Z_{p\,ges}}{ü \cdot R_L} ,$$

$$A_i \approx \frac{Z_o}{ü \cdot R_L} \cdot \frac{1}{\sqrt{\left(\frac{1}{Q_B}\right)^2 + \left(\frac{\omega}{\omega_o} - \frac{\omega_o}{\omega}\right)^2}}$$

(Lehrbuch Anhang X)

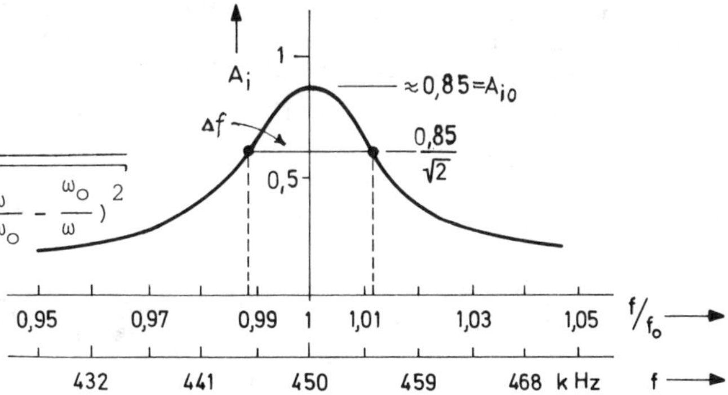

h) Sparübertrager

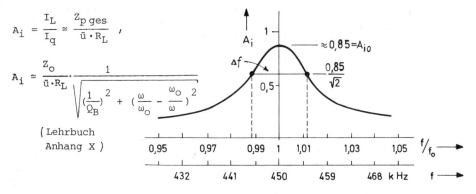

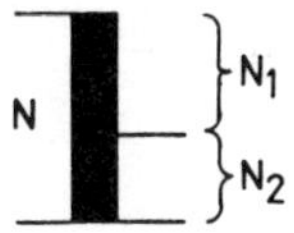

$$L = A_L \cdot N^2 \rightarrow N = \sqrt{\frac{L}{A_L}} \approx \sqrt{\frac{400\,\mu H}{0{,}04\,\mu H}} = 100,\quad N = N_1 + N_2 ,$$

$$R'_L = ü^2 \cdot R_L = \left(\frac{N}{N_2}\right)^2 \cdot R_L \rightarrow N_2 = \frac{N}{ü} = \frac{100}{4} = \underline{25} \rightarrow N_1 = \underline{75} .$$

i) $\hat{u}_\sim = \hat{i}_q \cdot R_{p\,ges} = 0{,}1\,mA \cdot 50\,k\Omega = 5\,V$,

$$\hat{B}_\sim = \frac{\hat{u}_\sim}{\omega \cdot N \cdot A_e} = \frac{5\,V}{2\pi \cdot 450 \cdot 10^3\,\frac{1}{s} \cdot 100 \cdot 10 \cdot 10^{-6} m^2} \approx \underline{1{,}8\,mT} .$$

Lehrbuch: Abschnitte 8.3, 8.4 sowie Anhang IX

Es soll ein Übertrager aufgebaut werden für eine untere Grenzfrequenz von 500 Hz zur Anpassung eines Lastwiderstandes $R_L = 240\,\Omega$ an einen Generator mit Widerstand $R_i = 60\,\Omega$. Primärseitig ist ein Gleichstrom von 100 mA aufzunehmen. Zur Verfügung steht der Schalenkern 26/16, Material N 28, Luftspalt $s \approx 0{,}25$ mm*) (siehe Aufg. III.3 und III.4). Die Wicklungen werden getrennt in zwei Kammern untergebracht.

Schaltbild

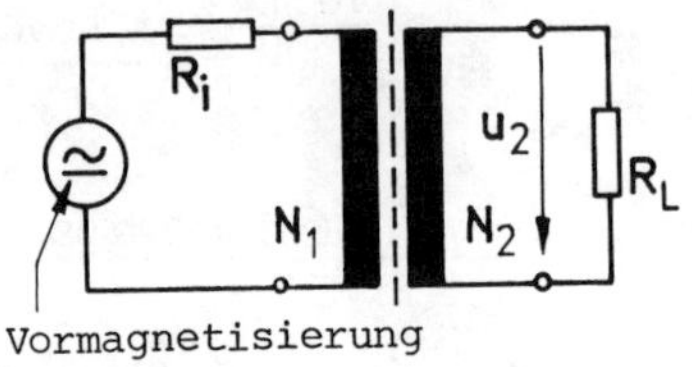

Aufbau

$A_W \approx 15\,\text{mm}^2$ pro Kammer

$l_m \approx 0{,}05$ m, $l_e \approx 0{,}0375$ m, $A_e \approx 94\,\text{mm}^2$

a) Welche Induktivität ist primärseitig erforderlich?

b) Welche Windungszahlen ergeben sich?

c) Welche Drahtstärke kann gewählt werden?

d) Welche Kupferwiderstände treten auf?

e) Welche Dämpfung erfährt die Ausgangsspannung im mittleren Frequenzbereich durch die Wirkung des Kupferwiderstandes?

f) Welche obere Grenzfrequenz erhält man, wenn für den Streugrad $\sigma = 0{,}05$ gesetzt wird?

g) Man untersuche, ob in der Nähe der oberen Grenzfrequenz eine Resonanzüberhöhung eintritt, wenn man die resultierende Wicklungskapazität C_W mit 50 pF ansetzt?

h) Inwieweit wirkt sich die Vormagnetisierung aus?

Lösungen

a) Bei Leistungsanpassung gilt: $R_L' = ü^2 R_L = R_i = 60\,\Omega$ mit $ü = \dfrac{N_1}{N_2}$.

$$L_1 \approx L_h = \frac{R_i \cdot R_L'}{\omega_{gu}(R_i + R_L')} = \frac{60\,\Omega \cdot 60\,\Omega}{2\pi \cdot 0{,}5 \cdot 10^3 \frac{1}{s} \cdot 120\,\Omega} \approx \underline{9{,}5\,\text{mH}}$$

Die Induktivität wird durch die untere Grenzfrequenz bestimmt.

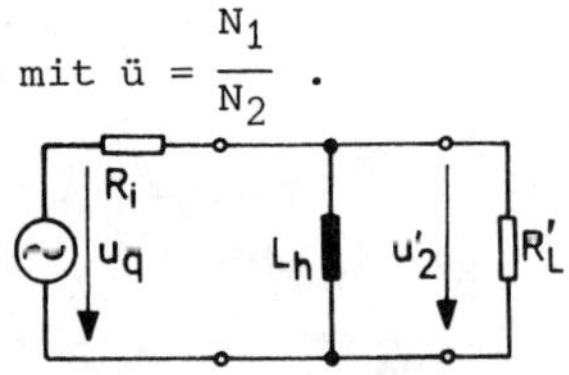

Ersatzbild für tiefe Frequenzen

b) $N_1 = \sqrt{\dfrac{L_1}{A_L}} \approx \sqrt{\dfrac{9500\,\mu\text{H}}{0{,}4\,\mu\text{H}}} \approx \underline{154}$, $ü = \sqrt{\dfrac{R_i}{R_L}} = \dfrac{N_1}{N_2} \approx 0{,}5 \rightarrow N_2 = \dfrac{N_1}{ü} \approx \underline{308}$.

c) $A_W = 15\,\text{mm}^2 = 0{,}15\,\text{cm}^2$ N' = Windungszahl pro cm^2 (Drahttabelle)

$N'_1 = \dfrac{N_1}{A_W} = \dfrac{154}{0{,}15\,\text{cm}^2} = 1027\,\dfrac{1}{\text{cm}^2} \rightarrow d_1 = \underline{0{,}25\,\text{mm}}$,

$N'_2 = \dfrac{N_2}{A_W} = \dfrac{308}{0{,}15\,\text{cm}^2} = 2053\,\dfrac{1}{\text{cm}^2} \rightarrow d_2 = \underline{0{,}15\,\text{mm}}$.

(bei voller Ausnutzung der Wickelfläche A_W)

d) $R_{Cu1} = N_1 \cdot l_m \cdot R'_{Cu1} = 154 \cdot 0{,}05\,\text{m} \cdot 0{,}36\,\frac{\Omega}{\text{m}} \simeq \underline{3\,\Omega}$,

$R_{Cu2} = N_2 \cdot l_m \cdot R'_{Cu2} = 308 \cdot 0{,}05\,\text{m} \cdot 0{,}99\,\frac{\Omega}{\text{m}} \simeq \underline{15\,\Omega}$. (laut Drahttabelle)

Resultierender Kupferwiderstand, bezogen auf Primärseite:

$R_{Cu} = R_{Cu1} + R_{Cu2} \cdot ü^2 = 3\,\Omega + 15\,\Omega \cdot 0{,}25 \simeq \underline{7\,\Omega}$.

e) Ohne Kupferwiderstand: Mit Kupferwiderstand:

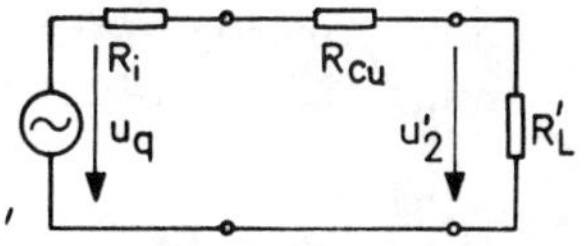

Ersatzbild für mittlere Frequenzen

$$U_{2\,\text{ohne}} = \frac{1}{ü} \cdot U_q \cdot \frac{R'_L}{R_i + R'_L} \;, \quad U_{2\,\text{mit}} = \frac{1}{ü} \cdot U_q \cdot \frac{R'_L}{R_i + R'_L + R_{Cu}} \;,$$

$$\frac{U_{2\,\text{mit}}}{U_{2\,\text{ohne}}} = \frac{R_i + R'_L}{R_i + R'_L + R_{Cu}} = \frac{1}{1 + \frac{R_{Cu}}{R_i + R'_L}} \simeq \frac{1}{1 + 0{,}06} \simeq \underline{0{,}94} \;.$$

Der Kupferwiderstand verringert also die Sekundärspannung um etwa 6% ($\hat{=}$ 0,5 dB) gegenüber dem idealen widerstandsfreien Übertrager.

f) Unter Vernachlässigung von C_W und R_{Cu} erhält man:

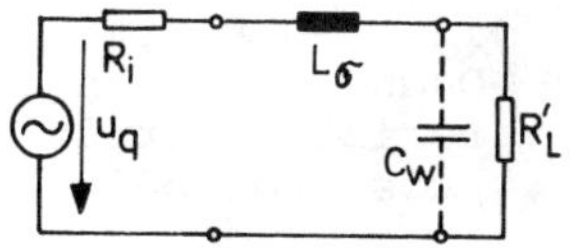

Ersatzbild für hohe Frequenzen

$$f_{go} = \frac{1}{2\pi} \cdot \frac{R_i + R'_L}{\sigma \cdot L_1} \simeq \frac{1}{2\pi} \cdot \frac{120\,\Omega}{0{,}05 \cdot 9{,}5 \cdot 10^{-3}\,\Omega\text{s}} \simeq \underline{40\,\text{kHz}}$$

Im Hinblick auf kleine σ-Werte ist die Trennung der Wicklungen in zwei Kammern ungünstig. Ein Probeübertrager zeigte $f_{go} \simeq 20\,\text{kHz}$, also $\sigma \simeq 0{,}1$!

g) L_σ und C_W bilden einen Reihenschwingkreis mit der Kennfrequenz fo und der Betriebsgüte Q_B.

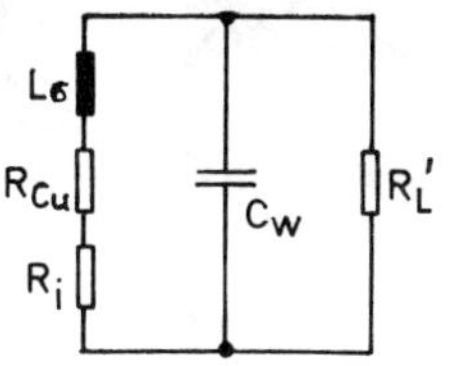

Ersatzbild ohne Quelle

$$f_o = \frac{1}{2\pi\sqrt{L_\sigma \cdot C_W}} \simeq 1\,\text{MHz} \quad \text{mit } L_\sigma = \sigma \cdot L_1 \simeq 0{,}5\,\text{mH} \;.$$

Die Betriebsdämpfung d_B wird in diesem Bereich:

$$d_B = \frac{1}{Q_B} = (R_i + R_{Cu}) \cdot \sqrt{\frac{C_W}{L_\sigma}} + \frac{1}{R'_L} \cdot \sqrt{\frac{L_\sigma}{C_W}} \simeq \frac{67\Omega}{3160\Omega} + \frac{3160\Omega}{60\Omega} \simeq 50 \;.$$

(siehe Anhang IX im Lehrbuch)

Es liegt also starke Dämpfung vor, so daß eine Resonanzüberhöhung ausgeschlossen ist (vgl. Aufg. III.2). Außerdem liegt das mögliche Resonanzgebiet weit oberhalb der Grenzfrequenz f_{go} nahe der Kennfrequenz fo.

h) Vormagnetisierung:

$$B_- = \mu_o \cdot \mu_g \cdot H_{-a} = 1{,}256 \cdot 10^{-6}\,\frac{\Omega\text{s}}{\text{m}} \cdot 130 \cdot \frac{0{,}1\,\text{A} \cdot 154}{0{,}0375\,\text{m}} \simeq \underline{70\,\text{mT}} \quad \text{mit } H_{-a} = \frac{I \cdot N_1}{l_e} \,.$$

Damit verbleibt für eine Wechselmagnetisierung unterhalb des Sättigungsknies (vgl. Aufg. III.4): $\hat{B}_\sim = 200\,\text{mT} - 70\,\text{mT} = 130\,\text{mT}$.

Anmerkung: In Abhängigkeit von $\hat{B}_\sim$ und f steigen die Kernverluste, die ebenso wie die Sättigung bei höheren Frequenzen eine Grenze für $\hat{B}_\sim$ vorgeben. Die Datenbücher enthalten entsprechende Diagramme über die Kernverluste.

---

*) Wenn keine Vormagnetisierung vorliegt, ist ein Kern ohne Luftspalt zweckmäßiger. Vorteil: Erforderlicher Kern wird kleiner, ebenso der Streugrad.

Lehrbuch: Abschnitt 8.5

Es ist ein Impulsübertrager mit möglichst kleinen Abmessungen zu bestimmen, der einen Lastwiderstand $R_L = 200\ \Omega$ an einen Generator mit Innenwiderstand $R_i = 50\ \Omega$ anpaßt. Die Generatorspannung u_q verläuft rechteckförmig nach dem angegebenen Diagramm.

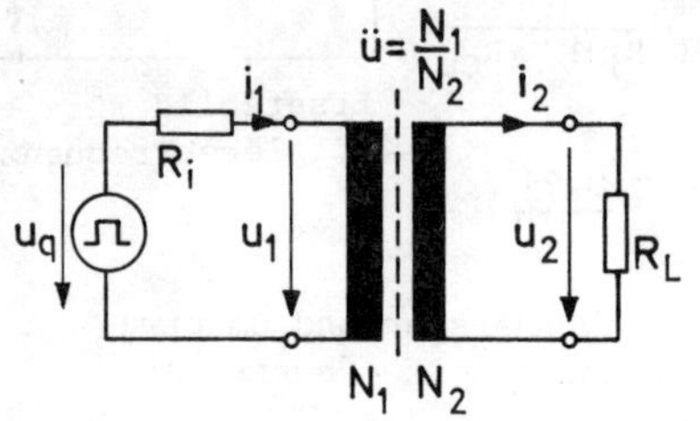

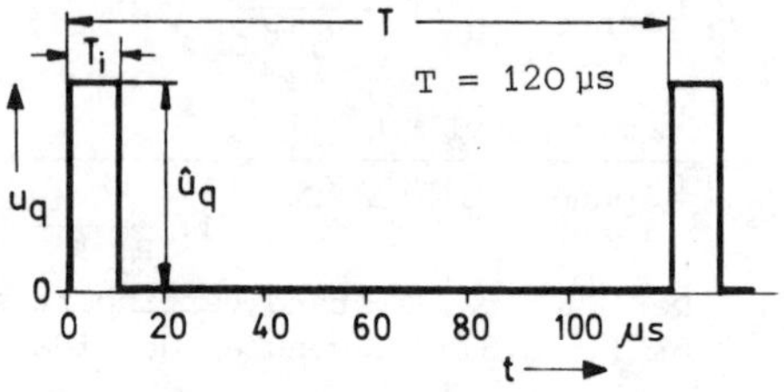

Verlangt werden sekundärseitig Stromimpulse der Amplitude $\hat{i}_2 = 50$ mA mit einer Impulsdauer $T_i = 10$ µs bei einem zulässigen Dachabfall von 10%. Zur Verfügung stehen Ringkerne aus dem Material Siferrit N30 (Anfangspermeabilität $\mu_A \equiv \mu_i \approx 4300$, Impulspermeabilität $\mu_p \approx 4000$ für $\Delta B_{max} = 250$ mT).

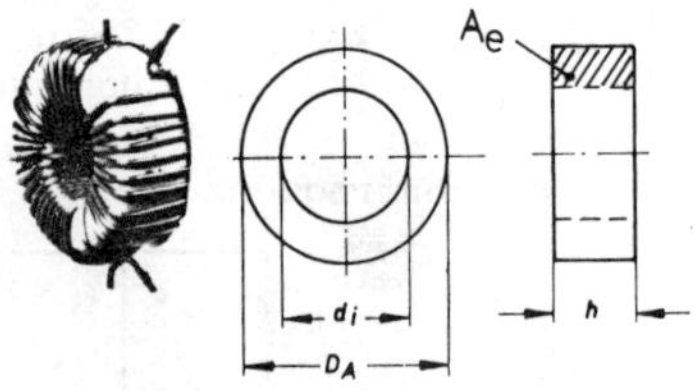

Typ	Abmessungen D_A	d_i	h	Technische Daten l_e/A_e	l_e	A_e
	mm			mm⁻¹	mm	mm²
R 6,3	6,3±0,2	3,8±0,15	2,5±0,12	4,95	15,3	3,1
R 10	10 ±0,25	6,0±0,15	4,0±0,15	3,06	24,5	8,0
R 12,5	12,5±0,3	7,5±0,2	5 ±0,15	2,45	30,4	12,0
R 16	16 ±0,4	9,6±0,2	6,3±0,2	1,95	38,7	20,0

Bei der Berechnung sollen L_σ, C_W und R_{Cu} vernachlässigt werden.

a) Man bestimme das Übersetzungsverhältnis und zeichne ein Zeitdiagramm der Spannungen bei idealem Übertrager ($L_1 \to \infty$).

b) Man zeichne ein Zeitdiagramm der Ausgangsspannung mit einer Dachschräge von 10% und bestimme die zugehörige Zeitkonstante sowie die primärseitige Induktivität des realen Übertragers.

c) Man bestimme einen geeigneten Kern sowie die Wicklungsdaten.

d) Man ermittle den Zeitverlauf des Magnetisierungsstromes i_μ sowie des Primärstromes i_1.

<u>Lösungen</u>

a) $R_i = R_L' = R_L \cdot ü^2$,

$$ü = \sqrt{\frac{R_i}{R_L}} = \sqrt{\frac{50\ \Omega}{200\ \Omega}} = \underline{\frac{1}{2}} \ .$$

$$\hat{u}_2 = \hat{i}_2 \cdot R_L = 50\ \text{mA} \cdot 200\ \Omega = \underline{10\ \text{V}} \ ,$$

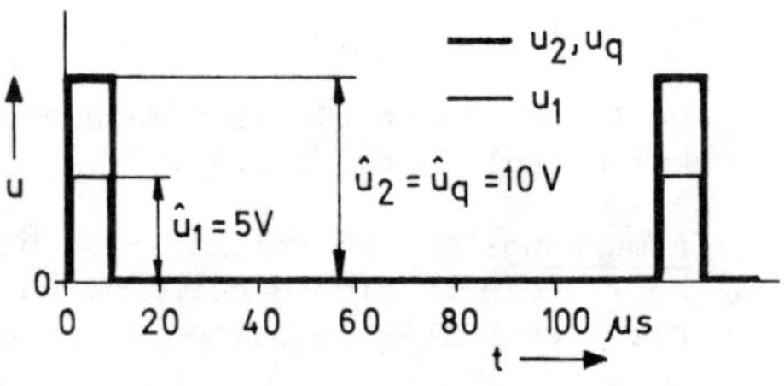

$$\hat{u}_1 = \hat{u}_2 \cdot ü = \underline{5\ \text{V}} = \hat{u}_q \cdot \frac{R_L'}{R_L' + R_i} = \frac{\hat{u}_q}{2} \quad \to \hat{u}_q = \underline{10\ \text{V}} \ .$$

b) $\frac{\hat{u}_2}{\check{u}_2} = \frac{\tau_\mu}{\tau_\mu - T_i} = \frac{1}{0,9} \rightarrow \tau_\mu = 10\,T_i$
$= \underline{100\,\mu s}$

$L_1 = \tau_\mu \cdot (R_i \| R'_L) = 100\,\mu s \cdot 25\ \Omega$
$= \underline{2,5\,mH}$.

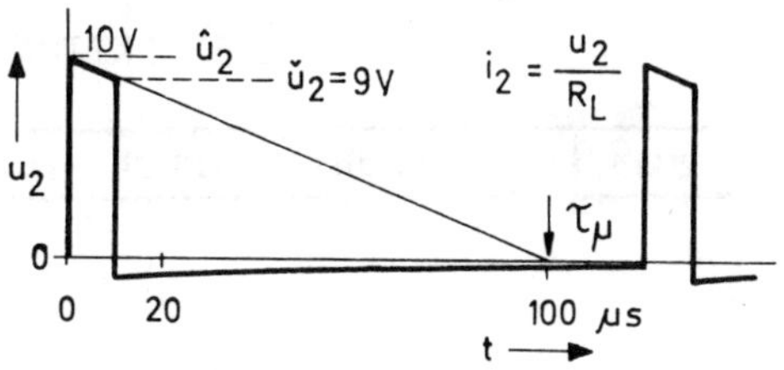

c) Erster Versuch mit Kern R 6,3:

$$A_L = \mu_o \cdot \mu_p \cdot \frac{A_e}{l_e} = 1,256 \cdot 10^{-9}\,\frac{\Omega s}{mm} \cdot 4000 \cdot \frac{3,1\,mm^2}{15,3\,mm} = 1,018 \cdot 10^{-6}\,\Omega s\ ,$$

$$N_1 = \sqrt{\frac{L_1}{A_L}} = \sqrt{\frac{2500\,\mu\Omega s}{1,018\,\mu\Omega s}} \simeq \underline{50} \quad \rightarrow N_2 = \frac{N_1}{ü} = \underline{100}\ ,$$

$$\Delta B = \frac{ü \cdot \hat{u}_2 \cdot T_i}{N_1 \cdot A_e} = \frac{0,5 \cdot 10\,V \cdot 10 \cdot 10^{-6}\,s}{50 \cdot 3,1 \cdot 10^{-6}\,m^2} \simeq 320\,mT > 250\,mT!$$

Kern würde magnetisch übersteuert.

Zweiter Versuch mit Kern R 10:

$$A_L = \mu_o\,\mu_p \cdot \frac{A_e}{l_e} = 1,256 \cdot 10^{-9}\,\frac{\Omega s}{mm} \cdot 4000 \cdot \frac{8\,mm^2}{24,5\,mm} = 1,64 \cdot 10^{-6}\,\Omega s\ ,$$

$$N_1 = \sqrt{\frac{L_1}{A_L}} = \sqrt{\frac{2500\,\mu\Omega s}{1,64\,\mu\Omega s}} = \underline{39} \quad \rightarrow N_2 = \frac{N_1}{ü} = \underline{78}\ ,$$

$$\Delta B = \frac{ü \cdot \hat{u}_2 \cdot T_i}{N_1 \cdot A_e} = \frac{0,5 \cdot 10\,V \cdot 10 \cdot 10^{-6}\,s}{39 \cdot 8 \cdot 10^{-6}\,m^2} \simeq 160\,mT < 250\,mT!$$

Gewählt wird daher Kern R 10 mit $N_1 = 39$ und $N_2 = 78$.
Zweckmäßige Drahtstärke: $d_1 = d_2 = 0,15\,mm$ ($R_{Cu1} \simeq 0,5\,\Omega$, $R_{Cu2} \simeq 1\,\Omega$) .

d)

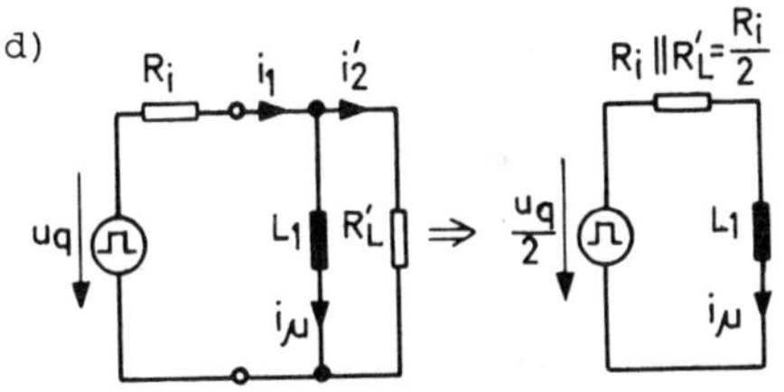

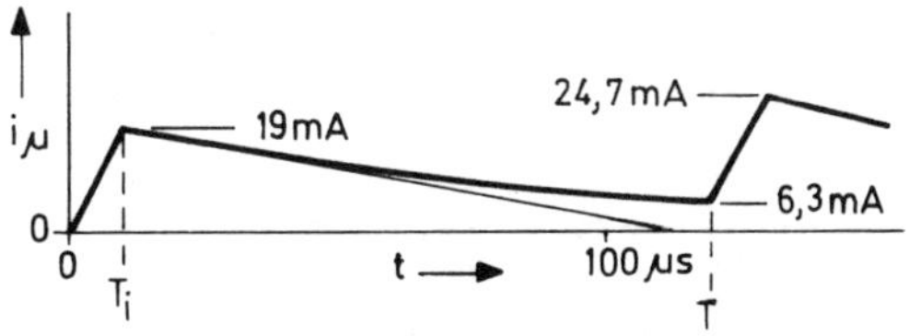

$0 \leq t \leq T_i$:

$i_\mu = 200\,mA \cdot \left[1 - \exp\left(-\frac{t}{\tau_\mu}\right)\right]$,

$T_i \leq t \leq T$:

$i_\mu \simeq 19\,mA \cdot \exp\left(-\frac{t - T_i}{\tau_\mu}\right)$,

$T \leq t \leq T + T_i$:

$i_\mu \simeq 6,3\,mA + 193,7\,mA \cdot \left[1 - \exp\left(-\frac{t - T}{\tau_\mu}\right)\right]$

usw. .

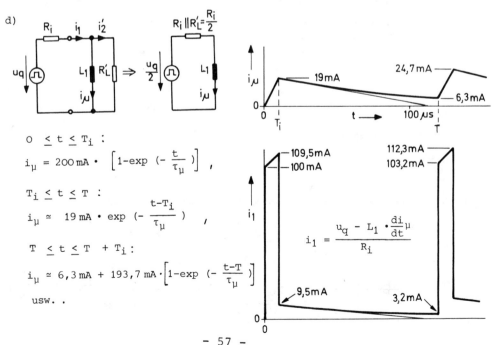

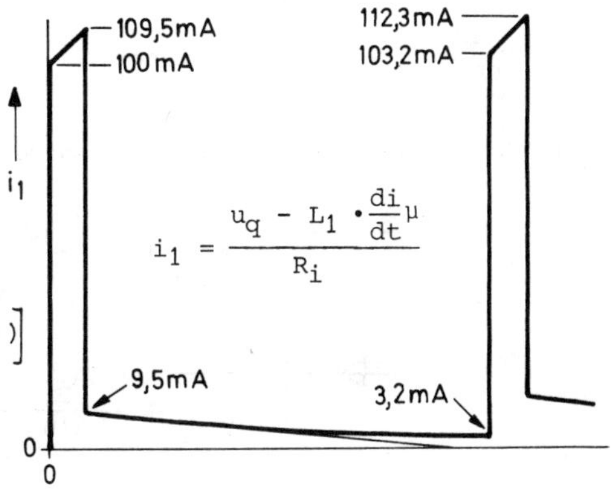

IV Feldeffekttransistoren

IV.1 Sperrschicht-FETs - Kennlinien und Ersatzbilder

Lehrbuch: Abschnitt 11.1

Die Kennlinien eines Sperrschicht-FETs (JFET) lassen sich näherungsweise wie folgt darstellen (2-Parameterdarstellung):

„ohmscher" Bereich

$$I_D = \frac{I_{DSS}}{U_P^2} \cdot \left[2(U_{GS}-U_P)\cdot U_{DS} - U_{DS}^2 \right]$$

Abschnürbereich

$$I_D = I_{DSS} \cdot \left(1 - \frac{U_{GS}}{U_P}\right)^2 = \frac{I_{DSS}}{U_P^2} \cdot (U_{GS}-U_P)^2$$

<u>2 Parameter:</u> I_{DSS} Drain-Source-Kurzschlußstrom , U_P Abschnürspannung .

a) Man stelle die Ausgangskennlinien und Übertragungskennlinien für einen n-Kanal-JFET dar mit den Daten I_{DSS} = 10mA, U_P=-5V.

b) Man bestimme anhand der Stromgleichung für den ohmschen Bereich die Spannung $U_{DS\,sat} = f(U_{GS})$ (Abschnürgrenze)·

c) Welche Spannung U_{GD} ergibt sich an der Abschnürgrenze?

d) Man stelle das Gleichstromverhalten durch Ersatzbilder dar.

<u>Lösungen</u>

a)

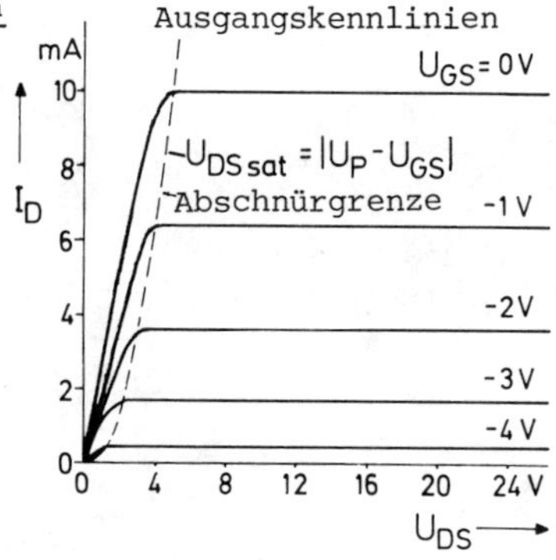

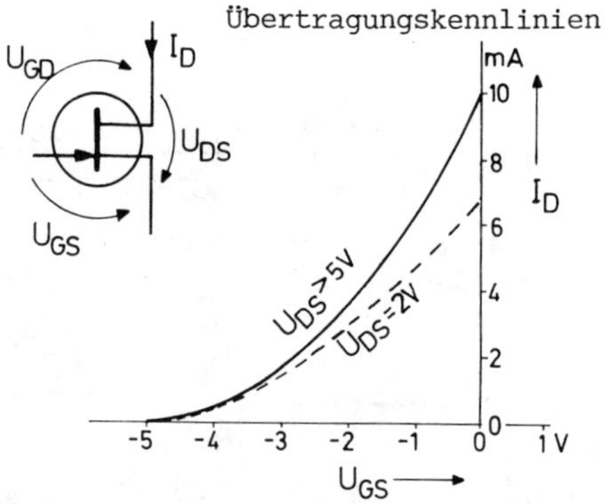

b) $\dfrac{\partial I_D}{\partial U_{DS}} = \dfrac{I_{DSS}}{U_P^2} \cdot \left[2(U_{GS}-U_P) - 2U_{DS} \right] = 0$ an Abschnürgrenze, $\rightarrow$ $\underline{U_{DSsat} = U_{GS}-U_P}$

Für den n-Kanal-JFET schreibt man zweckmäßig: $U_{DSsat} = |U_P - U_{GS}| = |U_P| - |U_{GS}|$.

c) $U_{GD} = U_{GS} - U_{DS}$. Abschnürgrenze: $U_{GD} = U_{GS} - (U_{GS}-U_P) = \underline{U_P}$.

d) ohmscher Bereich (Widerstandsbereich)

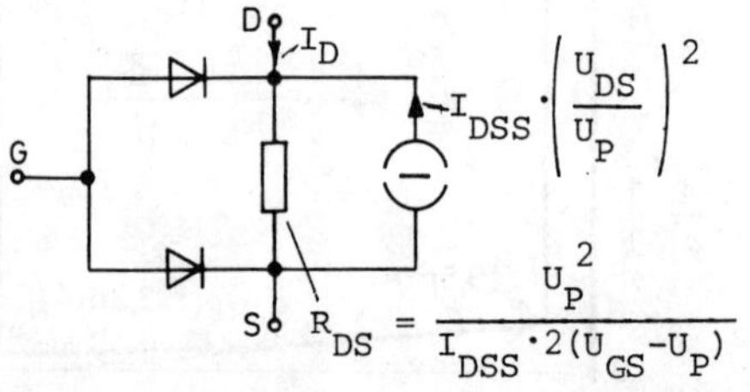

Abschnürbereich

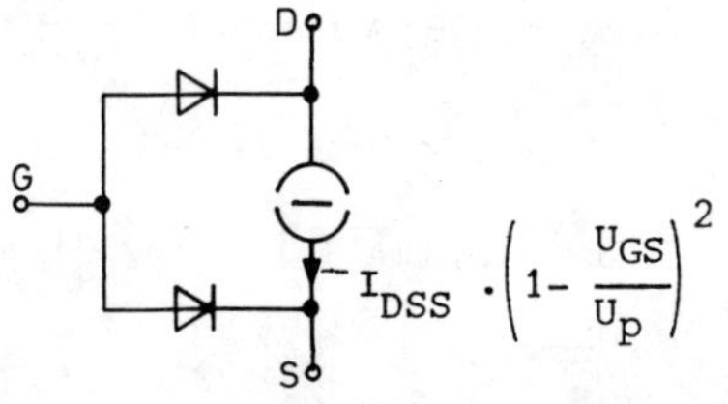

IV.2	JFET als spannungsgesteuerter Stromsteller

Lehrbuch: Abschnitt 11.2

Gegeben sei nebenstehende Schaltung, bei der ein von einer Spannungsquelle gesteuerter JFET auf einen Widerstand R_D in der Drainleitung arbeitet. Der FET habe die Werte $U_p = -5V$ und $I_{DSS} = 10mA$.
(Kennlinien siehe Aufg. IV.1)

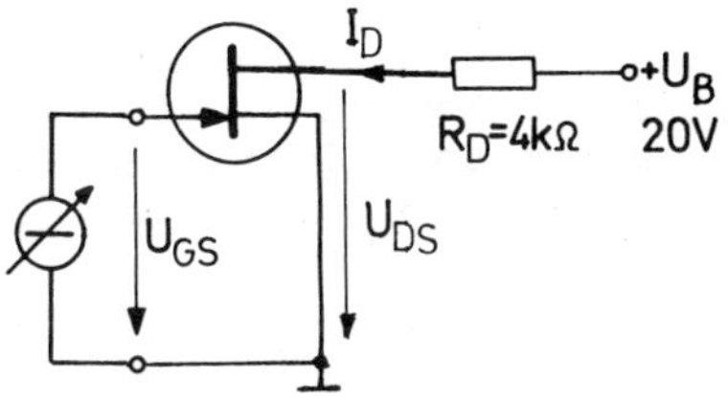

a) Man zeichne die Widerstandsgerade (Lastgerade) in das I_D-U_{DS}-Kennlinienfeld.

b) Man bestimme den Strom I_D, die Verlustleistung P_{DS} sowie die Steilheit s für einen Arbeitspunkt mit $U_{DS} = U_B/2$.

c) Man ermittle den Strom i_D und die Spannung u_{DS} in Abhängigkeit von der Steuerspannung u_{GS}.

d) Wodurch wird der zulässige Variationsbereich der Spannung u_{GS} eingeschränkt?

e) Welche Übertemperatur gegenüber der Umgebung kann der FET-Kanal bei der Durchsteuerung höchstens annehmen ($R_{thU}=0,3\,K/mW$)?

Lösungen

a)

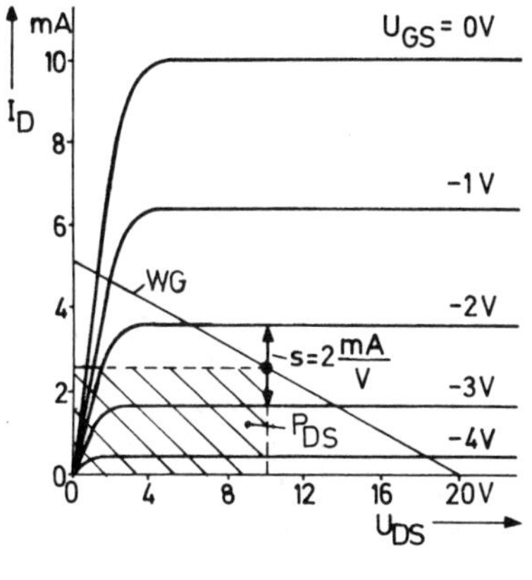

b) $I_D = \frac{U_B - U_{DS}}{R_D} = \frac{10V}{4k\Omega} = \underline{2,5\ mA}$,

$P_{DS} = U_{DS} \cdot I_D = 10V \cdot 2,5mA = \underline{25\ mW}$,

$s \approx \frac{\Delta I_D}{\Delta U_{GS}} \simeq \frac{2mA}{1V} = 2\frac{mA}{V} = \underline{2\ mS}$.

P_{DS} wird nebenstehend als Rechteckfläche dargestellt. Sie hat für $U_{DS} = \frac{U_B}{2}$ ein Maximum!
($R_{DS} = R_D$ Leistungsanpassung)

c)

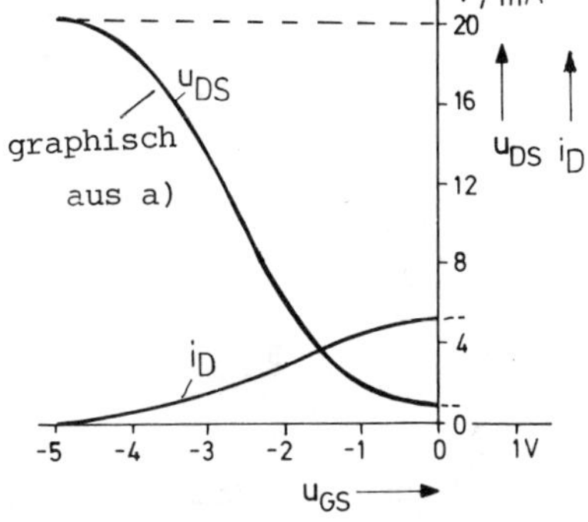

d) Durch den Durchbruch der Gate-Drain-Diode bei stark negativer Spannung U_{GS} sowie die Aufsteuerung der Gate-Source-Diode bei positiver Spannung $U_{GS} > 0,5\,V$. U_{GS} darf also nur schwach positiv werden.

e) $\Delta T = P_{DSmax} \cdot R_{thU}$

$= 25mW \cdot 0,3\ K/mW = \underline{7,5\ K}$.

Lehrbuch: Abschnitt 11.2

Gegeben sei die nebenstehende Schaltung für die Anwendung des FET als spannungsgesteuerter Widerstand (VCR) im ersten und dritten Quadranten des I_D-U_{DS}-Feldes.

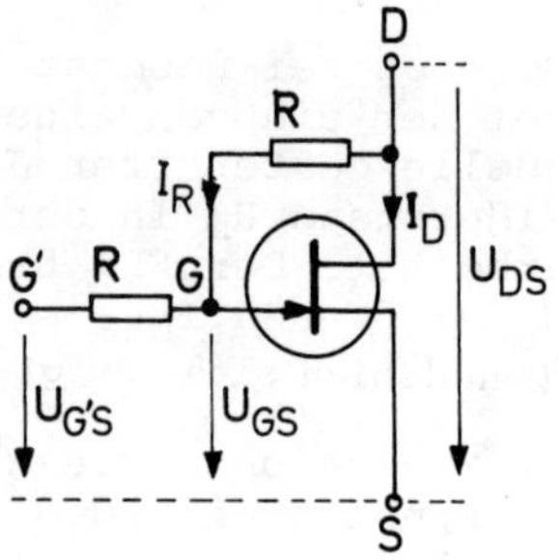

Daten: $I_{DSS} = 10\,\text{mA}$, $U_P = -5\,\text{V}$,

R sei ausreichend hochohmig, damit $I_R \ll I_D$ bleibt.

a) Man ermittle zunächst die I_D-U_{DS}-Kennlinien mit U_{GS} als Parameter bei einer Beschränkung auf „den ohmschen Bereich".

b) Man entwickle die I_D-U_{DS}-Kennlinien für den widerstandsbeschalteten FET mit $U_{G'S}$ als Parameter.

Lösungen

a) Im „ohmschen" Bereich soll gelten

$$I_D = \frac{I_{DSS}}{U_P^2} \cdot \left[2(U_{GS}-U_P)\cdot U_{DS} - U_{DS}^2 \right].$$

Störend ist die quadratische Abhängigkeit von U_{DS}.

b) Mit $U_{GS} = \frac{1}{2}(U_{G'S}+U_{DS})$ folgt (Überlagerungsgesetz)

$$I_D = \frac{I_{DSS}}{U_P^2}(U_{G'S}-2U_P)\cdot U_{DS}.$$

Das quadratische Störglied enfällt, I_D wird linear von U_{DS} abhängig.

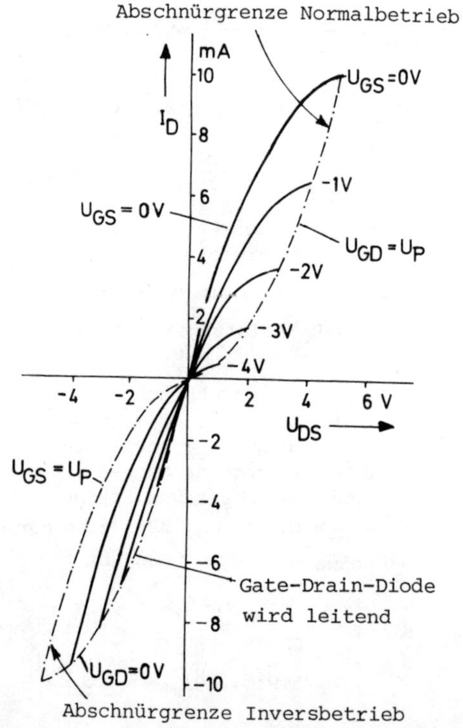

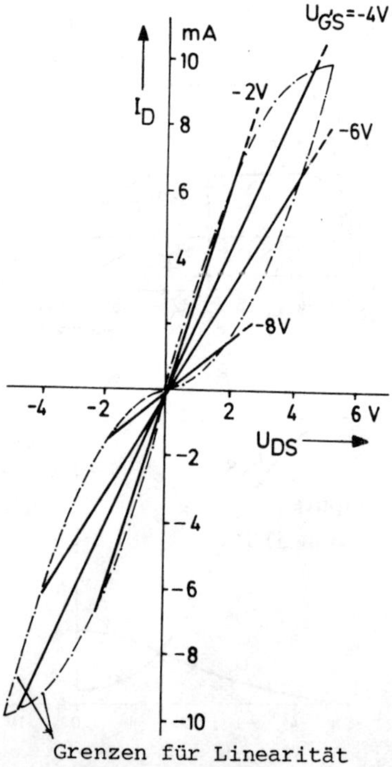

IV.4	Wechselspannungsteiler mit JFET

vgl. Aufg. IV.3

Gegeben sei der nebenstehende Wechselspannungsteiler mit einem JFET als Stellwiderstand. Der Kondensator C sperrt die Steuergleichspannung $U_{G'S}$ vom Ausgang ab und bestimmt den Frequenzgang.

JFET: $I_{DSS} = 10\,mA$, $U_P = -5\,V$
(nach Aufg. IV.3)

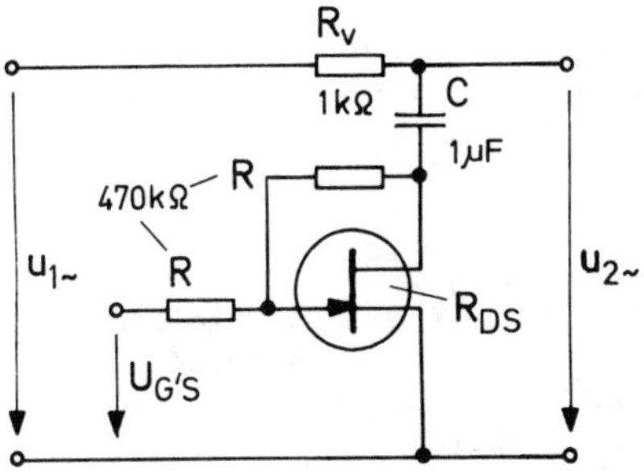

a) In welchen Grenzen ändert sich der Kanalwiderstand R_{DS}, wenn die Steuerspannung im Bereich $-8\,V \leq U_{G'S} \leq -2\,V$ variiert wird?

b) Man ermittle den (Spannungs-) Übertragungsfaktor A_u und stelle den Frequenzgang für die beiden Grenzwerte $U_{G'S} = -8\,V$ und $U_{G'S} = -2\,V$ dar.

c) Welcher Scheitelwert $\hat{u}_1$ darf nicht überschritten werden, wenn der Teiler stets linear arbeiten soll?

Lösungen

a) $R_{DS} = \frac{U_{DS}}{I_D} = \frac{U_P{}^2}{I_{DSS}} \cdot \frac{1}{U_{G'S} - 2U_P}$ (siehe IV.3,b)

$$U_{G'S} = -8\,V: \; R_{DS} = \frac{25\,V^2}{10\,mA} \cdot \frac{1}{-8\,V+10\,V} = \underline{1{,}25\,k\Omega},$$

$$U_{G'S} = -2\,V: \; R_{DS} = \frac{25\,V^2}{10\,mA} \cdot \frac{1}{-2\,V+10\,V} = \underline{0{,}31\,k\Omega}.$$

b) $$\underline{A}_u = \frac{\underline{U}_2}{\underline{U}_1} = \frac{1+j\omega CR_{DS}}{1+j\omega C(R_v+R_{DS})} \rightarrow A_u = \frac{\sqrt{1+(\omega CR_{DS})^2}}{\sqrt{1+[\omega C(R_v+R_{DS})]^2}}.$$

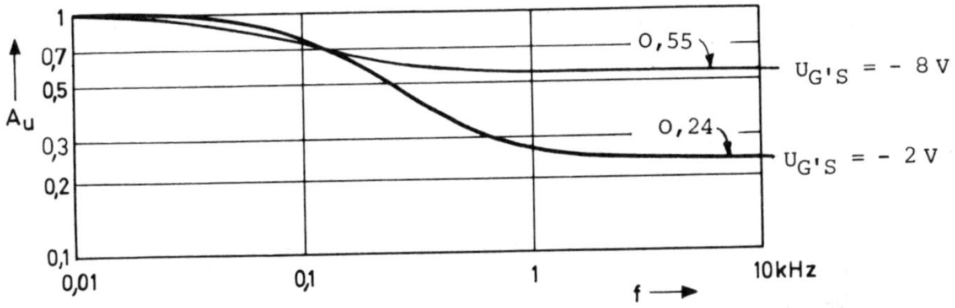

c) Es muß $\hat{u}_{DS} < 2\,V$ bleiben (siehe Kennlinien in Aufg. IV.3). Das erfordert: $\hat{u}_1 < \frac{2\,V}{0{,}55} = 3{,}6\,V$ bzw. $\hat{u}_1 < \frac{2\,V}{0{,}24} = 8{,}3\,V$. Die erstere Bedingung ist härter und daher maßgebend.

Lehrbuch: Abschnitte 11.1 und 11.2

Gegeben seien die nebenstehenden I_D- U_{DS}-Kennlinien eines n-Kanal-JFETs.

Anmerkung:
Es handelt sich um die Kennlinien eines realen (nichtidealisierten) FETs, bei dem I_D auch im Abschnürbereich noch mit U_{DS} ansteigt, was durch die 2-Parameterdarstellung nicht erfaßt wird.

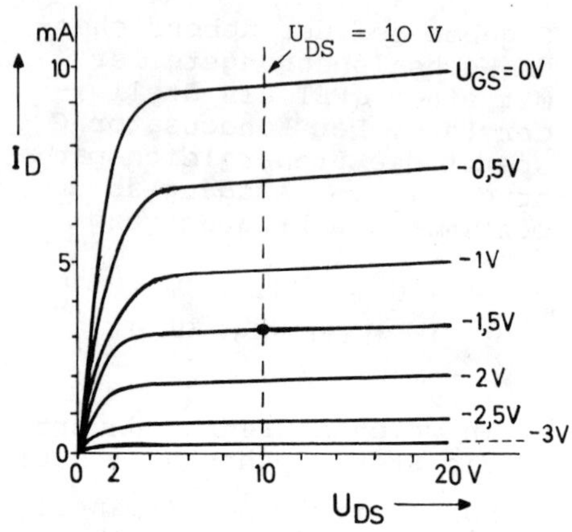

a) Man zeichne die Übertragungskennlinie $I_D = f(U_{GS})$ für U_{DS}=10 V.

b) Man leite die Steilheit $s = s_o$ (für U_{GS}=0) analytisch ab und stelle graphisch den Zusammenhang mit I_{DSS} und U_P dar.

c) Man bestimme die differentiellen Kenngrößen s, r_{DS} und μ für den Arbeitspunkt U_{DS} = 10 V, I_D = 3 mA.

d) Welche Steigung hat die I_D-U_{DS}-Kennlinie für U_{GS}=0 bei U_{DS}=0 ?

Lösungen

a)

$\frac{U_{GS}}{V}$	$\frac{I_D}{mA}$
0	9,5
- 0,5	7,0
- 1,0	4,8
- 1,5	3,2
- 2,0	1,9
- 2,5	0,8
- 3,0	0,2

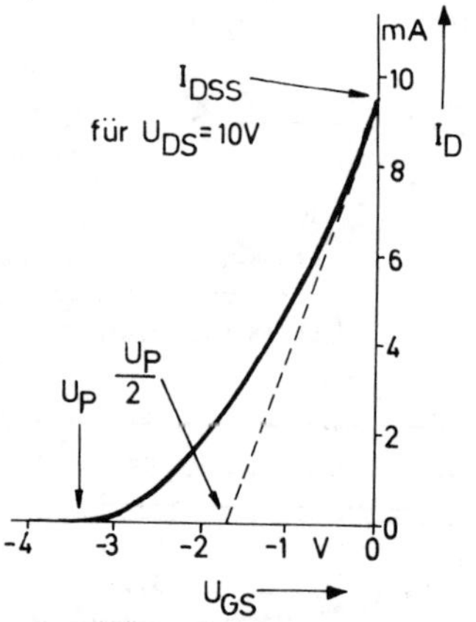

b)

$$I_D = I_{DSS} \cdot \left(1 - \frac{U_{GS}}{U_P}\right)^2 ,$$

$$s = \frac{\partial I_D}{\partial U_{GS}} = \frac{2 I_{DSS}}{-U_P} \cdot \left(1 - \frac{U_{GS}}{U_P}\right) ,$$

$$s_o = \frac{2 I_{DSS}}{|U_P|} = \frac{I_{DSS}}{\frac{1}{2}|U_P|} \approx \frac{9{,}5\ \text{mA}}{1{,}7\ \text{V}} \approx \underline{5{,}6\ \text{mS}} .$$

siehe gestrichelte Tangente in a)

$$\rightarrow |U_P| = \frac{2 \cdot I_{DSS}}{s_o} = \frac{19\ \text{mA}}{5{,}6\ \text{mS}} \approx \underline{3{,}4\ \text{V}} .$$

c)

$$s = \frac{2\, I_{DSS}}{|U_P|} \cdot \left(1 - \frac{U_{GS}}{U_P}\right) = \frac{2}{|U_P|} \cdot \sqrt{I_{DSS} \cdot I_D} = \frac{2}{3{,}4\ \text{V}} \cdot \sqrt{9{,}5\ \text{mA} \cdot 3\ \text{mA}} \approx \underline{3{,}1\ \text{mS}} ,$$

$$r_{DS} = \left.\frac{\Delta U_{DS}}{\Delta I_D}\right|_{U_{GS} \approx -1{,}5\ \text{V}} \approx \frac{20\ \text{V}}{0{,}4\ \text{mA}} = \underline{50\ \text{k}\Omega} , \quad \mu = s \cdot r_{DS} = 3{,}14\ \text{mS} \cdot 50\ \text{k}\Omega \approx \underline{160} .$$

← grobe Abschätzung nach Kennlinie

d)

$$\left.\frac{\partial I_D}{\partial U_{DS}}\right|_{U_{GS} = 0} = \frac{1}{R_{DSO}} = \frac{2\, I_{DSS}}{-U_P} = s_o \approx \underline{5{,}6\ \text{mS}}$$

(zu R_{DSO} siehe Aufg. IV.1) .

IV.6	Konstantstromschaltung mit JFET

Lehrbuch: Abschnitt 11.3

Es soll eine Konstantstromquelle nach nebenstehendem Schaltbild aufgebaut werden für einen Strom $I_L = 3\,mA$ bei variablem Lastwiderstand. Zur Verfügung steht eine niederohmige Spannungsquelle mit der Quellenspannung $U_B = 20\,V$.

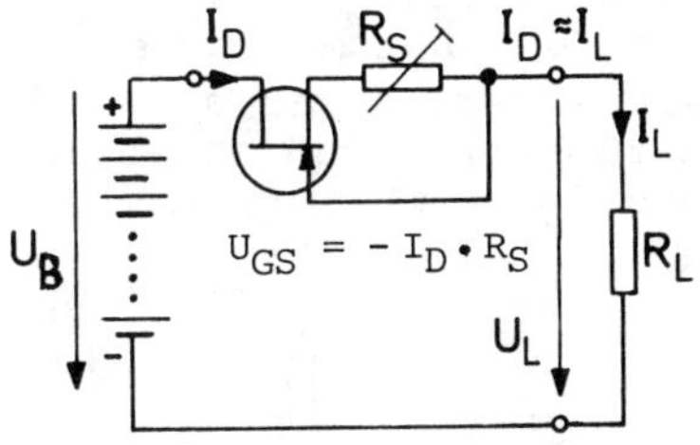

a) Welcher Widerstand R_S muß eingestellt werden bei einem FET mit $U_p = -3{,}4\,V$, $I_{DSS} = 9{,}5\,mA$ wie im vorigen Beispiel?

b) Welchen Innenwiderstand hat die Stromquelle, wenn man $r_{DS} = 50\,k\Omega$ annimmt?

c) In welchen Grenzen darf sich der Lastwiderstand ändern, wenn der Arbeitspunkt den Abschnürbereich (Sättigungsbereich) nicht verlassen soll?

d) Wie ändert sich der Strom I_L, wenn der Widerstand R_L zwischen $1\,k\Omega$ und $2\,k\Omega$ schwankt?

Lösungen

a) $$U_{GS} \approx U_p \cdot \left(1 - \sqrt{\frac{I_D}{I_{DSS}}}\right) = -3{,}4\,V \cdot \left(1 - \sqrt{\frac{3}{9{,}5}}\right) \approx -1{,}5\,V\,,$$

$$R_S \approx \frac{-U_{GS}}{I_D} = \frac{1{,}5\,V}{3\,mA} = \underline{500\,\Omega}\,.$$

b) $r_i \approx r_{DS} \cdot (1 + sR_S)$. Mit $s \approx 3{,}1\,mS$ (voriges Beispiel) folgt:

$$\approx 50\,k\Omega \cdot (1 + 3{,}1\,mS \cdot 0{,}5\,k\Omega) \approx \underline{127\,k\Omega}\,.$$

c) Es muß stets erfüllt sein: $U_{DS} > U_{DS\,sat} = |U_p| - |U_{GS}| = 3{,}4\,V - 1{,}5\,V \approx 2V.$

$$U_{DS} = U_B - I_L \cdot R_S - I_L \cdot R_L > U_{DS\,sat}\,, \quad \rightarrow R_L < \frac{U_B - U_{DS\,sat} - I_L R_S}{I_L}$$

$$< \frac{20\,V - 2\,V - 1{,}5\,V}{3\,mA} = 5{,}5\,k\Omega\,.$$

→ Möglicher Bereich: $\underline{0 < R_L < 5{,}5\,k\Omega}$.

d) Ersatzbild

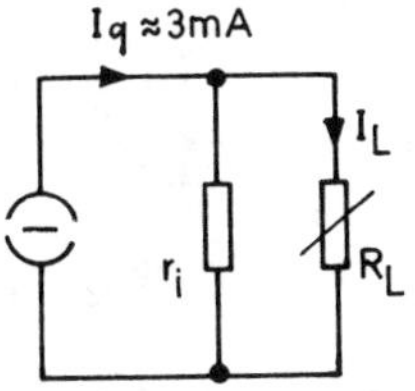

$$I_{L1} = I_q \cdot \frac{r_i}{r_i + 1\,k\Omega}\,, \quad I_{L2} = I_q \cdot \frac{r_i}{r_i + 2\,k\Omega}\,,$$

$$\frac{I_{L1}}{I_{L2}} = \frac{r_i + 2\,k\Omega}{r_i + 1\,k\Omega} = \frac{129\,k\Omega}{128\,k\Omega} = 1{,}008\,.$$

I_L ändert ich um 8°/oo .

Lehrbuch: Abschnitte 11.4 und 11.5

Es soll ein JFET vom Typ BF 245B in der folgenden Sourceschaltung mit automatischer Einstellung der Gatevorspannung als Kleinsignalverstärker arbeiten. Der Kondensator C_S wird als Wechselstromkurzschluß angenommen. Der Arbeitspunkt soll bei U_{DS}=10 V und I_D= 4 mA liegen.

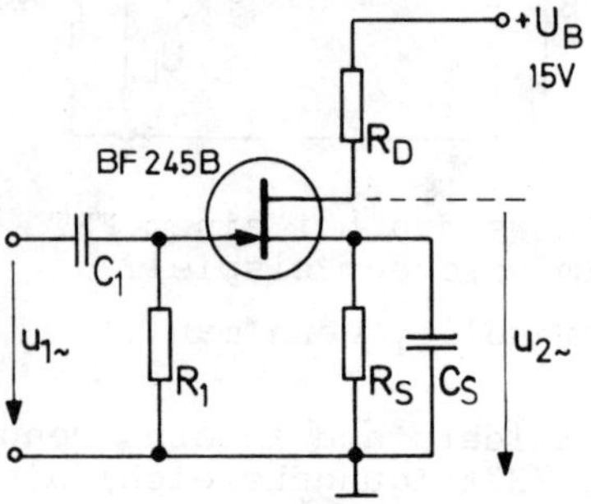

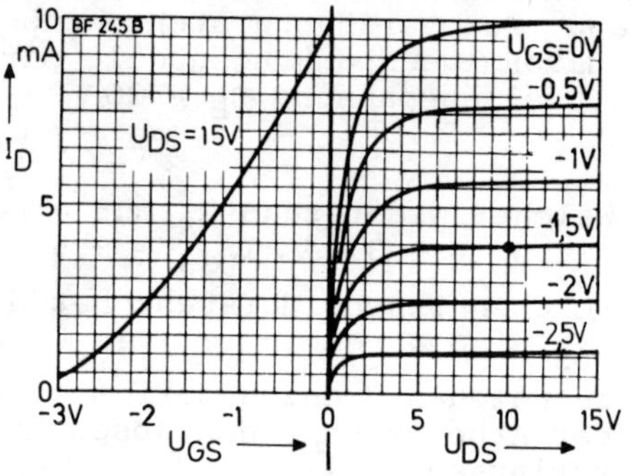

a) Man bestimme die Widerstände R_D, R_S und R_1. (Über R_1 soll der Spannungsabfall durch den Gatestrom $I_G \simeq -5$ nA nicht größer als 10 mV sein).

b) Man bestimme die Kapazität C_1 für eine Grenzfrequenz von 20 Hz.

c) Man zeichne in das Ausgangskennlinienfeld die Widerstandsgeraden für den statischen und dynamischen Betrieb.

d) Man bestimme angenähert die Steilheit s und den differentiellen Widerstand r_{DS} für den Arbeitspunkt.

e) Man gebe ein Kleinsignalersatzbild für mittlere Frequenzen an und bestimme die Spannungsverstärkung.

Lösungen

a) $R_D+R_S = \frac{U_B-U_{DS}}{I_D} = \frac{15V-10V}{4mA} \simeq 1{,}3k\Omega$, $R_S = \frac{-U_{GS}}{I_D} = \frac{1{,}5V}{4mA} \simeq \underline{390\Omega}$, $R_D \simeq \underline{910\Omega}$.

$R_1 \leqslant \frac{10mV}{5nA} = \underline{2\,M\Omega}$. (Widerstände gerundet auf Werte der Normreihe E24)

b) $f_{gu} = \frac{1}{2\pi R_1 C_1} \rightarrow C_1 = \frac{1}{2\pi R_1 f_{gu}} = \frac{1}{2\pi \cdot 2 \cdot 10^6\,\Omega \cdot 20\,\frac{1}{s}} \simeq \underline{4\,nF}$.

c)

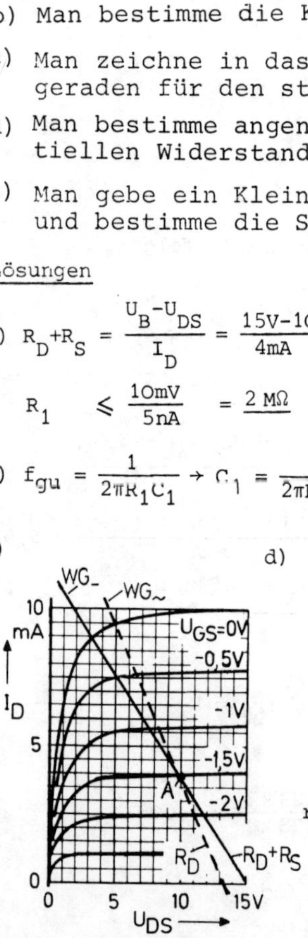

d)

$$s = \left.\frac{\Delta I_D}{\Delta U_{GS}}\right|_{U_{DS}=10V} \simeq \frac{3mA}{1V} = 3\ mS$$

(Mittelwert) ,

$$r_{DS} = \left.\frac{\Delta U_{DS}}{\Delta I_{DS}}\right|_{U_{GS}=-1{,}5\,V} \simeq \frac{15\,V}{0{,}3\,mA} = \underline{50k\Omega} .$$

e) r_{GS}, C_{GS}, C_{GD} vernachlässigt

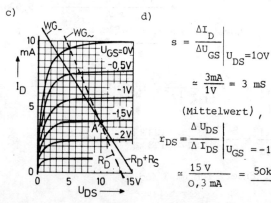

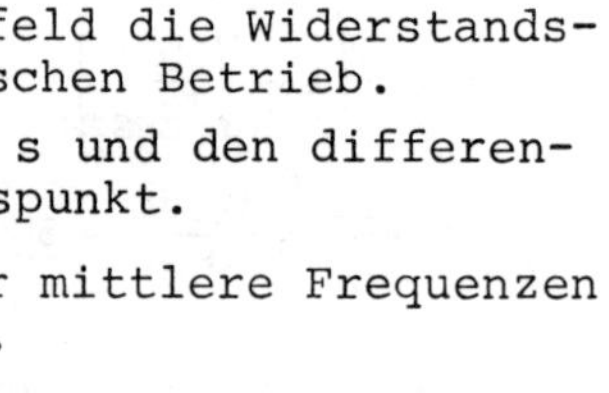

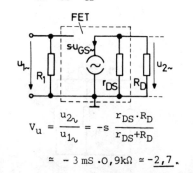

$$V_u = \frac{u_{2\sim}}{u_{1\sim}} = -s\,\frac{r_{DS}\cdot R_D}{r_{DS}+R_D}$$

$$\simeq -3\,mS \cdot 0{,}9k\Omega \simeq \underline{-2{,}7} .$$

IV.8	Sourceschaltung — Analyse der Parameterstreuung

Lehrbuch: Abschnitte 11.4 und 11.5

Gegeben sei die nebenstehende Schaltung als Kleinsignalverstärker. Bei dem verwendeten FET-Typ streuen die Parameter I_{DSS} und U_P innerhalb der folgenden Grenzen:

$\overline{I}_{DSS}$ = 16mA, $|\overline{U}_P|$ = 6,5V (Maximalwerte)

$\underline{I}_{DSS}$ = 8mA, $|\underline{U}_P|$ = 3V (Minimalwerte)

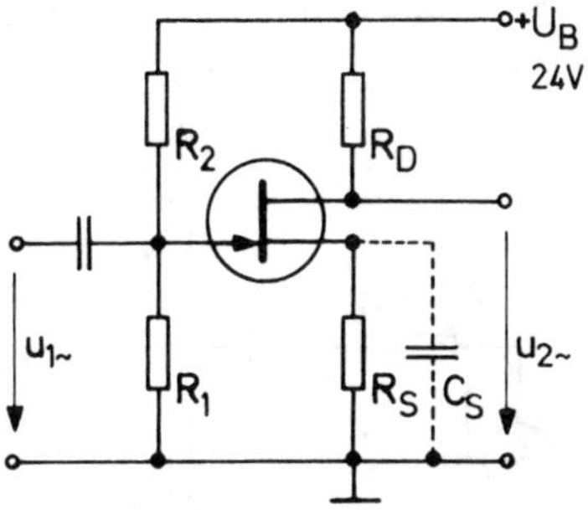

Schaltung:

R_1 = 470 kΩ, R_2 = 1,5 MΩ, R_S = R_D = 3,3 kΩ

a) In welchen Grenzen können der sich einstellende Drainstrom I_D und die Spannung U_{DS} schwanken?

b) Man prüfe, ob die Arbeitspunkte jeweils im Abschnürbereich liegen.

c) Welche Steilheitswerte ergeben sich?

d) Welche Spannungsverstärkung ergibt sich bei mittleren Frequenzen, wenn der Sourcewiderstand kapazitiv überbrückt wird?

e) Welche Spannungsverstärkung ergibt sich ohne Kondensator C_S?

Lösungen

a) graphische Lösung

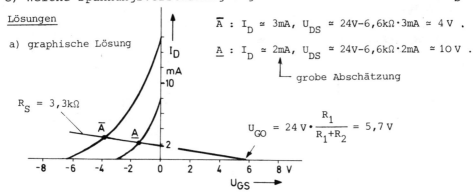

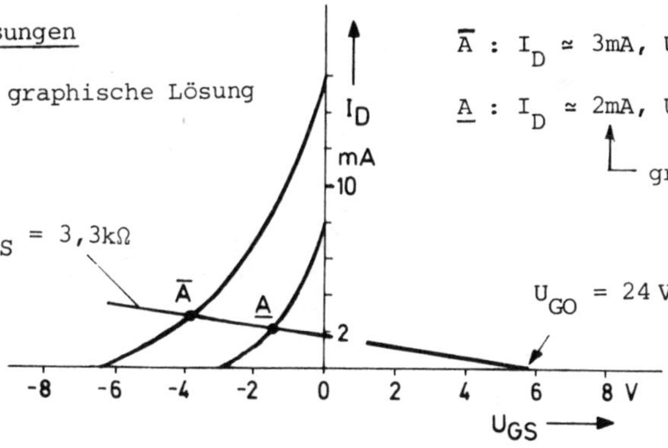

$\overline{A}$: I_D ≈ 3mA, U_{DS} ≈ 24V-6,6kΩ·3mA ≈ 4 V .

$\underline{A}$: I_D ≈ 2mA, U_{DS} ≈ 24V-6,6kΩ·2mA ≈ 10 V .

↑ grobe Abschätzung

$$U_{GO} = 24\,V \cdot \frac{R_1}{R_1+R_2} = 5{,}7\,V$$

b) $U_{DSsat} = |U_P - U_{GS}|$ → $\overline{A}$: $U_{DSsat} \approx 6{,}5\,V - 4\,V$, $\underline{A}$: $U_{DSsat} \approx 3\,V - 1{,}5\,V$

$= |U_P| - |U_{GS}|$ $\approx \underline{2{,}5\,V}$ $\approx \underline{1{,}5\,V}$.

Da $U_{DS\,sat} < U_{DS}$ ist, liegen die Arbeitspunkte tatsächlich im Abschnürbereich.

c) $s = \frac{2}{|U_P|} \cdot \sqrt{I_{DSS} \cdot I_D}$ → $\overline{A}$: $s \approx \underline{2{,}2}\ \frac{mA}{V}$, $\underline{A}$: $s \approx 2{,}7\ \frac{mA}{V}$.

d) $V_u \approx -s \cdot R_D$ → $\overline{A}$: $V_u \approx \underline{-7}$, $\underline{A}$: $V_u \approx \underline{-9}$.

e) $V_u \approx -\frac{s}{1+sR_S} \cdot R_D$ → $\overline{A}$: $V_u \approx \underline{-0{,}9}$, $\underline{A}$: $V_u \approx \underline{-0{,}9}$ [x])

[x]) Die Gegenkopplung mit R_S führt offensichtlich zu etwa gleichem Übertragungsverhalten trotz unterschiedlicher Kennwerte.

| IV.9 | Sourceschaltung - Frequenzganganalyse |

Lehrbuch: Abschnitt 11.5 und Anhang XII

Ein JFET werde in der folgenden Sourceschaltung mit starker Gleichstromgegenkopplung betrieben. Im Arbeitspunkt ($I_D \approx 2$ mA, $U_{DS} \approx 6$ V) ergeben sich die angegebenen dynamischen Kennwerte.

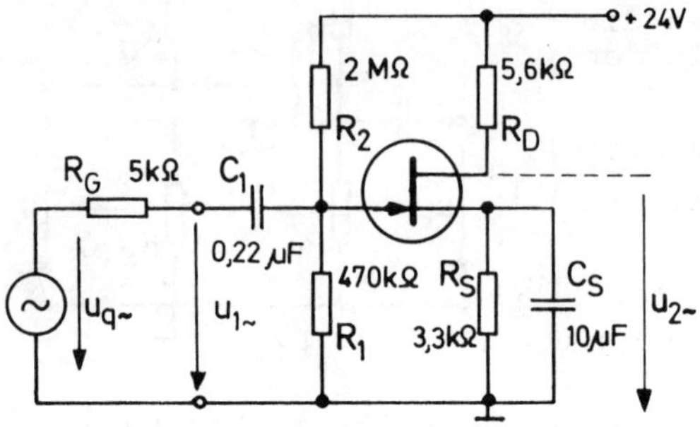

FET-Ersatzbild

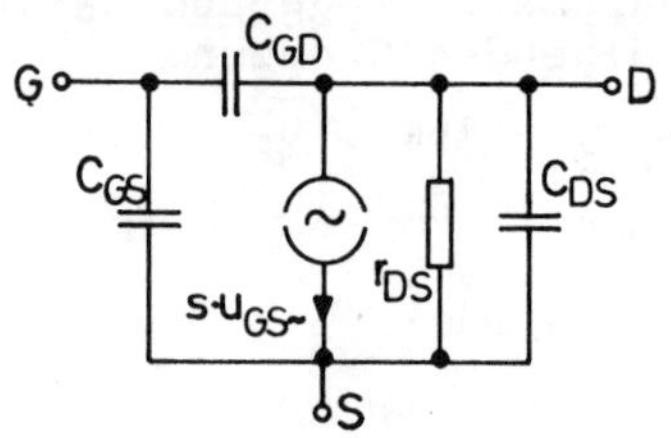

$s=2,5mS$, $r_{DS}=50k\Omega$

$C_{GS}=2pF$, $C_{GD}=1,5pF$, $C_{DS}=1pF$

a) Man gebe für tiefe Frequenzen ein Kleinsignalersatzbild der Schaltung an und bestimme damit die Spannungsverstärkung.

b) Man stelle mit Hilfe der Eckfrequenzen und Asymptotenwerte den Frequenzgang der Spannungsverstärkung im unteren Frequenzbereich doppeltlogarithmisch dar.

c) Welche Spannungsverstärkung ergibt sich bei mittleren Frequenzen?

d) Man gebe ein Ersatzbild für hohe Frequenzen an und stelle den Frequenzgang der Spannungsverstärkung für diesen Bereich dar.

Lösungen

a)

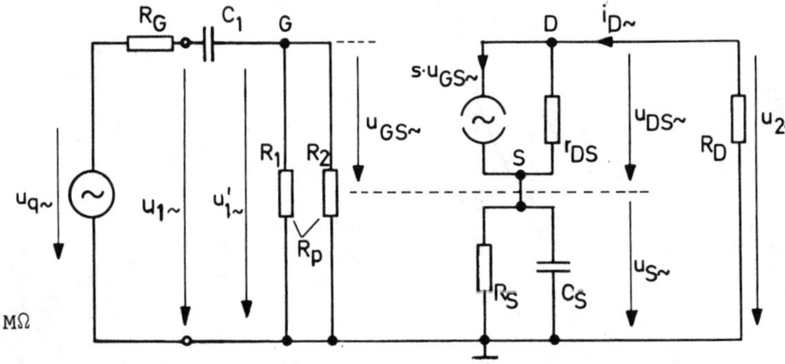

$R_P = 0,38\ M\Omega$

Für die Wechselgrößen erhält man in komplexer Darstellung:

$$\underline{I}_D = s \cdot \underline{U}_{GS} + \frac{\underline{U}_{DS}}{r_{DS}}\ ,\quad \underline{U}_{GS} = \underline{U}'_1 - \underline{U}_S\ ,\quad \underline{U}_{DS} = -\underline{I}_D \cdot R_D - \underline{U}_S\ ,\quad \underline{U}_S = \underline{I}_D \cdot \frac{R_S}{1+j\omega C_S R_S}\ .$$

Mit $\mu = s \cdot r_{DS}$ folgt:

$$\underline{I}_D = \frac{\mu \underline{U}'_1}{r_{DS}+R_D+(\mu+1)R_S} \cdot \frac{1+j\omega C_S R_S}{1+j\omega C_S R_S \cdot a}\quad \text{mit}\ a = \frac{r_{DS}+R_D}{r_{DS}+R_D+(\mu+1)R_S} \approx \frac{1}{1+sR_S}\quad \bigg|\ \mu \gg 1,\ r_{DS} \gg R_D.$$

Mit $\underline{U}_2 = -\underline{I}_D \cdot R_D$ folgt:

$$\underline{V}_u = \frac{\underline{U}_2}{\underline{U}'_1} = -\frac{\mu R_D}{r_{DS}+R_D+(\mu+1)R_S} \cdot \frac{1+j\omega C_S R_S}{1+j\omega C_S R_S \cdot a}$$

Mit $\dfrac{\underline{U}'_1}{\underline{U}_q} = \dfrac{j\omega C_1 R_P}{1+j\omega C_1 (R_G+R_P)}$ für den Eingangshochpaß wird

$$\underline{V}_{uq} = \frac{\underline{U}_2}{\underline{U}_q} = \frac{\underline{U}_2}{\underline{U}'_1} \cdot \frac{\underline{U}'_1}{\underline{U}_q} = -\frac{\mu R_D}{r_{DS}+R_D+(\mu+1)R_S} \cdot \frac{1+j\omega C_S R_S}{1+j\omega C_S R_S \cdot a} \cdot \frac{j\omega C_1 R_P}{1+j\omega C_1 (R_G+R_P)},$$

V_{uq} bezeichnet die Spannungsverstärkung, bezogen auf die Quellenspannung.

b) Eckfrequenzen (vgl. Aufg. II.6)

$$f_1 = \frac{1}{2\pi C_1 (R_G+R_P)} \approx \underline{2\,\text{Hz}}, \quad f_S = \frac{1}{2\pi C_S \cdot R_S} \approx 5\,\text{Hz}, \quad f_S' = \frac{f_S}{a} \approx \frac{1}{2\pi C_S (\frac{1}{s} \| R_S)} \approx \underline{40\,\text{Hz}}.$$

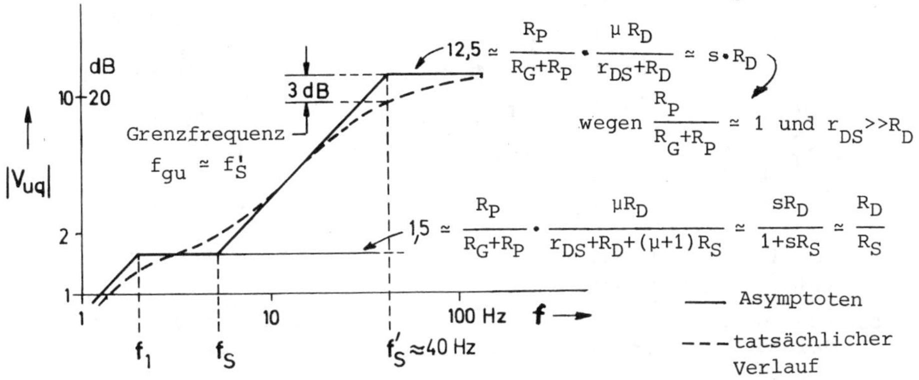

c) $V_u = \dfrac{u_{2\sim}}{u_{1\sim}} = -\dfrac{\mu \cdot R_D}{r_{DS}+R_D} = -s \cdot (r_{DS} \| R_D) \approx \underline{-12,5}$, $\quad u_{1\sim} \approx u'_{1\sim}$.

$V_{uq} = \dfrac{u_{2\sim}}{u_{q\sim}} = V_u \cdot \dfrac{R_P}{R_G+R_P} \approx \underline{-12,5}$, da $R_P >> R_G$. Es ist also hier: $V_u \approx V_{uq}$.

d) Ersatzschaltbild für hohe Frequenzen

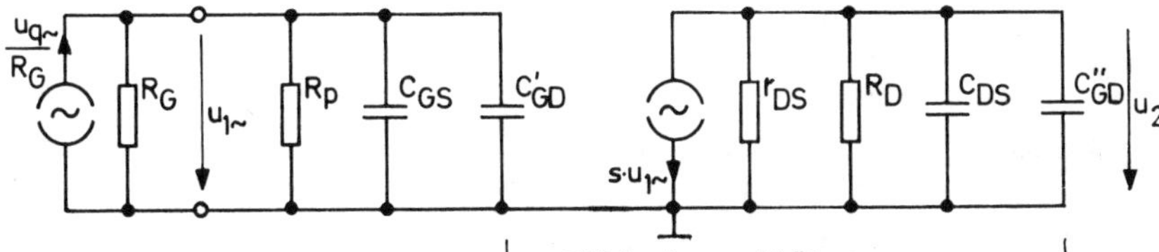

Millerkapazitäten siehe Anhang A

Eingangsersatzschaltung:

$C'_{GD} = C_{GD} \cdot (1-V_u) \approx 20\,\text{pF}$ mit $V_u \approx -12,5$

$$f_{go1} = \frac{1}{2\pi \cdot (C_{GS}+C'_{GD}) \cdot (R_G \| R_P)} \approx 1,4\,\text{MHz} .$$

Ausgangsersatzschaltung:

$$C''_{GD} = C_{GD} \cdot (1 - \frac{1}{V_u}) \approx 1,6\,\text{pF}$$

$$f_{go2} = \frac{1}{2\pi \cdot (C_{DS}+C''_{GD}) \cdot (r_{DS} \| R_D)} \approx 12\,\text{MHz} .$$

Frequenzgang

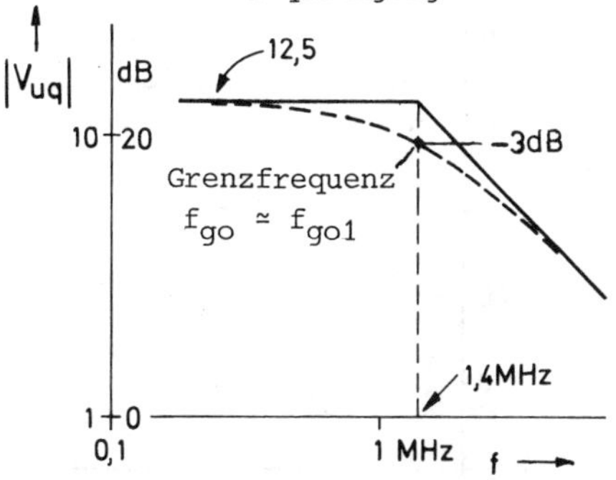

Die eigentliche Grenzfrequenz wird also durch die Eingangsschaltung bestimmt. Die wesentlich höhere „Grenzfrequenz" der Ausgangsschaltung bleibt außer Betracht.

Lehrbuch: Abschnitte 11.5 und 11.6

Zu untersuchen ist ein zweistufiger Verstärker in Sourceschaltung, der aus zwei gleichen Stufen aufgebaut sei entsprechend Aufg. IV.9.

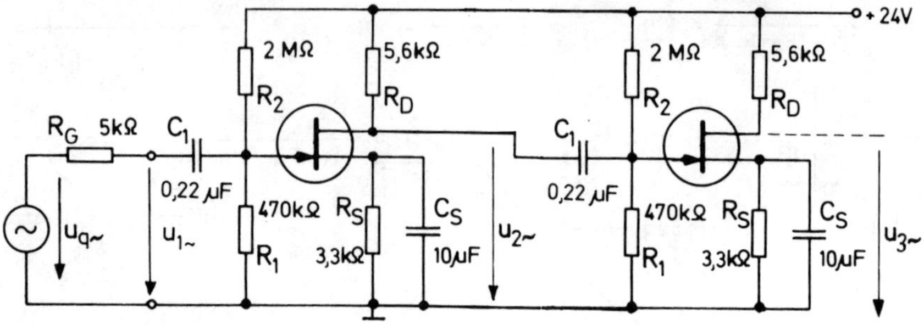

a) Welche resultierende Spannungsverstärkung ergibt sich bei mittleren Frequenzen?

b) Man ermittle den Frequenzgang der resultierenden Spannungsverstärkung näherungsweise.

c) Man berechne die resultierenden 3 dB-Grenzfrequenzen.

d) Wie ergeben sich allgemein die 3 dB-Grenzfrequenzen bei n gleichartigen Stufen?

e) Wie ändern sich die Spannungsverstärkung und ihre Grenzfrequenzen, wenn die Kondensatoren C_S entfernt werden?

Lösungen

a) $V_{uq} = \frac{u_{3\sim}}{u_{q\sim}} = \frac{u_{3\sim}}{u_{2\sim}} \cdot \frac{u_{2\sim}}{u_{q\sim}} = (-12{,}5) \cdot (-12{,}5) \approx \underline{160} \mathrel{\hat{=}} 44\,\text{dB}$

Die ursprünglichen Spannungsverstärkungen multiplizieren sich einfach, weil die zweite Stufe die erste praktisch nicht belastet.

b) Die Eckfrequenzen sind gegenüber der Einzelstufe unverändert, die 3 dB-Grenzfrequenzen verschieben sich nach „innen" → f'_{gu} und f'_{go}.

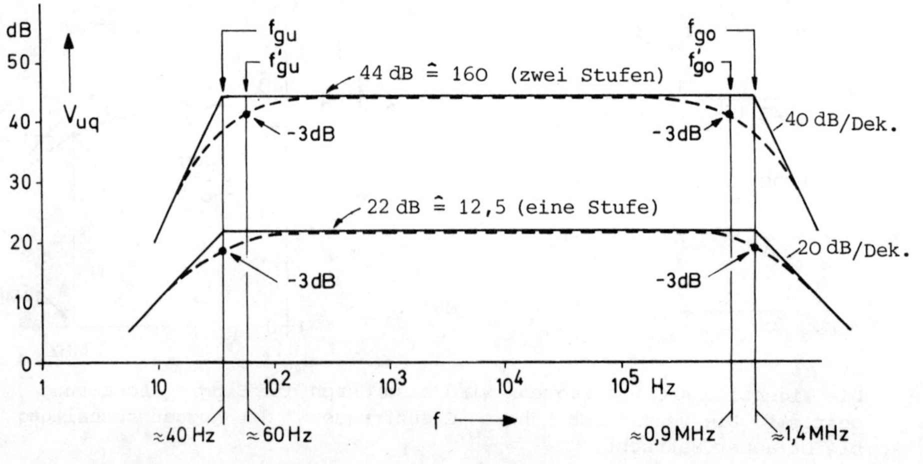

c) In der Umgebung der unteren Grenzfrequenz gilt mit $f_{gu} \approx 40$ Hz:

$$V_{uq} = \frac{12{,}5}{\sqrt{1+\left(\frac{f_{gu}}{f}\right)^2}} \cdot \frac{12{,}5}{\sqrt{1+\left(\frac{f_{gu}}{f}\right)^2}} \approx \frac{160}{1+\left(\frac{f_{gu}}{f}\right)^2} \quad . \quad \text{Für } f_{gu}' \text{ gilt dann:}$$

$$\frac{160}{\sqrt{2}} = \frac{160}{1+\left(\frac{f_{gu}}{f_{gu}'}\right)^2} \;, \rightarrow f_{gu}' = \frac{f_{gu}}{\sqrt{\sqrt{2}-1}} \approx \frac{40\,\text{Hz}}{0{,}64} = \underline{62\,\text{Hz}} \;.$$

In der Umgebung der oberen Grenzfrequenz gilt mit $f_{go} \approx 1{,}4$ MHz:

$$V_{uq} = \frac{12{,}5}{\sqrt{1+\left(\frac{f}{f_{go}}\right)^2}} \cdot \frac{12{,}5}{\sqrt{1+\left(\frac{f}{f_{go}}\right)^2}} \approx \frac{160}{1+\left(\frac{f}{f_{go}}\right)^2} \quad . \quad \text{Für } f_{go}' \text{ gilt dann:}$$

$$\frac{160}{\sqrt{2}} = \frac{160}{1+\left(\frac{f_{go}'}{f_{go}}\right)^2} \;, \rightarrow f_{go}' = f_{go} \cdot \sqrt{\sqrt{2}-1} \approx 1{,}4\,\text{MHz} \cdot 0{,}64 \approx \underline{0{,}9\,\text{MHz}} \;.$$

d) $$f_{gu}' = \frac{f_{gu}}{\sqrt{\sqrt[n]{2}-1}} \;, \qquad f_{go}' = f_{go} \cdot \sqrt{\sqrt[n]{2}-1} \;.$$

$= 1{,}56 \cdot f_{gu}$ für $n = 2$ $\qquad = 0{,}64 \cdot f_{go}$ für $n = 2$

$= 1{,}96 \cdot f_{gu}$ für $n = 3$ $\qquad = 0{,}51 \cdot f_{go}$ für $n = 3$

$= 2{,}72 \cdot f_{gu}$ für $n = 4$ $\qquad = 0{,}44 \cdot f_{go}$ für $n = 4$.

Diese Formeln haben nur dann Gültigkeit, wenn jeweils nur <u>eine</u> und durchweg gleiche Eckfrequenz f_{gu} bzw. f_{go} die 3 dB-Grenzfrequenz der Einzelstufen bestimmt. Im Beispiel ist dies gewährleistet. Die Eckfrequenzen f_{gu} werden jeweils bestimmt durch $(R_S \| \frac{1}{s}) \cdot C_S$. Die oberen Eckfrequenzen f_{go} kann man ebenfalls als gleich ansetzen, da mit $R_D \| r_{DS} \approx R_G$ für die zweite Stufe der gleiche Generatorwiderstand auftritt wie für die erste.

e) Stufenverstärkung bei mittleren Frequenzen : $V_{u1} = V_{u2} = -\frac{s\,R_D}{1+s\,R_S} \approx -1{,}5$,

$$\rightarrow V_{u\,ges} = -1{,}5 \cdot (-1{,}5) \approx \underline{2{,}2}$$

Die unteren Grenzfrequenzen werden jetzt bestimmt durch die Kondensatoren C_1:

$$f_{gu} \approx \frac{1}{2\pi C_1 \cdot (R_1 \| R_2)} = \frac{1}{2\pi \cdot 0{,}22\,\mu\text{F} \cdot 0{,}38\,\text{M}\Omega} \approx 2\,\text{Hz} \rightarrow f_{gu}' = 1{,}56 \cdot 2\,\text{Hz} \approx \underline{3\,\text{Hz}}.$$

Die eingangsseitigen Millerkapazitäten $C_{GD}' = C_{GD} \cdot (1-V_u)$ verringern sich von 20 pF auf etwa 4 pF. Damit wird:

$$f_{go} \approx \frac{1}{2\pi \cdot (C_{GS}+C_{GD}') \cdot R_G} \approx 5\,\text{MHz} \;, \qquad \rightarrow f_{go}' = 0{,}64 \cdot 5\,\text{MHz} \approx \underline{3\,\text{MHz}}.$$

Die Verstärkung wird kleiner, die Bandbreite größer!

IV.11	Drainschaltungen (Sourcefolger)

Lehrbuch: Abschnitte 11.4 und 11.6

Gegeben seien die folgenden Schaltungsvarianten sowie die Kennwerte der FETs.

A) mit Eingangsspannungsteiler

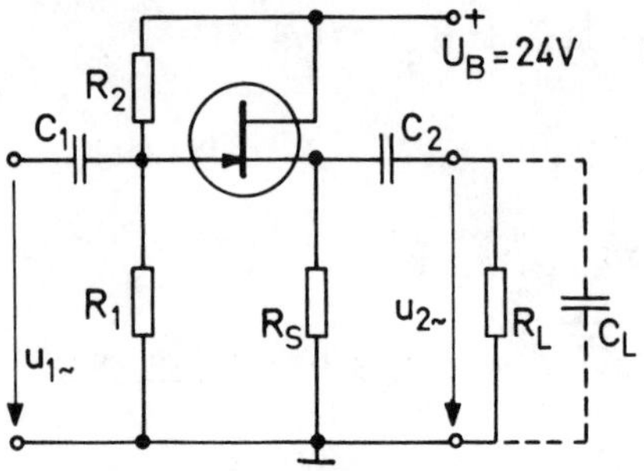

$R_L = 10\,k\Omega$
$C_L = 50\,pF$

B) mit Bootstrapeingang

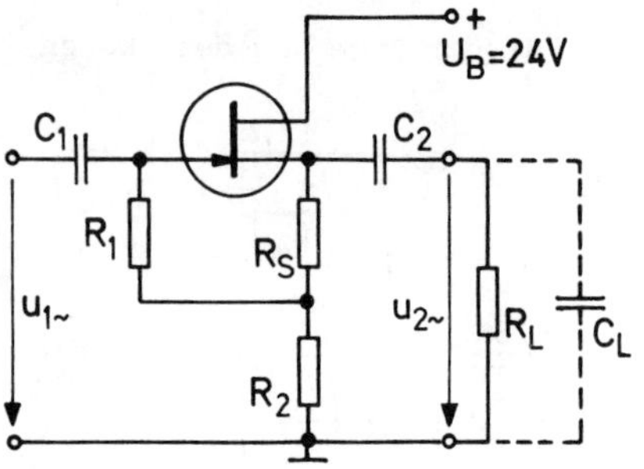

statische Kennwerte: $I_{DSS} = 10\,mA$, $U_p = -4\,V$

dynamische Kennwerte: $r_{DS} = 50\,k\Omega$, $C_{GS} = 2\,pF$, $C_{GD} = 1{,}5\,pF$, $C_{DS} = 1\,pF$

a) Man bestimme die Widerstandsbeschaltung des FETs für einen Arbeitspunkt mit $I_D = 5\,mA$ und $U_{DS} = |2\,U_p| = 8\,V$.

b) Welche Steilheit s liegt im Arbeitspunkt vor?

c) Man gebe eine Ersatzschaltung an für mittlere Frequenzen und bestimme die Spannungsverstärkung V_u.

d) Welche Spannungsverstärkung V_{uq} (bezogen auf die Quellenspannung) ergibt sich bei einem Generatorwiderstand $R_G = 5\,k\Omega$.

e) Man entwickle ein Hochfrequenzersatzbild und bestimme näherungsweise die 3 dB-Grenzfrequenz der Spannungsverstärkung V_{uq}.

Lösungen zu Variante A

a) $$\frac{I_D}{I_{DSS}} = \left(1 - \frac{U_{GS}}{U_p}\right)^2 \rightarrow 0{,}5 = \left(1 - \frac{U_{GS}}{-4V}\right)^2 \rightarrow U_{GS} \simeq -1{,}2\,V\ .$$

$$R_S = \frac{U_B - U_{DS}}{I_D} = \frac{24\,V - 8\,V}{5\,mA} = \underline{3{,}2\,k\Omega}\ (3{,}3\,k\Omega),\quad R_1 = \underline{1\,M\Omega}\ \text{(Vorgabe, s. Aufg. IV.7).}$$

(3,3 kΩ: Normwert)

$$U_{GO} = U_B \cdot \frac{R_1}{R_1 + R_2} \simeq U_{GS} + I_D \cdot R_S \simeq -1{,}2\,V + 16\,V = 14{,}8\,V \rightarrow R_2 \simeq \underline{0{,}62\,M\Omega}\ .$$

b) $$s = \frac{2}{|U_p|} \cdot \sqrt{I_{DSS} \cdot I_D} = \frac{2}{4\,V} \cdot \sqrt{10\,mA \cdot 5\,mA} \simeq 3{,}5\,\frac{mA}{V} = \underline{3{,}5\,mS}\ .$$

c) $r_e \simeq R_1 \| R_2 = 1\,M\Omega \| 0{,}62\,M\Omega = 380\,k\Omega$ (Eingangswiderstand),

(r'_{GS} vernachlässigt, $r'_{GS} \gg r_{GS}$ wegen Bootstrapeffekt).

$$r_a \simeq \frac{1}{s} = \frac{1}{3{,}5\,\text{mS}} \simeq \underline{285\,\Omega}\ ,$$

(Ausgangswiderstand)

$$V_u = \frac{u_{2\sim}}{u_{1\sim}} \simeq \frac{R_S'}{r_a+R_S'} = \frac{s\,R_S'}{1+s\,R_S'}$$

$$\simeq \frac{2{,}4\,\text{k}\Omega}{2{,}685\,\text{k}\Omega} \simeq \underline{0{,}9}\ .$$

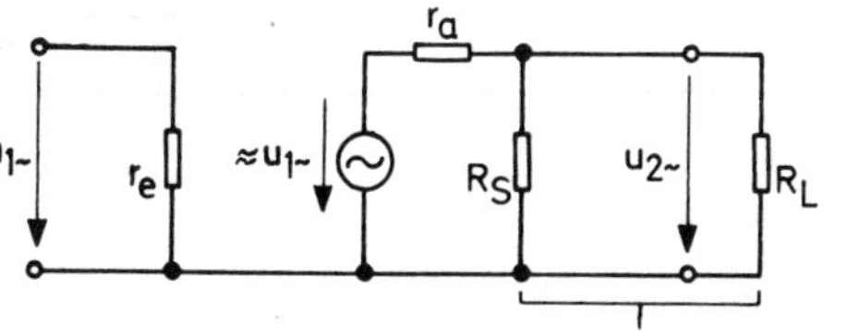

C_L noch unwirksam $\qquad R_S' = R_S \| R_L \simeq 2{,}4\,\text{k}\Omega$

d) $u_{1\sim} = \frac{r_e}{R_G+r_e} \cdot u_{q\sim} = \frac{380}{385} \cdot u_{q\sim} \simeq 0{,}99 u_{q\sim} \quad \rightarrow V_{uq} = \frac{u_{2\sim}}{u_{q\sim}} \simeq \underline{0{,}99\,V_u}.$

e)

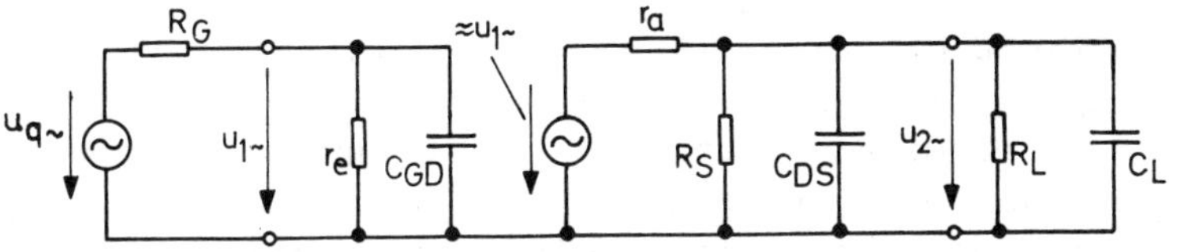

C'_{GS} und C''_{GS} (Millerkapazitäten) vernachlässigt

Ausgang: $f_{go1} = \frac{1}{2\pi\cdot(C_{DS}+C_L)\cdot(r_a \| R_S \| R_L)} \simeq \frac{1}{2\pi \cdot 51\,\text{pF} \cdot 250\,\Omega} \simeq \underline{12\,\text{MHz}}\ ,$

Eingang: $f_{go2} = \frac{1}{2\pi \cdot C_{GD} \cdot (R_G \| r_e)} \simeq \frac{1}{2\pi \cdot 1{,}5\,\text{pF} \cdot 5\,\text{k}\Omega} \simeq \underline{21\,\text{MHz}}\ .$

Im wesentlichen maßgebend ist die tiefere Eckfrequenz (12 MHz), die nahe benachbarte zweite Eckfrequenz hat jedoch ebenfalls Einfluß. Die 3 dB-Grenzfrequenz liegt schätzungsweise bei 10 MHz .

Lösungen zu Variante B

a) $U_{GS} = -1{,}2\,\text{V}$ wie oben, $R_S \simeq \frac{-U_{GS}}{I_D} = \underline{0{,}24\,\text{k}\Omega}$, $R_1 = 1\,\text{M}\Omega$ (Vorgabe) ,

$$R_2 \simeq \frac{U_B - U_{DS} - I_D \cdot R_S}{I_D} = \frac{14{,}8\,\text{V}}{5\,\text{mA}} \simeq \underline{3\,\text{k}\Omega}\ .$$

b) Wie bei Variante A: $s \simeq \underline{3{,}5\,\text{mS}}$.

c) $r_a \simeq \frac{1}{s} \simeq 285\,\Omega$,

$$V_u = \frac{u_{2\sim}}{u_{1\sim}} = \frac{R'_S}{r_a+R_S'} \simeq \underline{0{,}9}\ ,$$

mit $R'_S = (R_S + R_2) \| R_L \simeq 2{,}4\,\text{k}\Omega$.

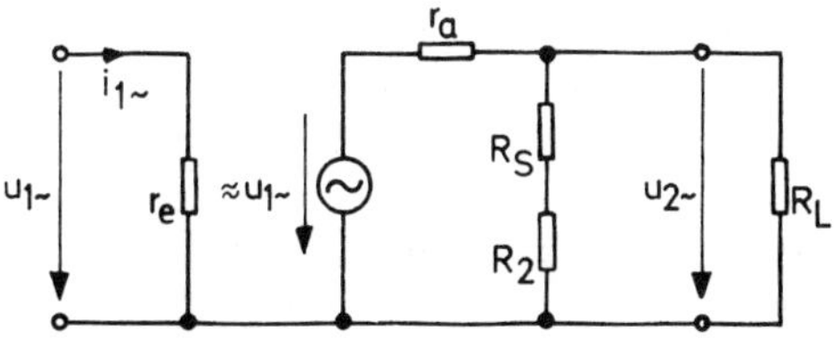

$$r_e = \frac{u_{1\sim}}{i_{1\sim}} = \frac{R_1}{1-V_u \cdot \frac{R_2}{R_2+R_S}} \simeq \frac{1\,\text{M}\Omega}{1-0{,}9 \cdot \frac{3}{3{,}24}} \simeq \frac{1\,\text{M}\Omega}{0{,}18} \simeq \underline{5{,}5\,\text{M}\Omega}\ \text{(Bootstrapeffekt)}.$$

↑ Rechnung nach Miller-Theorem (Anhang A)

d) $u_{1\sim} \simeq \frac{r_e}{R_G+r_e} \cdot u_{q\sim} \simeq u_{q\sim} \quad \rightarrow V_{uq} \simeq V_u$ (Abweichung ca. 1 ‰)

e) Im Hochfrequenzverhalten gibt es keinen Unterschied zu Variante A.

Lehrbuch: Abschnitte 11.6 und 11.4

Gegeben sei nebenstehende Gateschaltung.

Generator: $R_G = 50\,\Omega$

FET: $I_{DSS} = 10\,mA$, $U_p = -4\,V$

$C_{DS} = 1\,pF$, $C_{GS} = 2\,pF$, $C_{GD} = 1{,}5\,pF$

Gewünschter Arbeitspunkt:

$I_D = 2{,}5\,mA$, $U_{DS} = 8\,V$

mit $s = 2{,}5\,mS$, $r_{DS} = 50\,k\Omega$.

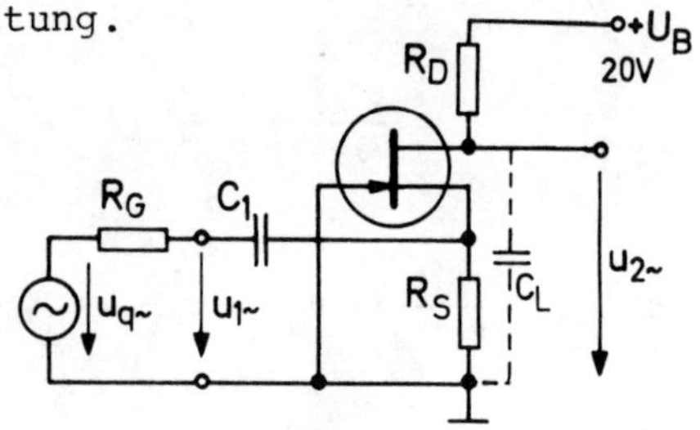

a) Man bestimme die Widerstände R_S und R_D.

b) Man gebe für mittlere Frequenzen ein Kleinsignal-Ersatzbild an und bestimme die Spannungsverstärkungen V_{uq} und V_u.

c) Man bestimme angenähert die obere Grenzfrequenz der Schaltung unter Berücksichtigung einer Lastkapazität $C_L = 3\,pF$.

Lösungen

a) $$\frac{I_D}{I_{DSS}} = \left(1-\frac{U_{GS}}{U_p}\right)^2 \rightarrow 0{,}25 = \left(1-\frac{U_{GS}}{-4\,V}\right)^2 \rightarrow U_{GS} = -2\,V. \qquad R_S = \frac{-U_{GS}}{I_D} = \frac{2\,V}{2{,}5\,mA} = \underline{800\,\Omega}\,.$$

$$R_D \simeq \frac{U_B - (I_D \cdot R_S + U_{DS})}{I_D} = \frac{20\,V - (2\,V + 8\,V)}{2{,}5\,mA} = \underline{4\,k\Omega}\,.$$

b) Näherungsberechnung [x]):

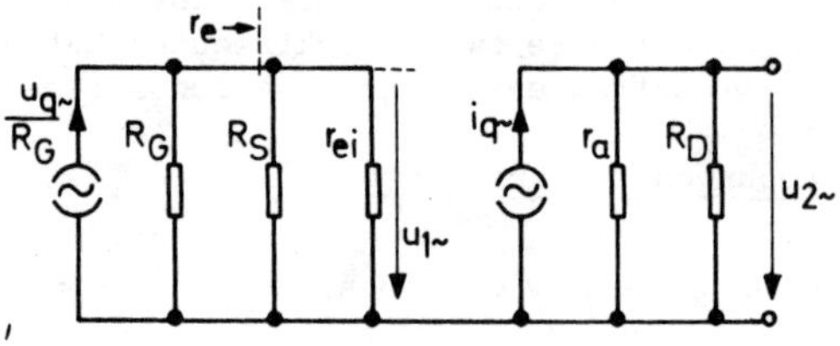

$$r_{ei} \simeq \frac{1}{s} = \frac{1}{2{,}5\,mS} = \underline{400\,\Omega}\,,$$

$$r_e = r_{ei} \| R_S \simeq \underline{270\,\Omega}\,,$$

$$i_{q\sim} \simeq s \cdot u_{1\sim} = s \cdot \frac{u_{q\sim}}{R_G} \cdot (R_G \| r_e)\,,$$

$$\simeq s \cdot u_{q\sim} \cdot \frac{r_e}{R_G + r_e}, \quad u_{2\sim} = i_{q\sim} \cdot (r_a \| R_D), \quad r_a = r_{DS} \cdot [1 + s \cdot (R_G \| R_S)]\,.$$

$$V_{uq} = \frac{u_{2\sim}}{u_{q\sim}} \simeq s \cdot \frac{r_e}{R_G + r_e} \cdot (r_a \| R_D) \simeq \underline{7{,}8} \quad \text{mit } r_a \simeq 55\,k\Omega \text{ für } R_G = 50\,\Omega\,.$$

$$V_u = \frac{u_{2\sim}}{u_{1\sim}} \simeq s \cdot (r_{DS} \| R_D) \simeq \underline{9{,}3}\,, \quad \text{vgl. Gitterbasisschaltung}\,.$$

c) Der niederohmige Eingang wird durch die Kapazitäten C_{GS} und C'_{DS} praktisch nicht belastet. Der Ausgang bestimmt daher die Grenzfrequenz allein.

Millerkapazität: $$C''_{DS} \simeq C_{DS} \cdot \left(1 - \frac{1}{V_u}\right) \simeq 0{,}9 \cdot C_{DS}\,,$$

$$\rightarrow f_{go} \simeq \frac{1}{2\pi \cdot (C_{GD} + C''_{DS} + C_L) \cdot (r_a \| R_D)} \simeq \frac{1}{2\pi \cdot 5{,}4\,pF \cdot 4\,k\Omega} \simeq \underline{7\,MHz}\,.$$

---

[x]) Die exakten Formeln liefern mit $\mu = s \cdot r_{DS} = 125$ und $R'_G = R_G \| R_S \simeq 47\,\Omega$:

$$r_{ei} = \frac{r_{DS} + R_D}{1 + \mu} \simeq \underline{429\,\Omega}\,, \quad i_{q\sim} = \frac{u_{q\sim}}{R_G} \cdot \frac{R'_G(1+\mu)}{R'_G(1+\mu) + r_{DS}} \simeq \underline{2{,}12\,mS \cdot u_{q\sim}}\,, \quad r_a = r_{DS} + (1+\mu) R'_G \simeq \underline{55{,}92\,k\Omega}\,, \quad V_{uq} \simeq 7{,}91\,, \; V_u \simeq 9{,}33\,.$$

IV.13	Gegentaktschaltung

Lehrbuch: Abschnitte 11.6 und 11.5

Gegeben sei die nebenstehende Gegentaktschaltung zur Erzeugung zweier gegenphasiger Spannungen $u_{a1\sim}$ und $u_{a2\sim}$. Die FETs seien gleich und arbeiten auf gleiche Widerstände $R_{D1} = R_{D2} = 4\,k\Omega$.

FETs : Daten wie in Aufg. IV.12
bei gleichem Arbeitspunkt

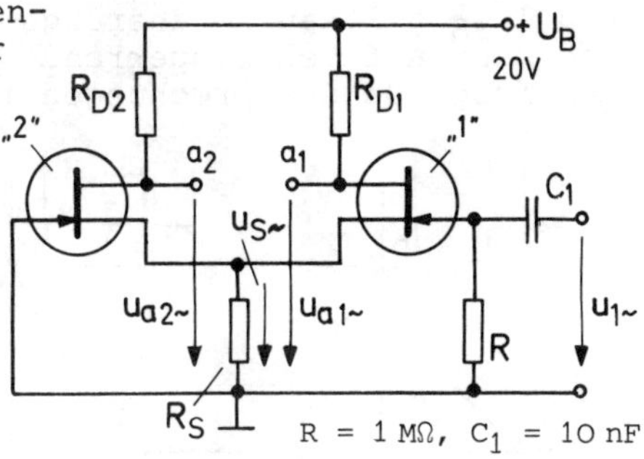

$R = 1\,M\Omega$, $C_1 = 10\,nF$

a) Man bestimme den notwendigen Widerstand R_S.

b) Man bestimme die Amplituden $\hat{u}_{a1}$ und $\hat{u}_{a2}$ für mittlere Frequenzen, wenn $\hat{u}_1 = 10\,mV$ beträgt?

c) Welche Ausgangswiderstände ergeben sich, gemessen an den Klemmen a_1 und a_2 gegenüber Masse.

d) Wie ist Gleichheit der Amplituden $\hat{u}_{a1}$ und $\hat{u}_{a2}$ erreichbar?

Lösungen

a) Über R_S fließt hier der doppelte Strom gegenüber Aufg. IV.12. Zur Erzeugung der gleichen Spannung U_{GS} wird der Widerstand halbiert: $R_S = 400\,\Omega$.

b) FET 1 arbeitet in Sourceschaltung mit dem resultierenden Sourcewiderstand $R_S' \approx R_S \| \frac{1}{s} = 200\,\Omega$, wobei $\frac{1}{s}$ der Eingangswiderstand des in Gateschaltung betriebenen FETs 2 ist. Es folgt:

$$u_{a1\sim} \approx -s' \cdot (R_{D1} \| r_{DS}') \cdot u_{1\sim}. \quad \text{Dabei ist } s' \approx \frac{s}{1 + s \cdot R_S'} = \frac{s \cdot (1 + s R_S)}{1 + 2 s R_S}$$

und

$$r_{DS}' \approx r_{DS} \cdot (1 + s \cdot R_S') = r_{DS} \cdot \frac{1 + 2s R_S}{1 + s R_S} = 75\,k\Omega \qquad \text{wegen } R_S' = R_S \| \frac{1}{s} = \frac{R_S}{1 + s R_S}.$$

Wegen $R_{D1} << r_{DS}'$ gilt demnach:

$$\hat{u}_{a1} \approx s \cdot \frac{1 + s R_S}{1 + 2s R_S} \cdot R_{D1} \cdot \hat{u}_1 = \frac{20}{3}\,\hat{u}_1 \approx \underline{65\,mV}.$$ Es ist ferner:

$$u_{S\sim} = i_{D1\sim} \cdot R_S' \approx s' \cdot u_{1\sim} \cdot R_S' = \frac{s \cdot R_S}{1 + 2s R_S} \cdot u_{1\sim}.$$ Für die Gateschaltung wird:

$$\hat{u}_{a2} \approx s \cdot R_{D2} \cdot \hat{u}_S = s \cdot \frac{s \cdot R_S}{1 + 2s R_S} \cdot R_{D2} \cdot \hat{u}_1 \approx \frac{10}{3}\,\hat{u}_1 \approx \underline{33\,mV}.$$ Die Werte für $\hat{u}_{a1}$ und $\hat{u}_{a2}$ sind geringfügig überhöht wegen Vernachlässigung von r_{DS}.

c) Bei gleichen Widerständen $R_D = R_{D1} = R_{D2}$ gilt:

$r_{a1} = r_{a2} = R_D \| r_{DS}' \approx 3{,}80\,k\Omega$ mit $r_{DS}' \approx 75\,k\Omega$ nach obiger Rechnung.

d) Man kann den Widerstand R_S dynamisch ganz wesentlich erhöhen, in dem man an seiner Stelle eine Konstant-Stromschaltung einsetzt. Dann werden die Terme $s \cdot R_S >> 1$ und damit $\hat{u}_{a1} = \hat{u}_{a2}$ (vgl. Differenzverstärker).

Lehrbuch: Abschnitte 11.7 und 11.8

Die 2-Parameterdarstellung für JFETs mit den Parametern U_P und I_{DSS} gilt auch näherungsweise für selbstleitende MOSFETs und kann auf selbstsperrende MOSFETs übertragen werden, wenn man folgende Entsprechungen in den Kennlinien beachtet:

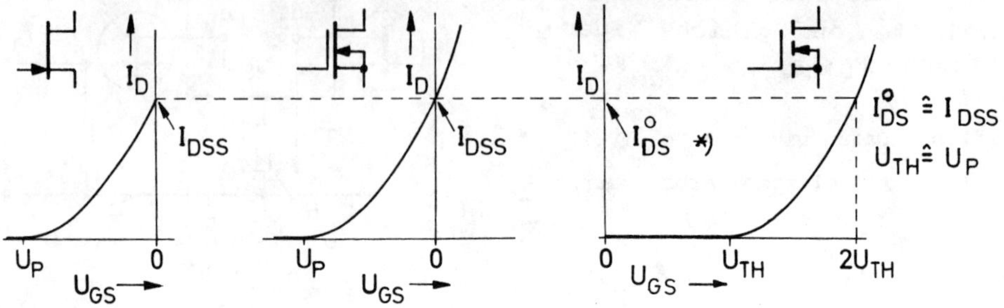

*) I_{DS}^{o} ist derjenige Wert für I_D, der bei $U_{GS} = 2\,U_{TH}$ auftritt.

a) Man entwickle für die obigen MOSFET-Arten die I_D-U_{DS}-Kennlinien im ersten und dritten Quadranten zu folgenden Parametern: $U_p = -3$ V, $I_{DSS} = 4$ mA bzw. $U_{TH} = 3$ V, $I_{DS}^{o} = 4$ mA.

b) Man entwickle anhand der zugehörigen Stromgleichung ein Ersatzbild für das Gleichstromverhalten von n-Kanal-MOSFETs im Widerstandsbereich.

Lösungen

Darstellung nur für den Widerstandsbereich

a)

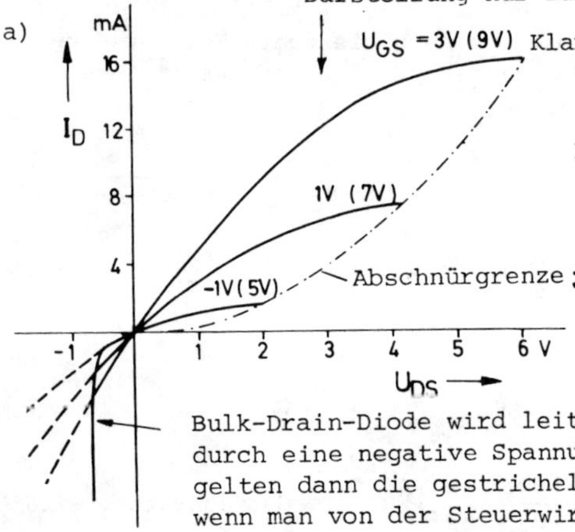

Klammerwerte für selbstsperrenden Typ

$$I_D = \frac{I_{DSS}}{U_p^{\,2}} \cdot \left[2 \cdot (U_{GS} - U_p) \cdot U_{DS} - U_{DS}^{\,2} \right]$$

Abschnürgrenze: $U_{DS} = U_{GS} - U_p$ bzw. $U_{DS} = U_{GS} - U_{TH}$
($U_{GD} = U_p$ bzw. $U_{GD} = U_{TH}$)

Bulk-Drain-Diode wird leitend, was zu vermeiden ist durch eine negative Spannung U_{BS} anstelle $U_{BS}=0$. Es gelten dann die gestrichelt weitergeführten Kennlinien, wenn man von der Steuerwirkung der Spannung U_{BS} absieht.

b)

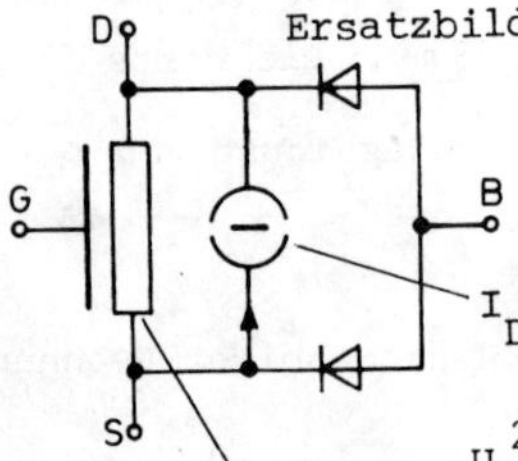

Ersatzbild gültig für $U_{DS} < U_{GS} - U_P$ bzw. $U_{DS} < U_{GS} - U_{TH}$
und $U_{GS} > U_P$ bzw. $U_{GS} > U_{TH}$

$I_{DSS} \cdot \left(\frac{U_{DS}}{U_p} \right)^2$ bzw. $I_{DS}^{o} \cdot \left(\frac{U_{DS}}{U_{TH}} \right)^2$ bei kleinen Werten U_{DS} vernachlässigbar

$$R_{DS} = \frac{U_P^{\,2}}{I_{DSS} \cdot 2(U_{GS} - U_P)} \quad \text{bzw.} \quad R_{DS} = \frac{U_{TH}^{\,2}}{I_{DS}^{o} \cdot 2(U_{GS} - U_{TH})} \,.$$

IV.15	MOSFETs als Umkehrverstärker

Lehrbuch: Abschnitte 11.7 und 15.2

Gegeben seien die folgenden Schaltungen, in denen ein selbstleitender bzw. ein selbstsperrender n-Kanal-MOSFET auf einen Widerstand R_D in der Drainleitung arbeiten.

A) selbstleitend

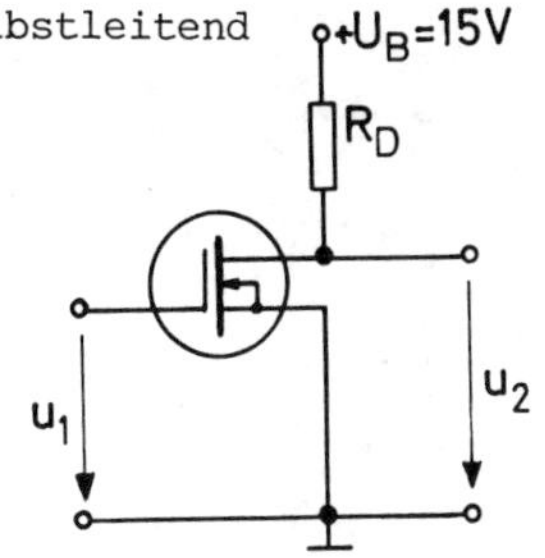

$R_D = 2{,}5\,k\Omega$

FETs wie in Aufg. IV.14

$u_1 \equiv u_{GS}$, $u_2 \equiv u_{DS}$

B) selbstsperrend

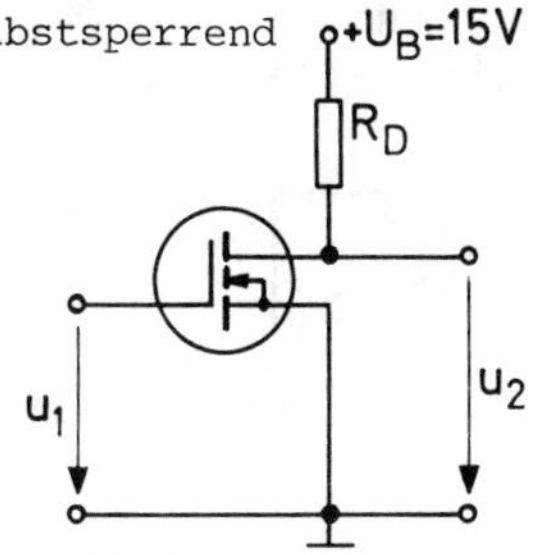

a) Man verlängere die bereits in Aufg. IV.14 entwickelten I_D - U_{DS} - Kennlinien in den Abschnürbereich hinein und trage die Widerstandsgerade für $U_B = 15\,V$ und $R_D = 2{,}5\,k\Omega$ ein.

b) Welche Spannung U_{DS} stellt sich ein bei $U_{GS} = 3\,V$ bzw. $9\,V$?

c) Man ermittle die (Spannungs-)Übertragungskennlinie $u_2 = f(u_1)$.

d) Welche maximale Spannungsverstärkung tritt bei der Durchsteuerung auf?

Lösungen

a) Werte in Klammern zu B)

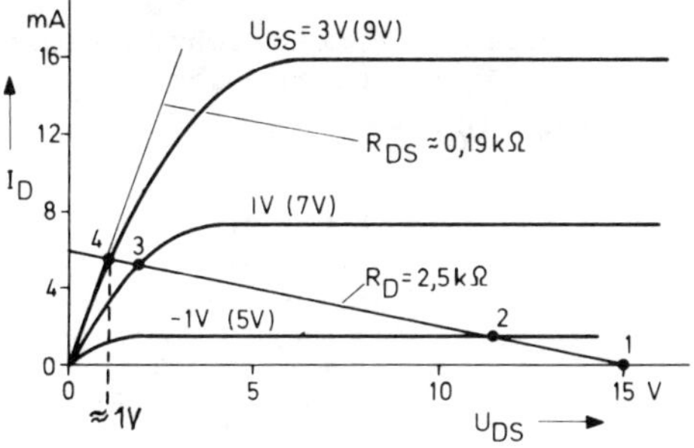

b) Für kleine Werte U_{DS} verhält sich der FET wie ein Widerstand mit

$$R_{DS} = \frac{U_p^2}{I_{DSS} \cdot 2\,(U_{GS} - U_p)} = \frac{9\,V^2}{8\,mA \cdot 6V}$$

$$\approx 0{,}19\,k\Omega\ .$$

$$\rightarrow\ U_{DS} = U_B \cdot \frac{R_{DS}}{R_D + R_{DS}} = 15\,V \cdot \frac{0{,}19\,k\Omega}{2{,}69\,k\Omega}$$

$$\approx \underline{1{,}05\,V} \quad \text{(Schnittpunkt 4)}\ .$$

c)

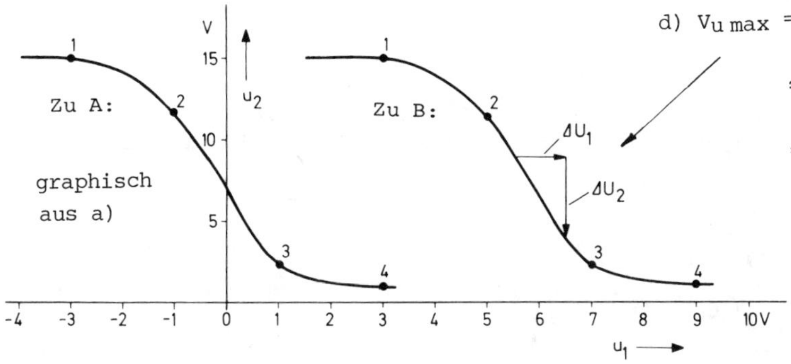

d) $$V_{u\,max} = \frac{\Delta U_2}{\Delta U_1} \approx -\frac{5\,V}{1\,V} = -\underline{5}\ .$$

Lehrbuch: Abschnitte 11.7 und 16.4

Ein selbstsperrender n-Kanal-MOSFET werde von einem Rechteckpuls gesteuert. Sein Schaltverhalten sei trägheitsfrei. Sein Ausgang werde kapazitiv belastet.

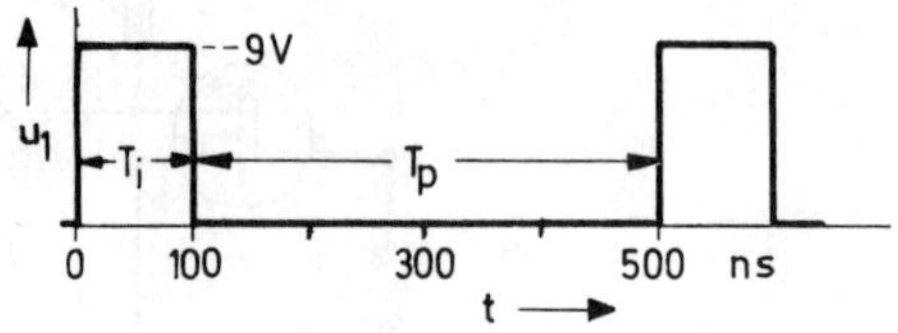

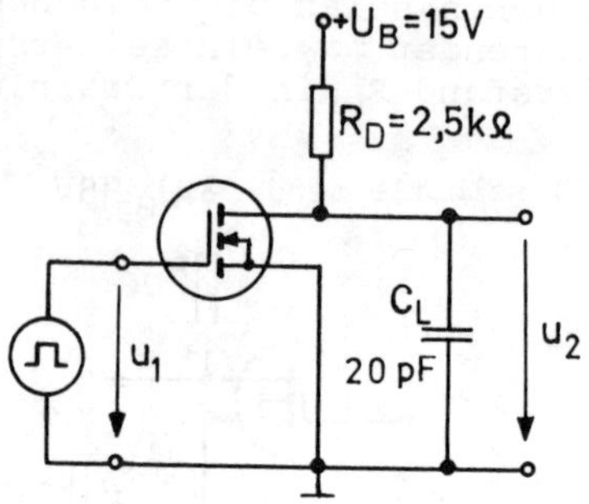

FET wie in Aufg. IV.14 bzw. IV.15)

a) Man skizziere im I_D-U_{DS}-Feld die Arbeitslinie - Weg des Arbeitspunktes - für die angegebene Belastung.

b) Man gebe ein Ersatzschaltbild an für den Anfangsbereich des Einschaltvorganges (FET im Abschnürbereich) und bestimme $u_2(t)$.

c) Welche Zeit t' vergeht, bis die Spannung u_2 auf einen Wert von 3 V abgesunken ist?

d) Man bestimme ein Ersatzschaltbild für den zweiten Abschnitt des Einschaltvorganges (FET im Widerstandsbereich) und gebe die Zeitfunktion für u_2 an.

e) Man stelle den Zeitverlauf der Spannung u_2 im Zeitintervall $0 \leq t \leq 200$ ns graphisch dar.

Lösungen

a) Es wird angenommen, daß die Impulszeit T_i ausreicht, um einen dem Impulsdach entsprechenden stationären Zustand zu erreichen.

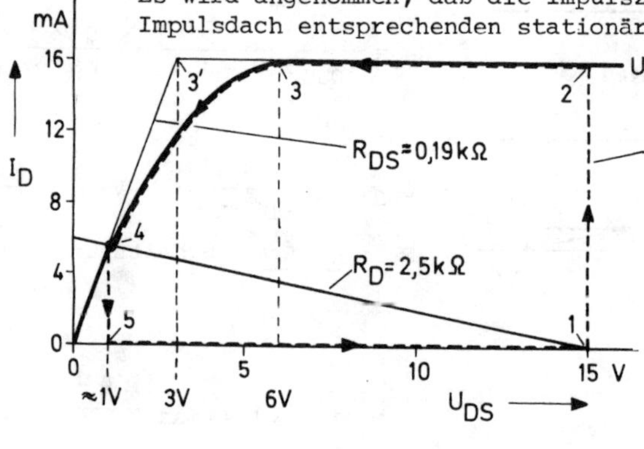

--- Arbeitslinie über 1-2-3-4-5-1 mit Sprüngen von 1 nach 2 und 4 nach 5.

—lineare Näherung über 1-2-3'-4-5-1 (wird der folgenden Rechnung zugrundegelegt).

b) Ersatzschaltbild für Abschnitt 2-3':
(C_L wird entladen)

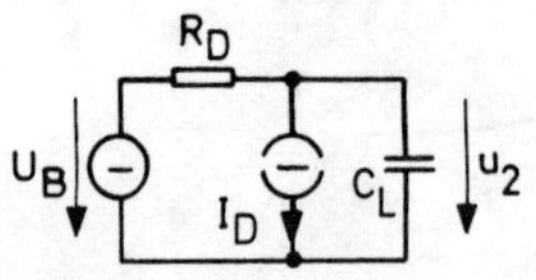

Strom I_D springt auf 16mA und bleibt konstant. Spannung u_2 strebt von 15V aus gegen:

$$U_B - I_D \cdot R_D = -25\,V \quad \text{mit}$$

$$\tau_1 = R_D \cdot C_L = 2{,}5\,k\Omega \cdot 20\,pF = 50\,ns\,.$$

$$\rightarrow u_2 = 15\,V - 40\,V \cdot \left[1 - \exp\left(-\frac{t}{\tau_1}\right)\right]\,.$$

c) Mit der linearen Näherung (Arbeitslinie 2-3') folgt:

$$3\,V = 15\,V - 40\,V \cdot \left[1 - \exp\left(-\frac{t'}{\tau_1}\right)\right] \quad \rightarrow t' = -\tau_1 \cdot \ln 0{,}7 \approx \underline{18\,ns}\ .$$

Der tatsächliche Wert für t' ist sicher etwas größer, da der Entladestrom über den FET beim Absinken der Spannung u_2 unter 6 V in Wirklichkeit ebenfalls abnimmt.

d) Ersatzbild für Abschnitt 3'-4: Der FET verhält sich wie ein linearer Widerstand R_{DS}

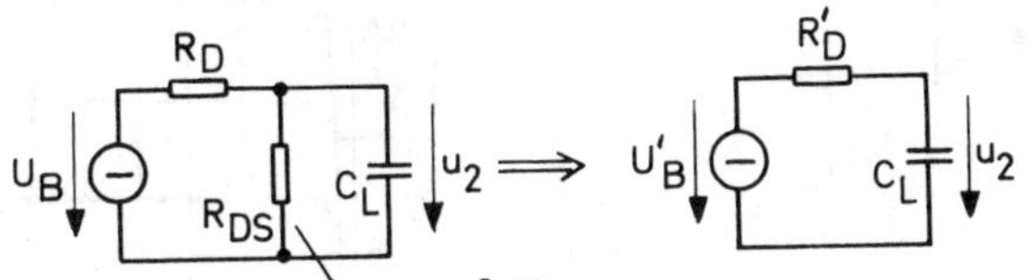

$$R_D' = R_D \| R_{DS} \approx 0{,}17\,k\Omega,$$

$$U_B' = U_B \cdot \frac{R_{DS}}{R_D + R_{DS}} \approx 1\,V.$$

$$R_{DS} = \frac{3\,V}{16\,mA} \approx 0{,}19\,k\Omega$$

Damit folgt für die Zeitfunktion $u_2(t)$ für $t > t'$:

$$u_2 \approx 1\,V + 2\,V \cdot \exp\left(-\frac{t-t'}{\tau'}\right) \quad \text{mit } t' \approx 18\,ns,\ \tau' = R_D' \cdot C_L \approx 3{,}5\,ns\ .$$

e)

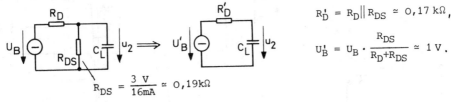

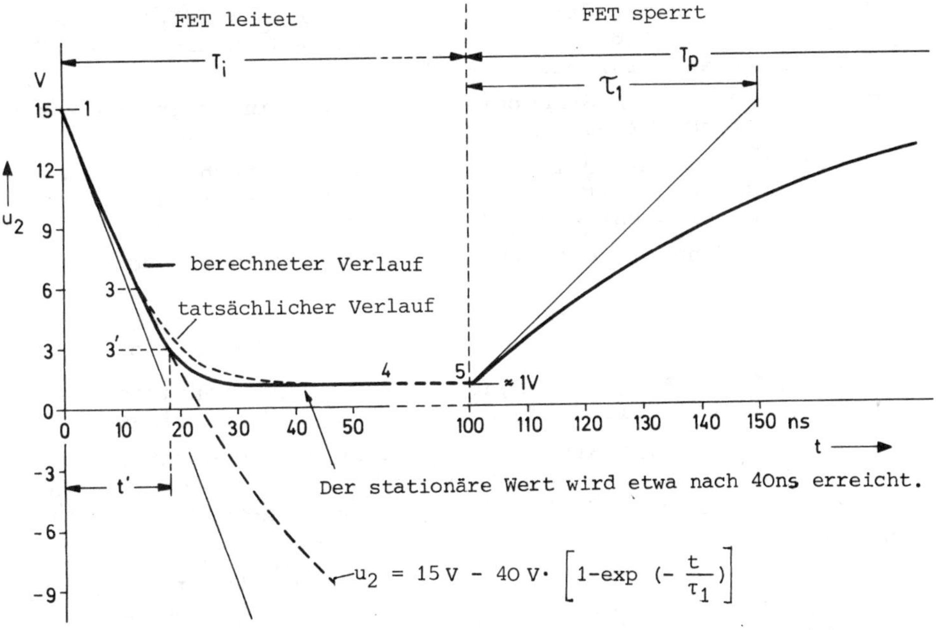

Beim Sperren des MOSFET nach 100 ns steigt die Spannung mit der Zeitkonstante τ_1 wieder exponentiell auf 15 V an. Es gilt dabei ein Ersatzschaltbild wie unter b), allerdings ohne Stromquelle. Die Spannung steigt an nach der Funktion:

$$u_2 \approx 1\,V + 14\,V \cdot \left[1 - \exp\left(-\frac{t - 100\,ns}{\tau_1}\right)\right]$$

Offensichtlich wird C_L rasch entladen über den leitenden FET und beim Sperren des FET über R_D vergleichsweise langsam wieder aufgeladen.

V Bipolare Transistoren

V.1	Emitterschaltung - Großsignalverhalten

Lehrbuch: Abschnitte 12.2 und 12.8

Gegeben sei folgende Emitterschaltung, ferner eine mittlere Eingangskennlinie und die Ausgangskennlinien des Transistors.

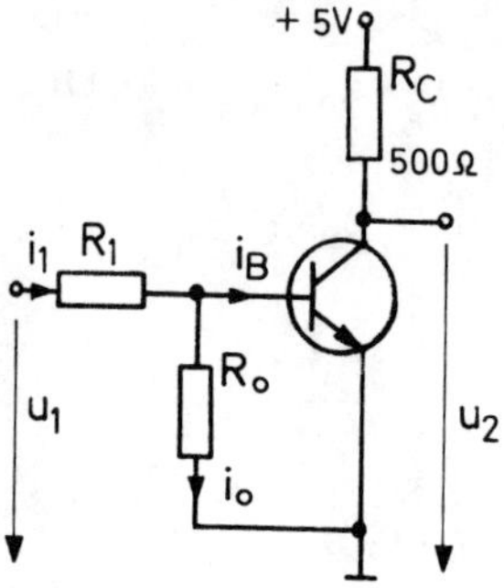

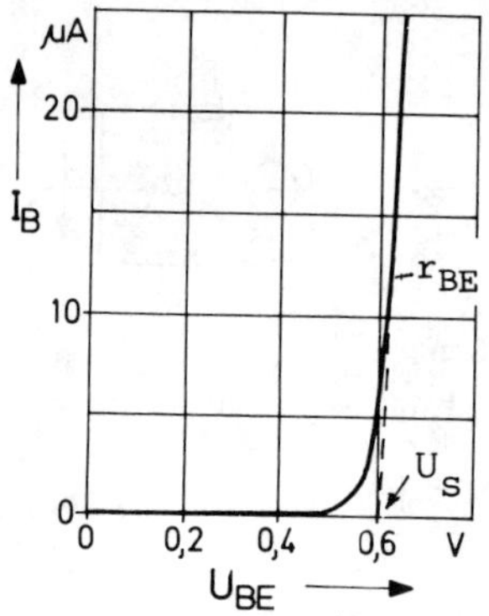

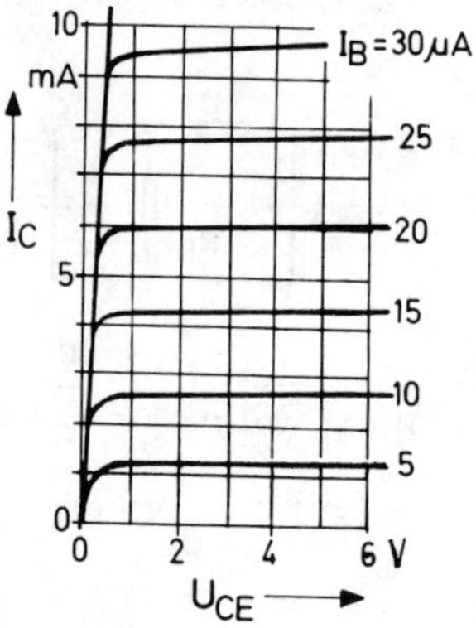

$R_1 = 5\,k\Omega$, $R_o = 10\,k\Omega$

a) Man ermittle die Stromsteuerkennlinie $I_C = f(I_B)$ für $U_{CE} = 2{,}5\,V$ im Bereich $0 < I_C < 10\,mA$ und bestimme die Stromverstärkung B für die Bereichsmitte.

b) Man gebe für den Strombereich nach a) ein Großsignalersatzbild für den Transistor an.

c) Man ermittle mit Hilfe des Ersatzbildes nach b) angenähert die Spannungsübertragungskennlinie $u_2 = f(u_1)$ unter der Annahme einer konstanten Stromverstärkung $B = 300$.

d) Welche Spannungsverstärkung V_u ergibt sich für den aktiven Bereich?

e) Man ermittle die Kennlinie $i_B = f(u_1)$ und die Übertragungskennlinie $u_2=f(u_1)$ tabellarisch aus den Transistorkennlinien.

f) Bei welcher Eingangsspannung u_1 tritt im Transistor die höchste Verlustleistung auf und wie groß ist diese?

g) Welche Übertemperatur ΔT gegenüber der Umgebung stellt sich im Transistor ein, wenn er dauernd bei höchster Verlustleistung nach f) betrieben wird ($R_{thU} = R_{thJU} = 500\,K/W$)?

Lösungen

a)

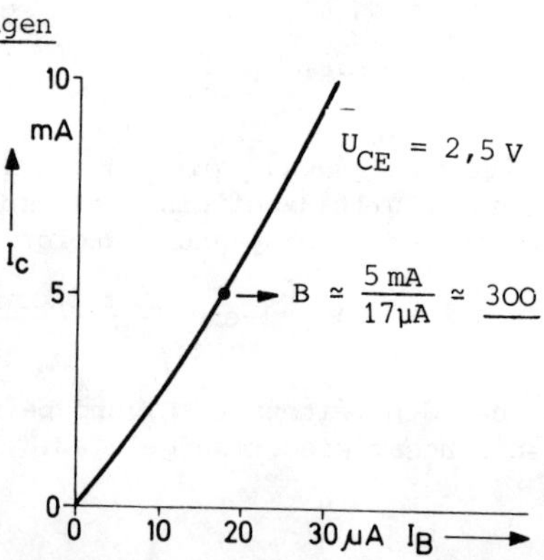

b) Lineares Ersatzbild

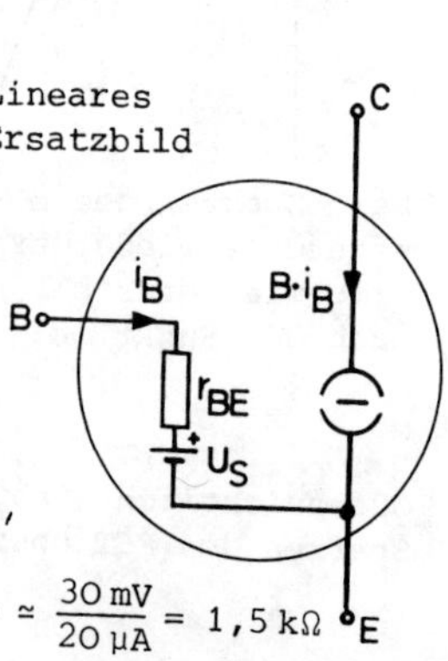

$U_S = 0{,}6\,V$,

$r_{BE} = \frac{\Delta U_{BE}}{\Delta I_B} \approx \frac{30\,mV}{20\,\mu A} = 1{,}5\,k\Omega$

c und d)

Mit dem Überlagerungsgesetz folgt direkt:

$$i_B = \frac{u_1}{R_1+(R_o\|r_{BE})}\cdot\frac{R_o}{R_o+r_{BE}} - \frac{U_s}{r_{BE}+(R_o\|R_1)}$$

$$\approx 0{,}14\text{mS}\cdot u_1 - 0{,}12\text{mA}$$

gültig für $i_B > 0$ (aktiver Bereich).

Mit $i_C = B\cdot i_B$ und $u_2 = 5\text{V} - i_C\cdot R_C$ folgt:

$$u_2 \approx 5\text{V} - 21\,u_1 + 18\text{V}$$

$$\approx \underline{23\ \text{V} - 21\,u_1} \quad \text{(fallende Gerade)}.$$

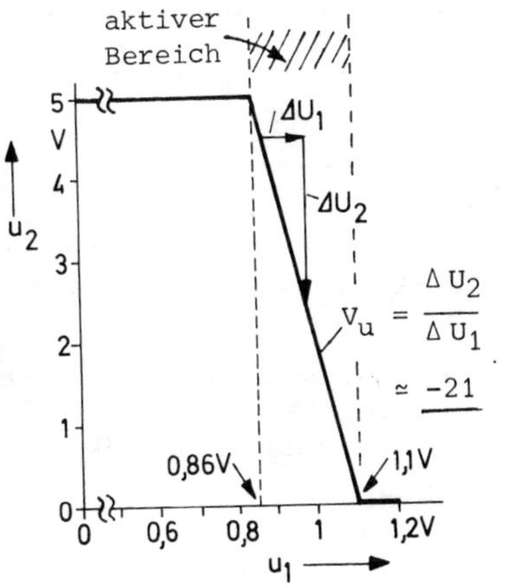

e)

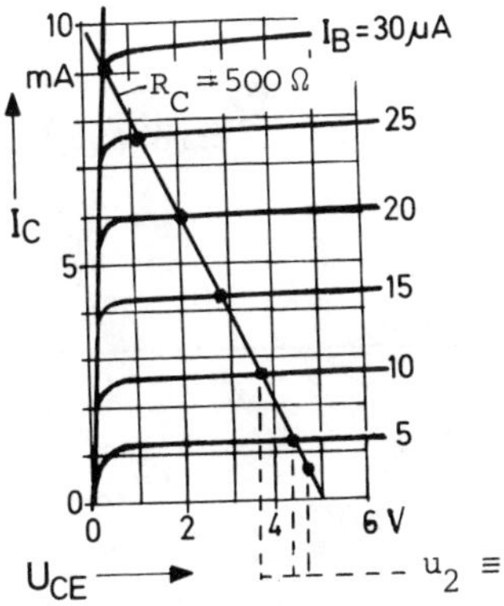

i_B / µA	u_2 / V	u_{BE} / V	i_o / µA	i_1 / µA	i_1R_1 / mV	u_1 / mV
2,5	4,7	0,57	57	59,5	298	868
5	4,3	0,6	60	65	325	925
10	3,7	0,62	62	72	360	980
15	2,9	0,63	63	78	390	1020
20	2	0,635	63,5	83,5	418	1053
25	1,2	0,64	64	89	445	1085
30	0,4	0,645	64,5	94,5	473	1118

$i_o = \frac{u_{BE}}{R_o}$ $\quad i_1 = i_B + i_o$ $\quad u_1 = u_{BE} + i_1R_1$

graphische Darstellung der tabellarisch ermittelten Werte:

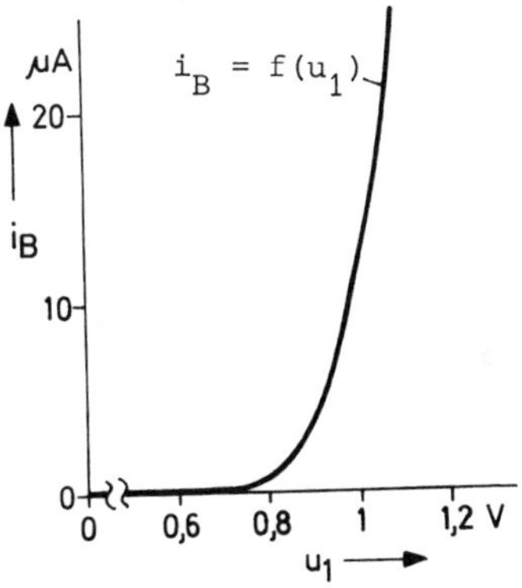

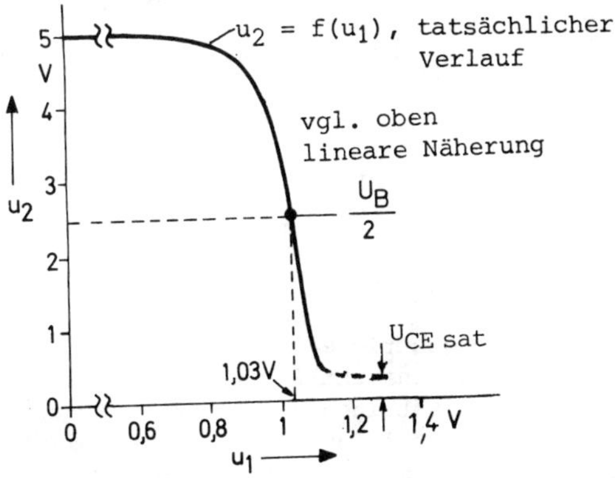

f) P_{CEmax} bei $u_2 = \frac{U_B}{2} = 2{,}5\ \text{V}$ $\rightarrow u_1 \approx \underline{1{,}03\ \text{V}}$, $P_{CEmax} = 2{,}5\text{V}\cdot 5\text{mA} = \underline{12{,}5\text{mW}}$.
(Leistungsanpassung), $P_{BE} = u_{BE}\cdot i_B$ wird vernachlässigt.

g) $\Delta T = P_{CE}\cdot R_{thU} = 12{,}5\ \text{mW}\cdot 0{,}5\ \text{K/mW} = \underline{6{,}25\ \text{K}}$.

V.2	Transistor mit Widerstandssteuerung

Lehrbuch: Abschnitt 12.2

Die Transistorschaltung der Aufg. V.1 soll durch einen Fotowiderstand FW gesteuert werden.

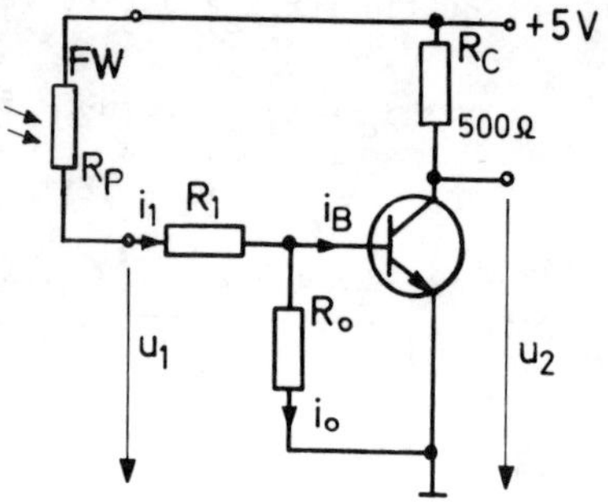

a) Bei welchem Widerstandswert R_P wird der Transistor voll durchgesteuert (Restspannung $U_{CEsat} \approx 0{,}4\,V$) ?

b) Man entwickle eine Ersatzschaltung und bestimme danach die Funktion $u_2 = f(R_P)$.

c) Man stelle die Funktion $u_2 = f(R_P)$ graphisch dar und beurteile ihre Gültigkeit.

Lösungen

a) $R_P = \frac{U_B - u_1}{i_1} \approx \frac{5\,V - 1{,}1\,V}{95\,\mu A} \approx \underline{41\,k\Omega}.$ Das Wertepaar u_1/i_1 wird Aufg. V.1/e entnommen. Man findet dort zu $u_2 = 0{,}4\,V$: $u_1 \approx 1{,}1\,V$, $i_1 \approx 95\,\mu A$.

b) $u_2 = U_B - B \cdot i_B \cdot R_C$. Mit Überlagerungsgesetz:

$$i_B = \frac{U_B}{R_P + R_1 + (R_o \| r_{BE})} \cdot \frac{R_o}{R_o + r_{BE}} - \frac{U_S}{r_{BE} + \left[R_o \| (R_P + R_1)\right]}$$

$$= \frac{U_B \cdot R_o - U_S \cdot (R_o + R_P + R_1)}{R_P \cdot (r_{BE} + R_o) + r_{BE} \cdot (R_o + R_1) + R_o R_1}$$

$$\rightarrow u_2 = U_B - \frac{B \cdot R_C \cdot \left[U_B \cdot R_o - U_S (R_o + R_P + R_1)\right]}{R_P \cdot (r_{BE} + R_o) + r_{BE} \cdot (R_o + R_1) + R_o R_1}$$

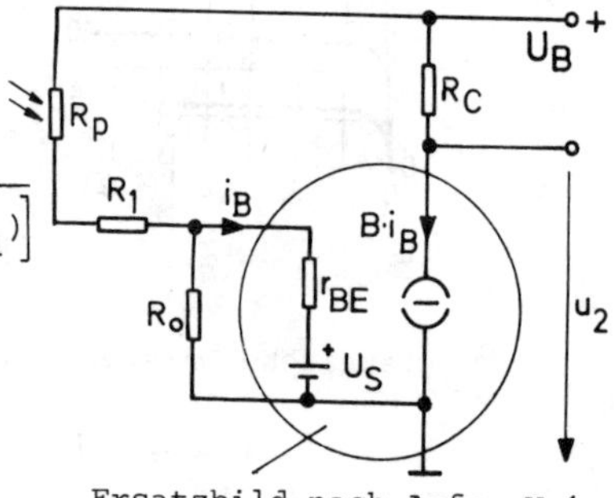

Ersatzbild nach Aufg. V.1

($U_S \approx 0{,}6\,V$, $r_{BE} \approx 1{,}5\,k\Omega$)

c) Grundsatzlich gilt:

$$U_{CEsat} \leq u_2 \leq U_B = 5\,V .$$

Die gestrichelten Kurventeile sind also offensichtlich ungültig. Grund: Beim Sättigen sinkt die Stromverstärkung stark ab, beim Sperren nimmt U_{BE} stark ab. Das Ersatzbild legt jedoch konstante Werte B und U_S zugrunde, ebenso einen konstanten Wert r_{BE} . Es kann daher nur im mittleren aktiven Bereich die Verhältnisse näherungsweise richtig wiedergeben.

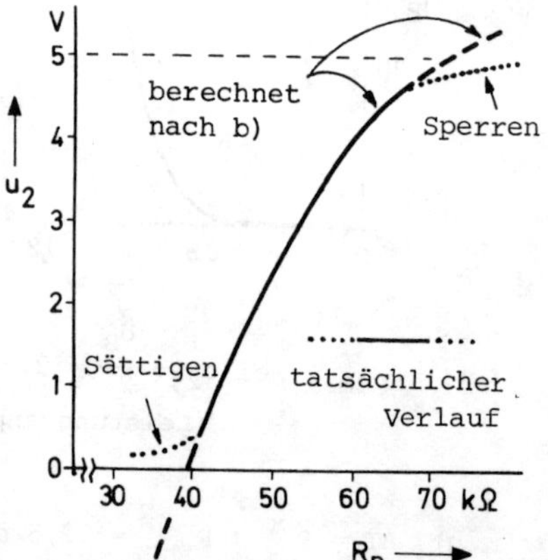

V.3	Transistor als Schalter

Lehrbuch: Abschnitte 12.2 und 14.1

Die in Aufg. V.1 untersuchte Emitterschaltung soll als Schaltstufe dienen, wobei sie von einer gleichartigen Stufe unter Zwischenschaltung eines „ODER-Gatters" gesteuert wird.

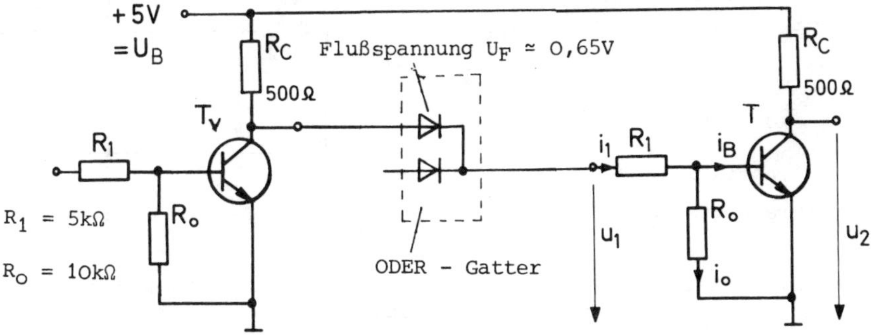

a) Mit welchem Basisstrom wird Transistor T in die Sättigung gesteuert, wenn Transistor T_V sperrt? (Es sei $U_{BEsat} \approx 0{,}7\,V$).

b) Wie groß ist der Übersteuerungsfaktor (Übersteuerungsgrad) Ü?

c) Wie groß kann Widerstand R_1 werden für Ü = 3 ?

d) Man untersuche, ob Transistor T wirklich sperrt, wenn Transistor T_V voll durchgesteuert wird.

Lösungen

a) Unter der Annahme, daß Transistor T in die Sättigung gesteuert wird, folgt mit $U_{BEsat} \approx 0{,}7$ V und $U_F \approx 0{,}65$V (Flußspannung Diode):

$$I_1 = \frac{U_B - U_F - U_{BE\,sat}}{R_C + R_1} \approx \frac{5\,V - 0{,}65\,V - 0{,}7\,V}{5{,}5\,k\Omega} \approx 0{,}66\,mA.$$ Weiter folgt:

$$I_o = \frac{U_{BE\,sat}}{R_o} \approx \frac{0{,}7\,V}{10\,k\Omega} = 70\,\mu A \rightarrow I_B = 660\mu A - 70\mu A = \underline{590\mu A}.$$

b) Zum Erreichen der Sättigung ist ein Strom $I_{B\,min} \approx 30\,\mu A$ erforderlich (vgl. Aufg. V.1/e. Damit folgt:

$$Ü \approx \frac{I_B}{I_{B\,min}} \approx \frac{590\,\mu A}{30\,\mu A} \approx \underline{20}$$ Die Annahme der Übersteuerung (Sättigung) wird also bestätigt.

c) $$R_1 = \frac{U_B - U_{BEsat} - U_F - R_C\left(I_B + \frac{U_{BEsat}}{R_o}\right)}{I_B + \frac{U_{BEsat}}{R_o}} \approx \underline{22k\Omega}\ \Big|\ \text{für } I_B = 90\mu A .$$

d) Nach den vorliegenden Kennlinien (Aufg. V.1) würde sich über T_V eine Restspannung $U_{CE\,sat} \approx 0{,}4\,V$ einstellen. Die Sättigungsspannung $U_{CE\,sat}$ moderner Si-Transistoren (Planar-Epitaxialtechnik) liegt im 10 mA-Bereich tatsächlich nur bei 0,1 V, so daß über die Gatter-Diode praktisch kein Strom i_1 fließen kann. Der Reststrom I_{CBO} von T (Größenordnung nA) kann ohne nennenswerten Spannungsabfall über R_o abfließen. T wird also gesperrt.

V.4	Emitterschaltung als einfacher Kleinsignalverstärker

Lehrbuch: Abschnitte 12.3, 12.4 und 12.5

Zu untersuchen sei die nebenstehende Emitterschaltung, wobei die Kennlinien der Aufg.V.1 zugrundegelegt werden.

$R_1 = 12\ k\Omega$ $\quad R_G = 1\ k\Omega$

$R_2 = 75\ k\Omega$

$R_C = 500\ \Omega$

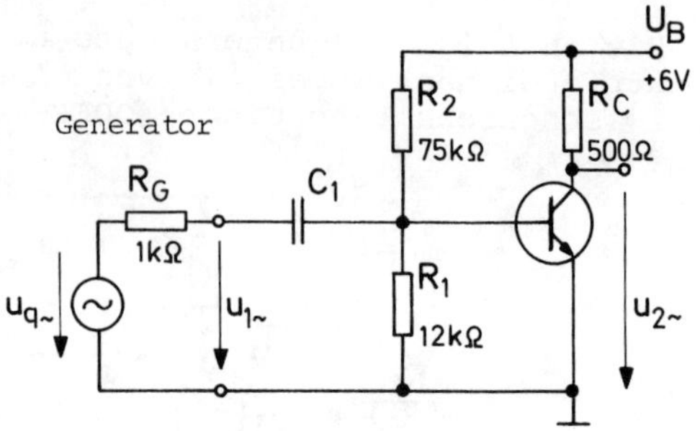

Transistordaten:

Transitfrequenz: $f_T = 100$ MHz , Kollektor-Basis-Kapazität $C_{B'C} = 4$ pF

a) Man bestimme die Wertepaare I_B/U_{BE} und I_C/U_{CE} sowie die zugehörige statische Stromverstärkung B.

b) Man bestimme zum Arbeitspunkt angenähert die differentiellen Kenngrößen r_{BE}, s, ß und r_{CE}.

c) Welche Spannungsverstärkungen V_u und V_{uq} ergeben sich bei mittleren Frequenzen ?

d) Man bestimme den Koppelkondensator C_1 für eine untere Grenzfrequenz $f_{gu} = 20$ Hz.

e) Man gebe eine Hochfrequenzersatzschaltung an und bestimme die obere Grenzfrequenz der Schaltung in bezug auf die Spannungsverstärkung V_{uq}.

Lösungen

a) Man ersetzt den Basisspannungsteiler durch sein Spannungsersatzbild mit den Werten U_q und R_i und konstruiert die Widerstandsgerade im I_B-U_{BE}-Feld. Man findet I_B/U_{BE}. Anschließend konstruiert man die Widerstandsgerade (Lastgerade) im I_C-U_{CE}-Feld und findet damit I_C/U_{CE}.

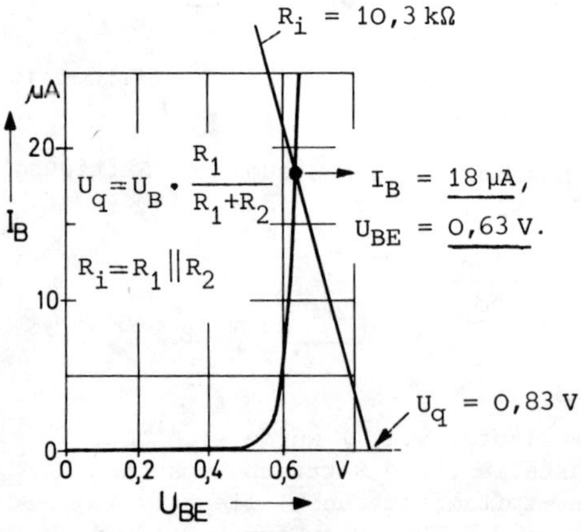

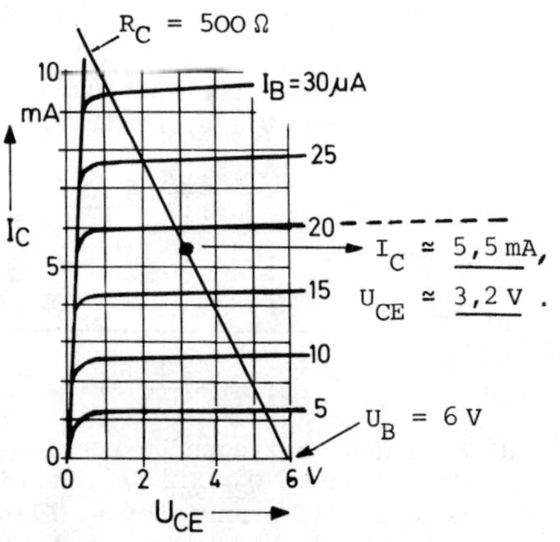

Statische Stromverstärkung: $B = \frac{I_C}{I_B} = \frac{5{,}5\,mA}{18\ \mu A} \approx \underline{300}$.

b) Bei Kollektorströmen > 1 mA wird für U_T ein gegenüber dem theoretischen Wert von 26 mV erhöhter Wert von 30 mV angesetzt (Vgl. Fußnote in Aufg.V.5):

$$r_{BE} \simeq \frac{U_T}{I_B} \simeq \frac{30mV}{18\mu A} = \underline{1{,}66k\Omega}\ ,\quad s \simeq \frac{I_C}{U_T} \simeq \frac{5{,}5mA}{30mV} = \underline{183\ \frac{mA}{V}}\ ,\quad \beta = s\cdot r_{BE} \simeq \underline{300.}$$

Strenggenommen handelt es sich bei β um β_0 (Kleinsignalstromverstärkung bei tiefen Frequenzen).

Wegen der geringen Steigung der I_C-U_{CE}-Kennlinien muß man diese zur Bestimmung von r_{CE} stark verlängern (gestrichelt). Man findet dann in grober Näherung:

$$r_{CE} = \frac{\Delta U_{CE}}{\Delta I_C} \simeq \frac{6V}{0{,}2mA} = \underline{30\ k\Omega}\ .$$

c) $$V_u = \frac{u_{2\sim}}{u_{1\sim}} = -s\cdot(R_C \| r_{CE}) \simeq -s\cdot R_C = -\ 183\ \frac{mA}{V}\cdot 0{,}5k\Omega \simeq \underline{-\ 90}\ ,$$

$$V_{uq} = \frac{u_{2\sim}}{u_{q\sim}} = V_u \cdot \frac{r_e}{r_e+R_G}\ .\quad \text{Mit}\quad r_e = R_1 \| R_2 \| r_{BE} \simeq 1{,}4\ k\Omega \quad \text{wird}\ ;$$

$$V_{uq} \simeq -90 \cdot \frac{1{,}4k\Omega}{1{,}4k\Omega+1k\Omega} \simeq \underline{-50}\ .$$

d) $$f_{gu} = \frac{1}{2\pi(R_G+r_e)\cdot C_1} \rightarrow C_1 = \frac{1}{2\pi f_{gu}(R_G+r_e)} = \frac{1}{2\pi\cdot 20\ \frac{1}{s}\ (1k\Omega+1{,}4k\Omega)} = \underline{3{,}3\mu F}\ .$$

e)

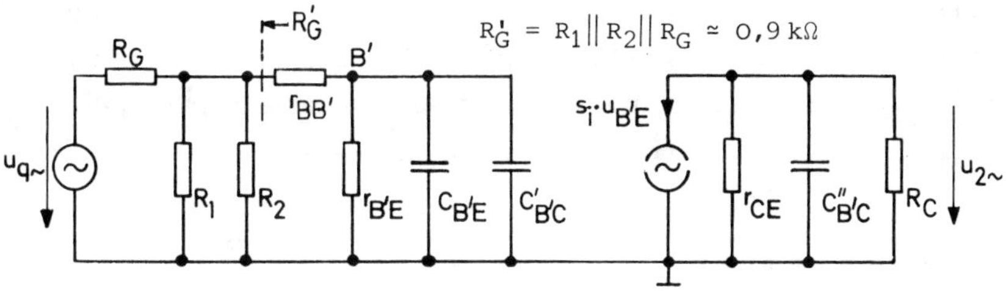

Zur Bestimmung von s_i und r_{BE} werde mit U_T = 26mV gerechnet.

$$s_i = \frac{5{,}5\ mA}{26\ mV} \simeq 210\ mS,\quad r_{B'E} = \frac{26\ mV}{18\ \mu A} = 1{,}44\ k\Omega,\quad r_{BB'} = r_{BE}-r_{B'E} \simeq 200\ \Omega\ .$$

Die Ermittlung des Basisbahnwiderstandes ist von diesem Ansatz her sehr unsicher, was in der folgenden Rechnung aber nicht kritisch ist. Erfahrungsgemäß liegt der Wert bei Kleinsignaltransistoren in der Größenordnung 100 Ω. Es wird:

$$V_{ui} \simeq -s_i\cdot R_C = -210\ mS\cdot 0{,}5\ k\Omega = -105\ ,$$

$$C'_{B'C} \simeq C_{B'C}(1-V_{ui}) = 4\ pF\cdot 106 = 424\ pF\ \text{(Millerkapazität, siehe Anhang A)},$$

$$C_{B'E} \simeq \frac{1}{2\pi f_\beta\cdot r_{B'E}} = \frac{\beta}{2\pi\cdot f_T\cdot r_{B'E}} = \frac{300}{2\pi\cdot 10^8\ \frac{1}{s}\cdot 1{,}44\ k\Omega} = 330\ pF.\ \text{Damit folgt:}$$

$$f_{go} = \frac{1}{2\pi\cdot(C_{B'E}+C'_{B'C})\cdot\left[r_{B'E} \| (r_{BB'}+R_G')\right]} \quad \text{mit}\ R_G' = R_1 \| R_2 \| R_G \simeq 0{,}9\ k\Omega,$$

$$\simeq \frac{1}{2\pi\cdot 750\ pF\cdot\left[1{,}44\ k\Omega \| (200\ \Omega+900\ \Omega)\right]} \simeq \underline{340\ kHz}\ .$$

Die obere Grenzfrequenz nach der Ausgangsersatzschaltung liegt viel höher und hat daher praktisch keine Bedeutung.

V.5	Emitterschaltung mit Parallelgegenkopplung

Lehrbuch: Abschnitte 12.3, 12.4 und 12.10

Es sollen zwei Schaltungsvarianten der Emitterschaltung untersucht werden. Dabei wird für den statischen Betrieb vereinfachend die Spannung U_{BE}=0,6V=const. gesetzt. Der Ausgangswiderstand r_{CE} des Transistors sei groß gegenüber dem Lastwiderstand R_C.

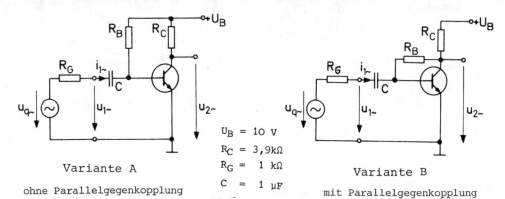

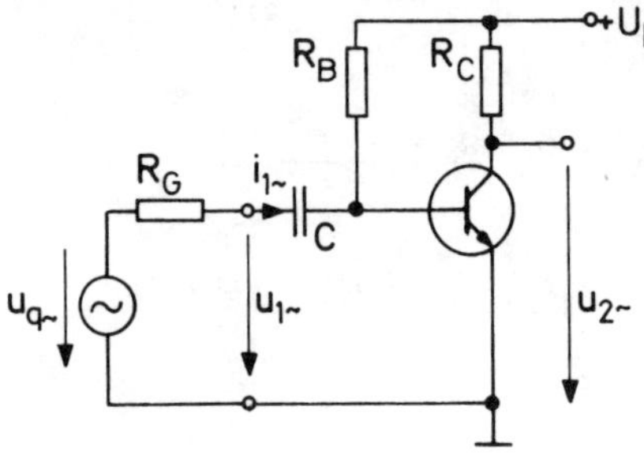

Variante A

ohne Parallelgegenkopplung

U_B = 10 V

R_C = 3,9kΩ

R_G = 1 kΩ

C = 1 µF

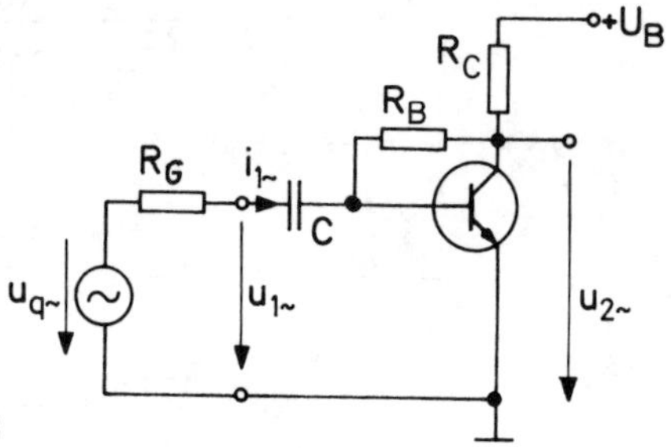

Variante B

mit Parallelgegenkopplung

a) Welchen Widerstand R_B benötigt man, damit sich bei einer Stromverstärkung B=100 ein Kollektorruhestrom I_C=1 mA einstellt?

b) Welche Spannung U_{CE} stellt sich jeweils im Ruhezustand ein?

c) Welche Steilheit s und welcher Widerstand r_{BE} ergeben sich?

d) Welchen Betriebseingangswiderstand weisen die Schaltungen bei mittleren Frequenzen auf?

e) Welche (untere) Grenzfrequenz ergibt sich aufgrund des Koppelkondensators C?

f) Welche Spannungsverstärkung V_{uq} bezogen auf die Generatorspannung $u_{q\sim}$ ergibt sich bei mittleren Frequenzen?

g) Man untersuche die Auswirkungen auf den Betrieb, wenn in der gegebenen Schaltung–(R_B nach obiger Rechnung)–ein Transistor mit doppelter Stromverstärkung (B=200) eingesetzt wird.

Lösungen zu Variante A

a) $I_B = \frac{I_C}{B} = \frac{1\,\text{mA}}{100} = 10\,\mu\text{A} \rightarrow R_B = \frac{U_B - U_{BE}}{I_B} = \frac{10\text{V} - 0{,}6\text{V}}{10\,\mu\text{A}} = \underline{940\,\text{k}\Omega}$ (910 kΩ) .
Normwert

b) $U_{CE} = U_B - I_C \cdot R_C = 10\text{V} - 1\text{mA} \cdot 3{,}9\,\text{k}\Omega \approx \underline{6\ \text{V}}$.

c) $r_{BE} \approx \frac{U_T}{I_B} \approx \frac{26\text{mV}}{10\mu\text{A}} = \underline{2{,}6\ \text{k}\Omega}$, $s \approx \frac{I_C}{U_T} \approx \frac{1\text{mA}}{26\text{mV}} \approx \underline{38\ \frac{\text{mA}}{\text{V}}}$. *)

*) Bei Kollektorströmen $\lesssim$ 1 mA liefern diese Formeln erfahrungsgemäß mit der Praxis gut übereinstimmende Werte. Bei größeren Strömen ist dies nicht der Fall, da die Funktionen $I_B = f(U_{BE})$ und $I_C = f(U_{BE})$ in diesem Bereich etwas flacher ansteigen als nach dem Shockleyschen Exponentialgesetz zu erwarten ist. Im Bereich 1 mA < I_C < 10mA wird dies näherungsweise berücksichtigt, wenn man anstelle des theoretischen Wertes U_T = 26 mV einen auf 30 mV erhöhten Wert für U_T verwendet. Beide Werte gelten für Zimmertemperatur, siehe Lehrbuch, Abschnitt 12.4.

d) $r_e = \frac{u_{1\sim}}{i_{1\sim}} = r_{BE} \| R_B \simeq r_{BE} = \underline{2,6\ k\Omega}$.   e) $f_g = \frac{1}{2\pi \cdot C(R_G + r_e)} \simeq \underline{45\ Hz}$.

f) $V_u = \frac{u_{2\sim}}{u_{1\sim}} = -s \cdot R_C \simeq -150 \rightarrow V_{uq} = V_u \cdot \frac{r_e}{R_G + r_e} \simeq -150 \cdot \frac{2,6}{3,6} \simeq \underline{-110}$.

g) I_B bleibt unverändert, damit auch r_{BE}, r_e und f_g .

$I_C = B \cdot I_B = \underline{2\ mA} \rightarrow U_{CE} = 10\ V - 2\ mA \cdot 3,9\ k\Omega \simeq \underline{2\ V}$.

$s \simeq \frac{I_C}{U_T} \simeq \frac{2mA}{30mV} \simeq 70\ \frac{mA}{V} \rightarrow V_u = -sR_C \simeq -270 \rightarrow V_{uq} = V_u \cdot \frac{r_e}{R_G + r_e} \simeq \underline{-200}$.

Lösungen zu Variante B

a) $I_B = 10\mu A = \frac{U_B - (I_C + I_B) \cdot R_C - U_{BE}}{R_B}$, $\rightarrow R_B = \frac{10V - 1,01mA \cdot 3,9k\Omega - 0,6V}{10\mu A} \simeq \underline{560\ k\Omega}$.
gerundet auf Normwert

b) $U_{CE} = U_B - (I_C + I_B) \cdot R_C = 10\ V - 1,01\ mA \cdot 3,9\ k\Omega \simeq \underline{6\ V}$.

c) $r_{BE} \simeq \frac{U_T}{I_B} \simeq \frac{26mV}{10\mu A} = \underline{2,6\ k\Omega}$, $s \simeq \frac{I_C}{U_T} \simeq \frac{1mA}{26mV} \simeq 38\ \frac{mA}{V} = 38\ mS$ wie oben.

d) $r_e = r_{BE} \| R'_B$ mit $R'_B = \frac{R_B}{1 - V_u} \simeq \frac{R_B}{1 + sR_C} = 3,7\ k\Omega$ (Millerwiderstand)
vgl. Anhang A

$r_e = 2,6\ k\Omega \| 3,7\ k\Omega \simeq \underline{1,5\ k\Omega}$.

e) $f_g = \frac{1}{2\pi \cdot C(R_G + r_e)} = \frac{1}{2\pi \cdot 1\mu F \cdot 2,5k\Omega} \simeq \underline{60\ Hz}$.

f) $V_u = \frac{u_{2\sim}}{u_{1\sim}} = -s \cdot R_C \simeq -150 \rightarrow V_{uq} = V_u \cdot \frac{r_e}{R_G + r_e} = -150 \cdot \frac{1,5}{2,5} \simeq \underline{-90}$.

g) $I_B = \frac{10V - (I_C + I_B) \cdot 3,9k\Omega - 0,6V}{560\ k\Omega}$, $I_C = 200 \cdot I_B$. Damit folgt:

$I_C \simeq 1,4\ mA$, $I_B \simeq 7\ \mu A$, $U_{CE} \simeq 4,5\ V$.

Durch die Gegenkopplung stellt sich ein kleinerer Basisstrom ein, so daß die Kollektorstromänderung geringer bleibt als ohne Gegenkopplung. Es wird ferner:

$r_{BE} \simeq \frac{30mV}{7\ \mu A} \simeq 4,2k\Omega$, $s \simeq \frac{1,4mA}{30\ mV} \simeq 50mS$, $V_u = -s \cdot R_C \simeq -200$. Es folgt:

$R'_B = \frac{560k\Omega}{201} = 2,8k\Omega \rightarrow r_e = 4,2k\Omega \| 2,8k\Omega \simeq \underline{1,7k\Omega}$, $V_{uq} = V_u \cdot \frac{r_e}{R_G + r_e} \simeq \underline{-120}$.

Die Grenzfrequenz ändert sich mit r_e nur geringfügig.

Lehrbuch: Abschnitte 12.4, 12.5 und 12.10

Gegeben sei nebenstehende Schaltung mit Parallel-Spannungsgegenkopplung.

Arbeitspunkt:

$I_C = 1\,mA$, $U_{CE} \simeq 6\,V$,

$I_B = 10\,\mu A$, $U_{BE} \simeq 0{,}6\,V$.

$\beta \simeq B = 100$, $s \simeq 38\,mS$,

$r_{BE} \simeq 2{,}6\,k\Omega$, $r_e \simeq 1{,}5\,k\Omega$.

siehe Aufg. V.5/Variante B

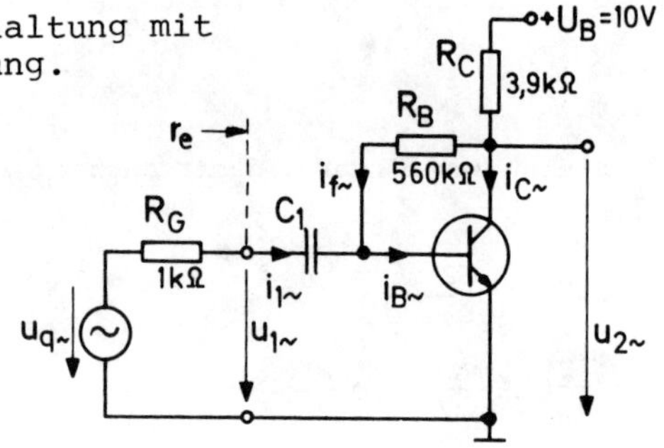

a) Man entwickle ein Übertragungsblockbild der Schaltung für mittlere Frequenzen und beschreibe die Gegenkopplung.

b) Man bestimme aus dem Blockbild die Spannungsverstärkung V_{uq} sowie den Gegenkopplungsgrad g als das Verhältnis der Spannungsverstärkung ohne Gegenkopplung zur Spannungsverstärkung mit Gegenkopplung.

c) Wie groß wird bei direkter Spannungssteuerung (R_G=0) der Klirrfaktor k_2 des Basisstromes als Verhältnis der zweiten zur ersten Harmonischen des Stromes?

d) Wie groß wird der Klirrfaktor k_2 ($k_{2\,mit}$) bei Gegenkopplung ?

e) Man bestimme den Klirrfaktor k_2 der Ausgangsspannung bei $\hat{u}_q = 10\,mV$ und $R_G = 1\,k\Omega$.

Lösungen (siehe dazu Anhang B)

a)

$u_{1\sim} = u_{BE\sim}$ $\quad i_{B\sim} = \dfrac{u_{1\sim}}{r_{BE}}$ $\quad i_{C\sim} = \beta \cdot i_{B\sim}$ $\quad -u_{2\sim} \simeq i_{C\sim} \cdot R_C$ für $R_B >> R_C$

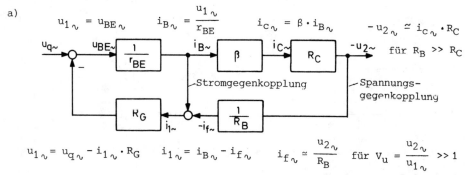

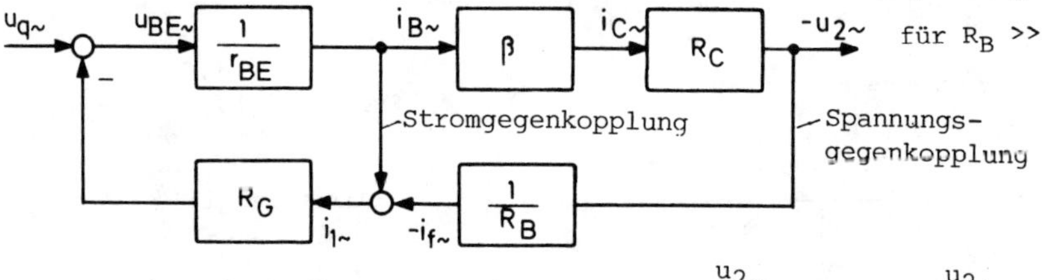

$u_{1\sim} = u_{q\sim} - i_{1\sim} \cdot R_G$ $\quad i_{1\sim} = i_{B\sim} - i_{f\sim}$ $\quad i_{f\sim} \simeq \dfrac{u_{2\sim}}{R_B}$ für $V_u = \dfrac{u_{2\sim}}{u_{1\sim}} >> 1$

Es besteht offenbar außer der Spannungsgegenkopplung auch eine Stromgegenkopplung durch den Widerstand R_G, was oft nicht beachtet wird. Die letztere bleibt auch erhalten für $R_B \to \infty$. Für $R_G = 0$ verschwinden beide Gegenkopplungen.

b) Aus der folgenden Vereinfachung des Blockbildes erkennt man direkt:

Spannungsverstärkung (mit Gegenkopplung) $\quad -V_{uq} = -\dfrac{u_{2\sim}}{u_{q\sim}} = \dfrac{\frac{1}{r_{BE}} \cdot \beta \cdot R_C}{1 - V_S} = \dfrac{s \cdot R_C}{1 - V_S} = \dfrac{38\,mS \cdot 3{,}9\,k\Omega}{1 + 0{,}65} \simeq \underline{90}$,

Schleifenverstärkung $V_S = -\dfrac{\beta}{r_{BE}} \cdot R_C \cdot \dfrac{R_B + \beta R_C}{\beta R_C R_B} \cdot R_G = -\dfrac{R_B + \beta R_C}{r_{BE}} \cdot \dfrac{R_G}{R_B} \simeq -0{,}65$.

Umformung des Blockbildes:

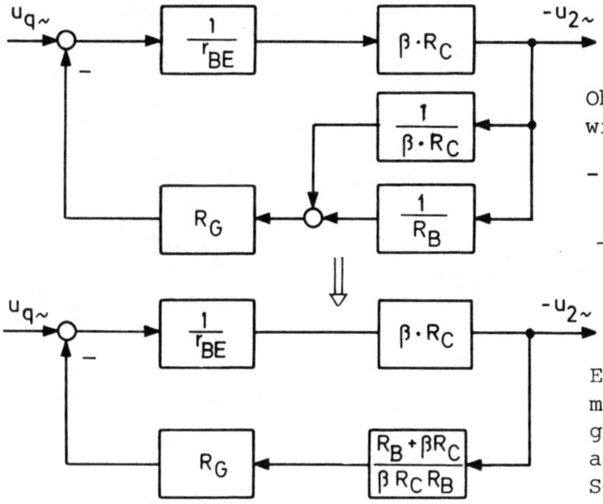

Ohne Gegenkopplung ($R_G = 0$) wird:

$$-V_{uq} = \frac{\beta}{r_{BE}} \cdot R_C = s \cdot R_C \;,$$

$$\rightarrow g = 1 - V_S = 1 + 0{,}65 = \underline{1{,}65}.$$

Eine andere hier unzweckmäßige Umformung (siehe Aufgabe V.15) führt zu einem anderen Bild mit anderer Schleifenverstärkung.

c) $$i_B \approx k \cdot \exp \frac{u_{BE}}{U_T} = k \cdot \exp \frac{0{,}6V + \hat{u}_{BE} \cdot \sin\omega t}{U_T} = k \cdot \exp \frac{0{,}6V}{U_T} \cdot \exp \frac{\hat{u}_{BE} \cdot \sin\omega t}{U_T}$$

$$\approx k \cdot \exp \frac{0{,}6V}{U_T} \cdot \left[1 + \frac{\hat{u}_{BE}}{U_T} \cdot \sin\omega t + \frac{1}{4}\left(\frac{\hat{u}_{BE}}{U_T}\right)^2 \cdot (1 - \cos 2\omega t) + \ldots \right] \text{ für } \hat{u}_{BE} << U_T \;,$$

$$\rightarrow k_2 = \frac{\hat{i}_B(2\omega)}{\hat{i}_B(\omega)} = \frac{1}{4}\left(\frac{\hat{u}_{BE}}{U_T}\right)^2 \cdot \frac{U_T}{\hat{u}_{BE}} = \underline{\frac{\hat{u}_{BE}}{4U_T}} \quad \text{mit } U_T \approx 26\text{mV als Temperaturspannung.}$$

d) Man führt die zweite Harmonische des Basisstromes im Blockbild als eine überlagerte Störgröße ein:

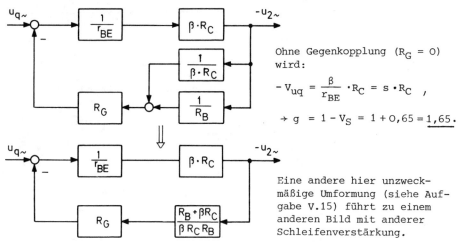

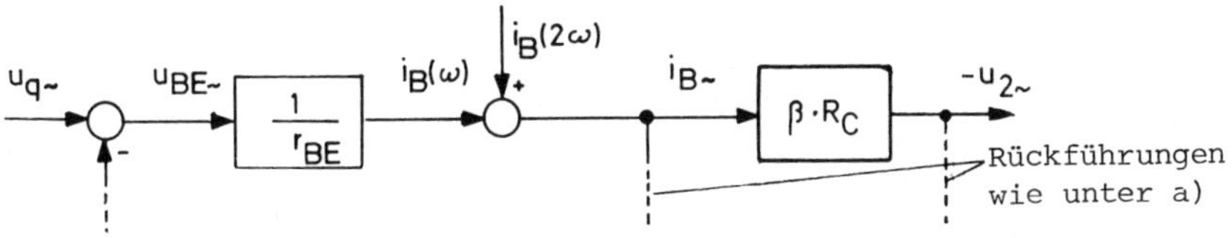

Nach Umformung des Blockbildes erkennt man: $i_{B\sim} = i_B(\omega) + i_B(2\omega) \cdot \frac{1}{1 - V_S}$.

Bei Gegenkopplung wird also die Störschwingung $i_B(2\omega)$ gegenüber der Grundschwingung $i_B(\omega)$ um den Faktor $\frac{1}{1-V_S} = \frac{1}{g}$ reduziert, $\rightarrow k_{2\,mit} = \frac{1}{g} \cdot k_2$.

e) Nach der linearen Theorie wird zunächst:

$$\hat{u}_{BE} = \hat{u}_q \cdot \frac{r_e}{R_G + r_e} = 10\,\text{mV} \cdot \frac{1{,}5\,\text{k}\Omega}{2{,}5\,\text{k}\Omega} = 6\,\text{mV}. \qquad \text{Damit wird:}$$

$$\rightarrow k_2 = \frac{\hat{u}_{BE}}{4U_T} = \frac{6\,\text{mV}}{104\,\text{mV}} \approx 0{,}06 \qquad \rightarrow k_{2\,mit} = \frac{k_2}{g} \approx \frac{0{,}06}{1{,}65} \approx 0{,}04 \mathrel{\hat{=}} 4\,\%.$$

Bei linearer Kennlinie $i_C = f(i_B)$ (β= const.) stellt $k_{2\,mit}$ auch den Klirrfaktor der Ausgangsspannung dar. Die Klirrfaktorminderung durch die Gegenkopplung ist hier relativ gering. Abhilfe schafft eine größere Schleifenverstärkung V_S, beispielsweise durch Erhöhung von R_G.

V.7	Emitterschaltung mit Emitterwiderstand

Lehrbuch: Abschnitte 12.6 bis 12.10

Gegeben seien das folgende Schaltbild und die Transistorkennlinien für eine Sperrschichttemperatur $T_j = 25^oC$. Durch den Widerstand R_E wird eine Reihengegenkopplung eingeführt.

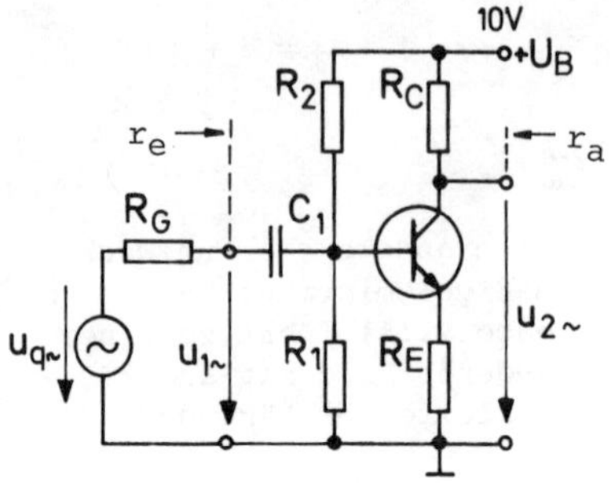

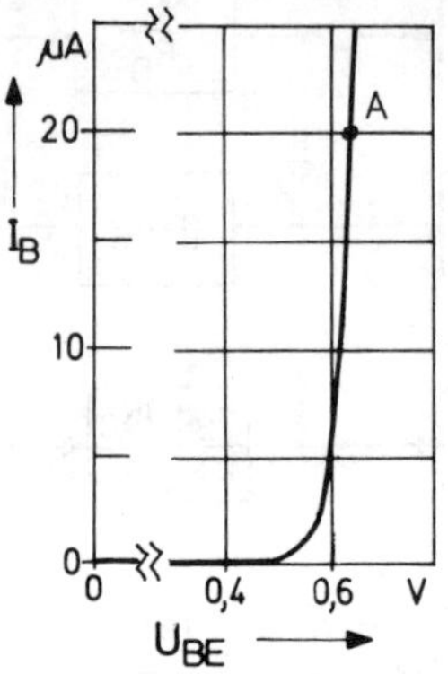

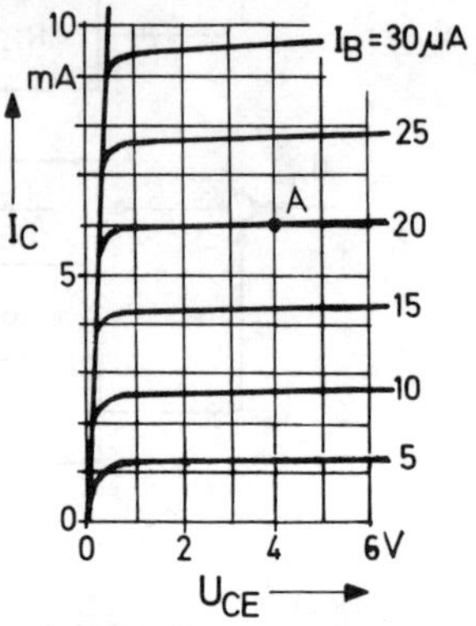

$R_G = 1\ k\Omega$

a) Man bestimme die Widerstände R_1, R_2, R_E und R_C für den eingetragenen Arbeitspunkt A. Dabei soll der Spannungsabfall über R_E 1,2 V betragen, und der Strom über R_1 soll gleich dem Dreifachen des Basisstromes sein.

b) Welche Sperrschichttemperatur T_j ergibt sich im statischen Betrieb bei $T_U = 20\ ^oC$ und $R_{thJU} = 500$ K/W?

c) Welchen Eingangswiderstand r_e und Ausgangswiderstand r_a (unter Einbeziehung von R_C) weist die Schaltung bei mittleren Frequenzen auf?

d) Welche Spannungsverstärkungen V_u und V_{uq} ergeben sich?

e) Man untersuche die Auswirkungen auf den statischen und dynamischen Betrieb, wenn die Schaltung bei einer Umgebungstemperatur $T_U = 100\ ^oC$ betrieben wird. Dabei sind folgende Einflußgrößen zu beachten:

U_{BE}	→	Abnahme um 2mV/K	I_{CBO}	→	Zunahme mit Faktor 2 je 10 K
B,ß	→	Zunahme um 1% /K			(I_{CBO} = 10 nA bei $T_j = 20^oC$)

Lösungen

a) $R_E \approx \dfrac{1{,}2V}{6mA} = \underline{200\Omega}\ (200\Omega)$, $R_C = \dfrac{10V-1{,}2V-4V}{6mA} = \underline{800\Omega}\ (820\Omega)$,

$R_1 \approx \dfrac{1{,}2V+0{,}63V}{3\cdot 20\mu A} \approx \underline{30{,}5k\Omega}\ (30k\Omega)$, $R_2 = \dfrac{10V-1{,}83V}{(1+3)\cdot 20\mu A} \approx \underline{102k\Omega}\ (100k\Omega)$.

In Klammern werden die nächstbenachbarten Werte der Normreihe E24 angegeben, mit denen die Schaltung aufgebaut werden soll.

b) $T_j \approx P_{CE}\cdot R_{thJU} + T_U = (4\,V\cdot 6\,mA)\cdot 500K/W + 20^oC = \underline{32^oC}$.

Die Sperrschichttemperatur wird nur um 12 K höher als die Umgebungstemperatur. Man kann also die Kennlinien für $T_j = 25\ ^oC$ mit guter Näherung verwenden. Der Reststrom I_{CBO} hat noch keinen Einfluß.

c) $r_e = R_1 \| R_2 \| (r_{BE}+\beta \cdot R_E)$. Mit $r_{BE} \simeq \frac{U_T}{I_B} \simeq \frac{30\ \text{mV}}{20\ \mu\text{A}} = 1{,}5\ \text{k}\Omega$ und $\beta \simeq 300$ wird:

$r_e \simeq 30\ \text{k}\Omega \| 100\ \text{k}\Omega \| (1{,}5\ \text{k}\Omega + 60\ \text{k}\Omega) \simeq \underline{17\ \text{k}\Omega}$. Mit $R_G' = R_G \| R_1 \| R_2$ wird:

$r_a \simeq R_C \Big\| r_{CE} \cdot \left[1 + \frac{\beta R_E}{r_{BE}+R_E+R_G'}\right]$. Bei $r_{CE} \simeq 30\ \text{k}\Omega$ wird: $r_a \simeq R_C = \underline{820\ \Omega}$.
(↑ vgl. Aufg. V.4/b)

d) $V_u = \frac{u_{2\sim}}{u_{1\sim}} = -\frac{s}{1+sR_E} \cdot R_C$. Mit $s \simeq \frac{I_C}{U_T} \simeq \frac{6\ \text{mA}}{30\ \text{mV}} = 200\ \text{mS}$ ist $sR_E >> 1$,

$\rightarrow V_u \simeq -\frac{R_C}{R_E} = -\frac{0{,}82\ \text{k}\Omega}{0{,}2\ \text{k}\Omega} \simeq \underline{-4}$, $V_{uq} = V_u \cdot \frac{r_e}{r_e+R_G} = -4 \cdot \frac{17\ \text{k}\Omega}{18\ \text{k}\Omega} \simeq \underline{-3{,}8}$.

e) Wegen $U_{CE} = 4\ \text{V} < \frac{U_B}{2}$ ist die Schaltung grundsätzlich temperaturstabil. Die Verlustleistung nimmt bei Erwärmung ab. Man kann daher annehmen:

$T_j \simeq 110^\circ\text{C} \rightarrow$ Temperaturerhöhung $\Delta T \simeq 80\ \text{K}$ (gegenüber 30°C),

$U_{BE} \simeq 630\ \text{mV} - 2\ \frac{\text{mV}}{\text{K}} \cdot 80\ \text{K} \simeq 470\ \text{mV}$ ($\Delta U_{BE} \simeq -160\ \text{mV}$),

$B \simeq \beta \simeq 300 \cdot 1{,}8 = 540$ (Erhöhung um 80%),

$I_{CBO} \simeq 10\ \text{nA} \cdot 2^9 \simeq 5\ \mu\text{A}$ (neunmalige Verdopplung gegenüber 20°C).

Graphische Analyse mit Hilfe der Übertragungsgeraden (siehe Lehrbuch und Aufg. V.8):

$$U_{ü} \simeq U_B \cdot \frac{R_1}{R_1+R_2} + I_{CBO}\left(\frac{R_1 R_2}{R_1+R_2} + R_E\right) \simeq 2{,}3\ \text{V} + I_{CBO} \cdot 23\ \text{k}\Omega,$$

$\simeq 2{,}3\ \text{V}$ für $I_{CBO} = 20\ \text{nA}$ ($T_j = 30^\circ$C),

$\simeq 2{,}4\ \text{V}$ für $I_{CBO} = 5\ \mu\text{A}$ ($T_j = 110^\circ$C).

$$R_{ü} \simeq \frac{1}{B_N} \cdot \frac{R_1 R_2}{R_1+R_2} + R_E \simeq \frac{1}{B} \cdot 23\ \text{k}\Omega + 0{,}2\ \text{k}\Omega,$$

$\simeq 0{,}28\ \text{k}\Omega$ für $B \simeq B_N = 300$ ($T_j = 30^\circ$C),

$\simeq 0{,}25\ \text{k}\Omega$ für $B \simeq B_N = 540$ ($T_j = 110^\circ$C).

(B_N: inhärente Stromverstärkung)

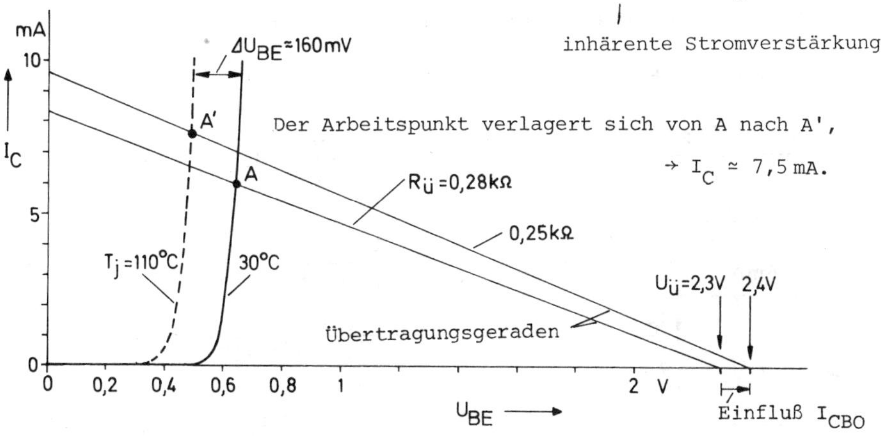

Der Arbeitspunkt verlagert sich von A nach A', $\rightarrow I_C \simeq 7{,}5\ \text{mA}$.

Mit $I_C \simeq 7{,}5\text{mA}$ wird $U_{CE} = U_B - I_C(R_E+R_C) = 10\text{V} - 7{,}5\text{mA} \cdot 1{,}02\text{k}\Omega = 2{,}3\text{V} > U_{CEsat}$. Der Eingangswiderstand r_e steigt auf $\approx R_1 \| R_2 \| \beta R_E \simeq 19\ \text{k}\Omega$, r_a bleibt unverändert. V_u und V_{uq} ändern sich wegen der Gegenkopplung mit $sR_E >> 1$ kaum.

V.8	Emitterschaltung mit Emitterwiderstand als Stromquelle

Lehrbuch: Abschnitte 12.7, 12.9, 12.10

Die Emitterschaltung mit Emitterwiderstand wirkt in bezug auf den Kollektorwiderstand R_C als Stromquelle und soll in den folgenden Varianten untersucht werden.

Variante A

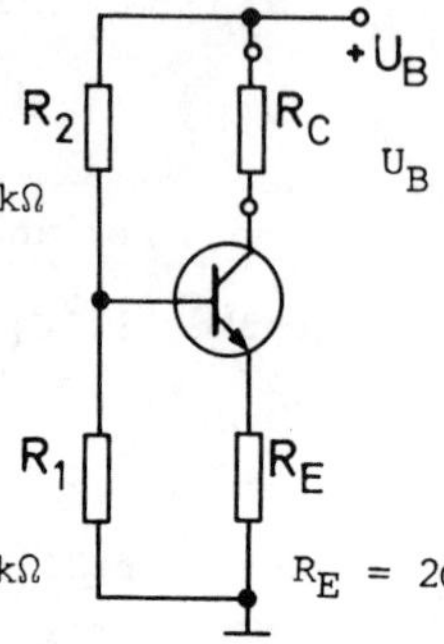

$R_2 = 100k\Omega$ $U_B = 10\,V$ $R_1 = 30k\Omega$ $R_E = 200\,\Omega$

Variante B

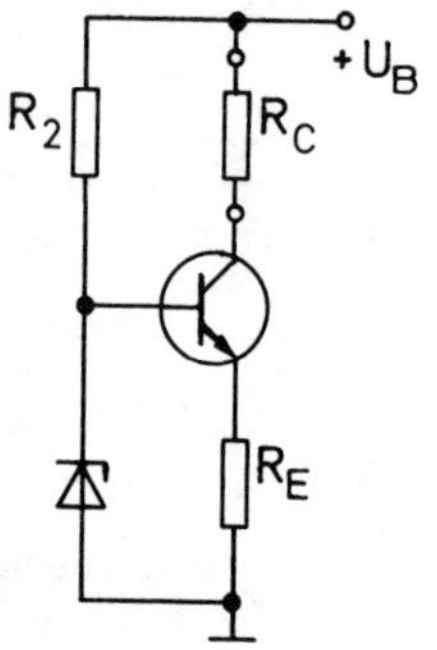

a) Man bestimme zur Variante A den möglichen Variationsbereich für den Widerstand R_C, wenn man die Dimensionierung der übrigen Elemente nach Aufg. V.7 zugrundelegt.

b) Welche relative Änderung erfährt der Kollektorstrom, wenn der Widerstand R_C sich zwischen 0 und 1 kΩ ändert?

c) Man entwickle die Funktion $I_C = f\,(U_B, U_{BE}, B_N, I_{CBO})$ und gebe Bemessungsvorschriften an für hohe Stromkonstanz.

d) Man entwickle analog zu c) die Stromfunktion zur Variante B und stelle den Nutzen der Z-Diode fest.

Lösungen

a) Die Spannung U_{CE} muß stets größer als $U_{CE\,sat} \simeq 0{,}5\,V$ bleiben. Es gilt:

$U_B = U_{CE} + I_E \cdot R_E + I_C \cdot R_C$. Mit $I_E \approx I_C$ folgt dann:

$$R_C < \frac{U_B - I_C \cdot R_E - U_{CEsat}}{I_C} = \frac{10V - 1{,}2V - 0{,}5V}{6\ mA} \simeq \underline{1{,}4\ k\Omega}\ .$$

b) Ersatzschaltbild

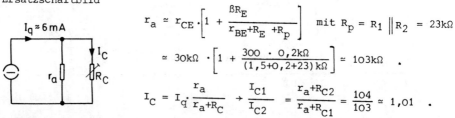

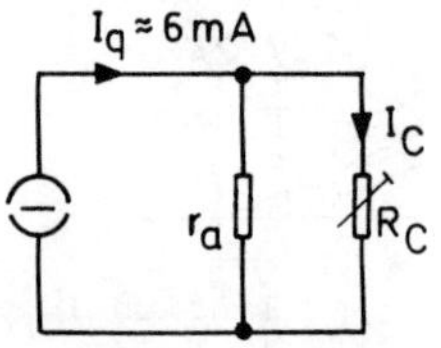

$$r_a \simeq r_{CE} \cdot \left[1 + \frac{\beta R_E}{r_{BE} + R_E + R_p}\right] \quad \text{mit } R_p = R_1 \,\|\, R_2 = 23k\Omega$$

$$\simeq 30k\Omega \cdot \left[1 + \frac{300 \cdot 0{,}2k\Omega}{(1{,}5+0{,}2+23)\,k\Omega}\right] \simeq 103k\Omega\ .$$

$$I_C = I_q \cdot \frac{r_a}{r_a + R_C} \rightarrow \frac{I_{C1}}{I_{C2}} = \frac{r_a + R_{C2}}{r_a + R_{C1}} = \frac{104}{103} \simeq 1{,}01\ .$$

Der differentielle Widerstand r_a wirkt im aktiven Bereich des Transistors als Innenwiderstand der Stromquelle.

I_C ändert sich um etwa 1%. Die Stromstabilisierung könnte wesentlich verbessert werden durch einen niederohmigeren Basisspannungsteiler (R_p<<23kΩ), wodurch sich ein höherer Ausgangswiderstand r_a ergibt.

c) Ersatzschaltbild

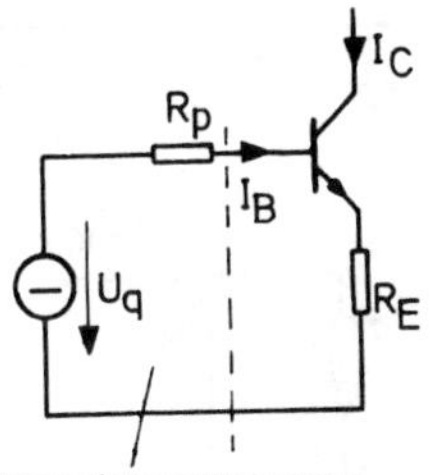

Ersatzspannungs-
quelle

$$I_C = B_N \cdot (I_B + I_{CBO}) + I_{CBO} \rightarrow I_B = \frac{I_C - I_{CBO}}{B_N} - I_{CBO}$$

Für Variante A erhält man:

$$U_q = U_B \cdot \frac{R_1}{R_1+R_2}, \quad R_p = R_1 \| R_2 \text{ . Damit folgt:}$$

$$U_B \cdot \frac{R_1}{R_1+R_2} = I_B \cdot R_p + U_{BE} + (I_C+I_B) \cdot R_E$$

Für $I_C >> I_{CBO}$ und $B_N >> 1$ folgt dann weiter:

$$\rightarrow I_C \approx \frac{1}{\frac{R_p}{B_N} + R_E} \cdot \left[U_B \cdot \frac{R_1}{R_1+R_2} - U_{BE} + I_{CBO} \cdot (R_p+R_E) \right] .$$

Dies ist die Gleichung der Übertragungsgeraden nach Aufg. V.7, nach deren Konstruktion sich alle Störeinflüsse leicht abschätzen lassen.

Steigung: $$\frac{dI_C}{dU_{BE}} = - \frac{1}{\frac{R_p}{B_N} + R_E} = - \frac{1}{R_ü} ,$$

Achsenabschnitt: $U_{BE(o)} = U_ü = U_B \cdot \frac{R_1}{R_1+R_2} + I_{CBo} \cdot (R_p+R_E)$.
($I_C = 0$)

Für hohe Stromkonstanz sind folgende Bedingungen zu erfüllen:

1. U_B konstanthalten .
2. $U_B \cdot \frac{R_1}{R_1+R_2} >> U_{BE}$ ⟶ (Geringer Einfluß von U_{BE} - Änderungen).
3. $R_E >> \frac{R_p}{B_N}$ ⟶ (Geringer Einfluß von B - Änderungen).
4. $U_B \cdot \frac{R_1}{R_1+R_2} >> I_{CBO} \cdot (R_p+R_E)$ ⟶ (Geringer Reststromeinfluß) .

Im Beispiel sind Bedingung 2 und 3 relativ schlecht erfüllt, so daß mit der Änderung von R_C einhergehende Änderungen der Verlustleistung über die Transistortemperatur den Strom beeinflussen.

d) Es gilt auch hier die Ersatzschaltung nach c) für $U_B > U_{ZO}$ mit

$$U_q = U_B \cdot \frac{r_z}{R_2+r_z} + U_{zo} \cdot \frac{R_2}{R_2+r_z} \quad \text{und } R_p = \frac{r_z \cdot R_2}{R_2 + r_z} \approx r_z \text{ für } r_z << R_2$$

(U_{zo} = Knickspannung der Z-Diode, r_z=diff.Widerstand , vgl. Aufg. I.17).

$$\rightarrow I_C \approx \frac{1}{\frac{r_z}{B_N} + R_E} \cdot \left[U_B \cdot \frac{r_z}{R_2+r_z} + U_{zo} \cdot \frac{R_2}{R_2+r_z} - U_{BE} + I_{CBO} \cdot (r_z + R_E) \right] .$$

Bei hinreichend kleinem Wert r_z verschwindet der Einfluß der Betriebsspannung und ebenfalls der Stromverstärkung.

V.9	Emitterfolger (Kollektorschaltung)

Lehrbuch: Abschnitte 12.11, 12.5 und 11.6

Gegeben sei nebenstehende Kollektorschaltung, aufgebaut mit dem gleichen Transistor wie in den vorigen Aufgaben.

Arbeitspunkt: $I_C \approx 6\,mA$, $U_{CE} \approx 4\,V$,
(wie in V.7) $I_B \approx 20\,\mu A$, $U_{BE} \approx 0{,}6\,V$.

Dynamische Kenndaten:

$\beta \approx 300$, $s \approx 200\,mS$, $r_{BE} \approx 1{,}5\,k\Omega$,

$f_T \approx 100\,MHz$, $C_{B'C} \approx 4\,pF$.

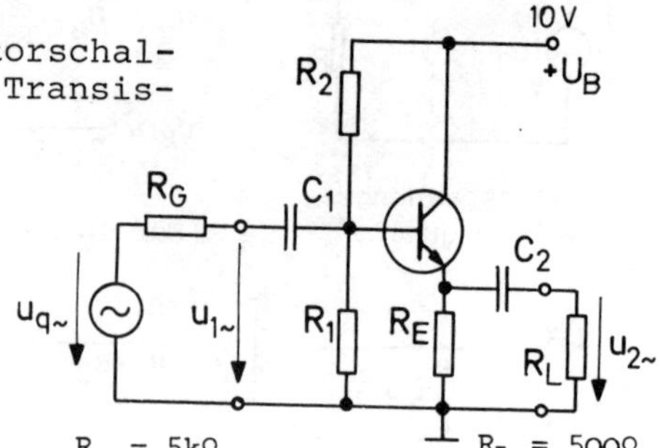

$R_G = 5k\Omega$ $R_L = 500\Omega$

a) Man bestimme die Widerstände R_1, R_2 und R_E mit der Maßgabe, daß über R_1 der 5-fache Basisstrom fließt +).

b) Man gebe ein Kleinsignalersatzbild an für mittlere Frequenzen und bestimme die Spannungsverstärkungen V_{uq} und V_u.

c) Man bestimme die Kondensatoren C_1 und C_2 für eine 3 dB-Grenzfrequenz von 20 Hz.

d) Welche maximale Verlustleistung tritt im Transistor auf?

e) Welche Aussteuerungsgrenzen treten auf?

f) Welche obere Grenzfrequenz kann man erwarten, wenn der Emitterfolger ausgangsseitig mit einer Schaltkapazität $C_S = 50\,pF$ (parallel zu R_L) belastet wird ?

Lösungen

gerundet auf Normwert der Reihe E 24

a) $R_E \approx \frac{6\,V}{6\,mA} = \underline{1\,k\Omega}$, $R_1 \approx \frac{6{,}6\,V}{5\cdot 20\mu A} \approx \underline{68k\Omega}$, $R_2 \approx \frac{3{,}4\,V}{6\cdot 20\mu A} \approx \underline{27k\Omega}$.

Man gibt die Spannung über R_E vor mit einem Wert > $U_B/2$ (hier 6V).

b)

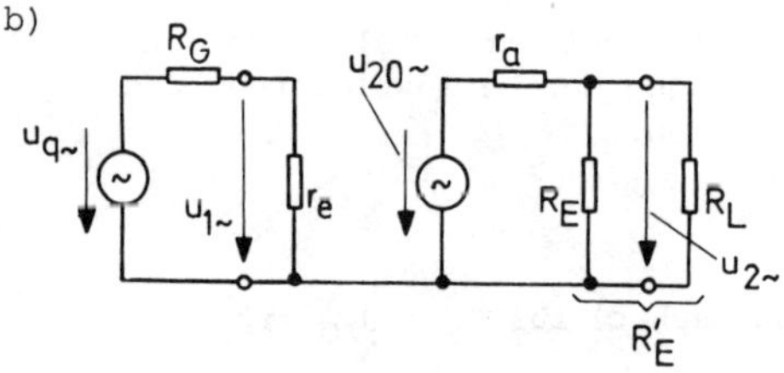

$$r_e \approx R_1 \| R_2 \| \left[r_{BE} + \beta\cdot(R_E \| R_L)\right] \approx \underline{16\,k\Omega}\,,$$

$$r_a \approx \frac{1}{s}\cdot\left(1 + \frac{R_G \| R_1 \| R_2}{r_{BE}}\right) \approx \underline{18\,\Omega}\,,$$

$$u_{20\sim} = u_{q\sim}\cdot\frac{R_1 \| R_2}{R_G + (R_1 \| R_2)} \approx \underline{0{,}8\cdot u_{q\sim}}\,.$$

$$V_{uq} = \frac{u_{2\sim}}{u_{q\sim}} \approx 0{,}8.\frac{R'_E}{r_a + R'_E} \approx 0{,}8\cdot\frac{333\Omega}{18\Omega + 333\Omega} \approx \underline{0{,}76} \quad \text{mit } R'_E \approx 333\,\Omega\,.$$

$$V_u = \frac{u_{2\sim}}{u_{1\sim}} = V_{uq} \text{ für } R_G = 0. \text{ Dazu wird: } u_{20\sim} \approx u_{1\sim} = u_{q\sim},\ r_a = \frac{1}{s}\,.$$

$$\rightarrow V_u = \frac{u_{2\sim}}{u_{1\sim}} \approx \frac{R'_E}{\frac{1}{s} + R'_E} = \frac{333\,\Omega}{5\,\Omega + 333\,\Omega} \approx \underline{0{,}985}\,.$$

+) Mit dieser Maßgabe wird der Eingangsteiler relativ niederohmig (Nachteil), der Arbeitspunkt aber relativ unempfindlich gegenüber Variationen der Stromverstärkung (Vorteil), siehe Arbeitspunktanalyse in Aufg. V.7.

c) Eingang: $f_{gu} = \frac{1}{2\pi \cdot \left[R_G + r_e\right] \cdot C_1} = 20\,\text{Hz} \rightarrow C_1 \approx \underline{0{,}37\,\mu F}$ ($0{,}39\,\mu F$ Normwert).

Ausgang: $f_{gu} = \frac{1}{2\pi \cdot \left[(R_E \| r_a) + R_L\right] \cdot C_2} = 20\,\text{Hz} \rightarrow C_2 \approx \underline{15\,\mu F}$ (Elko).

Die resultierende 3 dB-Grenzfrequenz f'_{gu} würde damit etwa $1{,}5 \cdot f_{gu} \approx 30\,\text{Hz}$ betragen (vgl. Aufg. IV.10), da zwei Hochpässe mit der gleichen Grenzfrequenz hintereinander wirken. Für $f'_{gu} \approx 20\,\text{Hz}$ müßte man beide Kapazitätswerte mit dem Faktor 1,5 vervielfachen.

d) $P_{CE\,max} = 4\,V \cdot 6\,mA = \underline{24\,mW}$ = Ruheverlustleistung.

Mit zunehmender Aussteuerung wird die Verlustleistung P_{CE} noch kleiner.

e) Transistor gesättigt (Obergrenze $\hat{u}_2^+$) — Transistor gesperrt (Untergrenze $\hat{u}_2^-$)

Bei mtl. Frequenzen ist $U_C \approx 6\,V = \text{const.}$, $(U_C = I_E \cdot R_E)$.

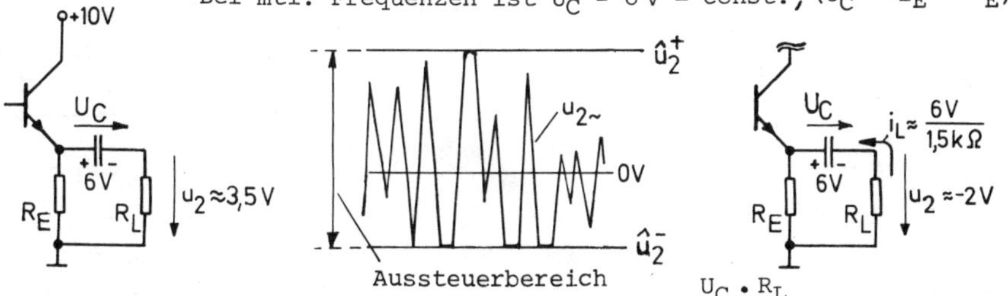

$\hat{u}_2^+ = U_B - U_{CE\,sat} - U_C \approx \underline{3{,}5\,V}$

$\hat{u}_2^- = \frac{U_C \cdot R_L}{R_L + R_E} \approx I_E \cdot (R_E \| R_L) \approx \underline{2\,V}$.

f) Hochfrequenzersatzschaltung

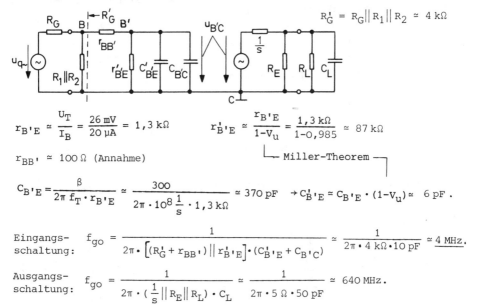

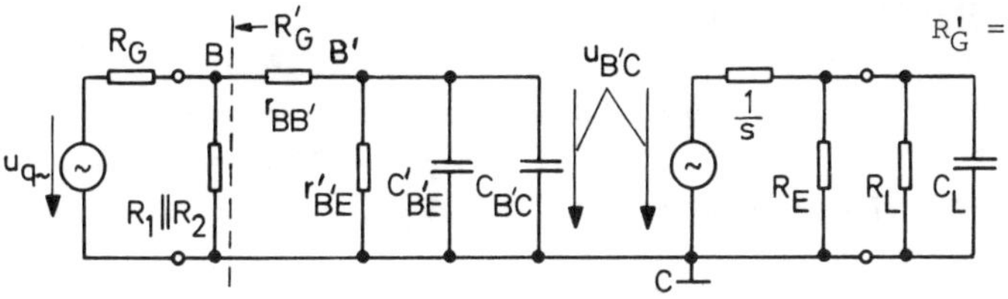

$R'_G = R_G \| R_1 \| R_2 \approx 4\,k\Omega$

$r_{B'E} \approx \frac{U_T}{I_B} = \frac{26\,mV}{20\,\mu A} = 1{,}3\,k\Omega$ $r'_{B'E} \approx \frac{r_{B'E}}{1-V_u} = \frac{1{,}3\,k\Omega}{1-0{,}985} \approx 87\,k\Omega$

$r_{BB'} \approx 100\,\Omega$ (Annahme) └ Miller-Theorem ┐

$$C_{B'E} = \frac{\beta}{2\pi\, f_T \cdot r_{B'E}} \approx \frac{300}{2\pi \cdot 10^8 \frac{1}{s} \cdot 1{,}3\,k\Omega} \approx 370\,pF \rightarrow C'_{B'E} \approx C_{B'E} \cdot (1-V_u) \approx 6\,pF.$$

Eingangsschaltung:
$$f_{go} = \frac{1}{2\pi \cdot \left[(R'_G + r_{BB'}) \| r'_{B'E}\right] \cdot (C'_{B'E} + C_{B'C})} \approx \frac{1}{2\pi \cdot 4\,k\Omega \cdot 10\,pF} \approx \underline{4\,MHz}.$$

Ausgangsschaltung:
$$f_{go} = \frac{1}{2\pi \cdot (\frac{1}{s} \| R_E \| R_L) \cdot C_L} \approx \frac{1}{2\pi \cdot 5\,\Omega \cdot 50\,pF} \approx 640\,MHz.$$

Das letztere Ergebnis ($f_{go} \approx 640\,MHz$) hat nur formale Bedeutung. Die obere Grenzfrequenz wird durch die Eingangsschaltung bestimmt.
Zu beachten ist, daß Emitterfolger bei kapazitiver Last zum Schwingen neigen, was durch einen kleinen Widerstand (< 100 Ω) unmittelbar vor der Basis zu beheben ist.

Lehrbuch: Abschnitte 11.5, 12.10 und 12.11

In den beiden folgenden Schaltungen wird der Bootstrap-Effekt zur Vergrößerung des Eingangswiderstandes genutzt.

A) Emitterschaltung

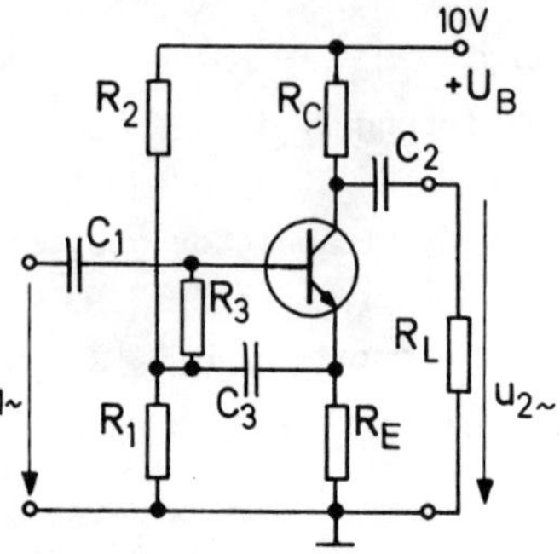

Gewünschter Arbeitspunkt:

$I_C \approx 6\,\text{mA}$

$U_{CE} \approx 4\,\text{V}$

$I_B \approx 20\,\mu\text{A}$

$U_{BE} \approx 0{,}6\,\text{V}$

B) Kollektorschaltung

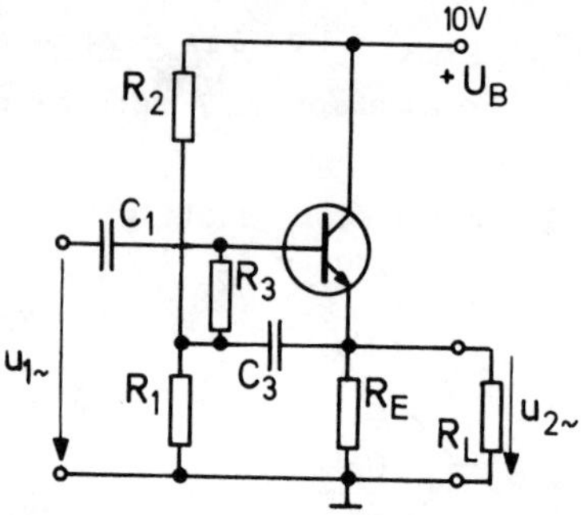

$R_1 = 3\,\text{k}\Omega$, $R_2 = 10\,\text{k}\Omega$,

$R_E = 200\,\Omega$, $R_C = 820\,\Omega$, $R_L = 500\,\Omega$.

$R_1 = 6{,}8\,\text{k}\Omega$, $R_2 = 2{,}7\,\text{k}\Omega$,

$R_E = 1\,\text{k}\Omega$, $R_L = 500\,\Omega$.

Beide Varianten entstehen aus den Grundschaltungen nach den Aufg. V.7 und V.9 durch die Einfügung der Elemente R_3 und C_3. Die Widerstände R_1 und R_2 sind jeweils auf ein Zehntel der ursprünglichen Werte herabgesetzt. Beide Schaltungen werden mit $R_L = 500\,\Omega$ belastet.

a) Man bestimme den Widerstand R_3 so, daß sich der ursprüngliche Arbeitspunkt wieder einstellt mit
$s \approx 200\,\text{mS}$, $r_{BE} \approx 1{,}5\,\text{k}\Omega$, $\beta \approx 300$.

b) Man gebe ein Kleinsignalersatzschaltbild an und bestimme damit den Eingangswiderstand r_e für mittlere Frequenzen.

c) Man bestimme die Spannungsverstärkung V_u.

Lösungen zu Variante A

a) Der Teiler $R_1 - R_2$ hat seinen Innenwiderstand $R_i = R_1 \| R_2$ geändert.

Ursprünglich: $R_i = \dfrac{30\,\text{k}\Omega \cdot 100\,\text{k}\Omega}{130\,\text{k}\Omega} = 23\,\text{k}\Omega$. Jetzt: $R_i = \dfrac{3\,\text{k}\Omega \cdot 10\,\text{k}\Omega}{13\,\text{k}\Omega} = 2{,}3\,\text{k}\Omega$.
(Aufg. V.7)

Der Widerstand R_3 muß die Differenz ausgleichen $\rightarrow R_3 \approx \underline{20\,\text{k}\Omega}$.

b)

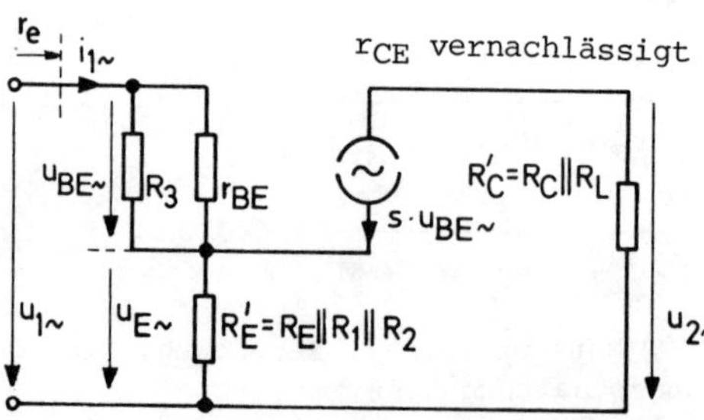

$u_{BE\sim} = i_{1\sim} \cdot (R_3 \| r_{BE})$,

$u_{E\sim} = (i_{1\sim} + s \cdot u_{BE\sim}) \cdot R_E'$,

$u_{1\sim} = u_{BE\sim} + u_{E\sim}$.

Damit folgt:

$$u_{1\sim} = i_{1\sim} \cdot \left[(1 + s R_E') \cdot (R_3 \| r_{BE}) + R_E' \right] .$$

Mit $r_e = \dfrac{u_{1\sim}}{i_{1\sim}}$ folgt weiter:

$$r_e = (1 + s R_E') \cdot \frac{r_{BE} \cdot R_3}{r_{BE} + R_3} + R_E' \,.$$ Wegen $s \cdot r_{BE} = \beta >> 1$ und $s \cdot R_E' >> 1$ folgt:

$$r_e \simeq \beta \frac{R_3}{R_3 + r_{BE}} \cdot R_E' = 300 \cdot \frac{20\,k\Omega}{21{,}5\,k\Omega} \cdot 0{,}18\,k\Omega \simeq \underline{50\,k\Omega} \,.$$

c) Aus dem Ersatzbild erkennt man:

$$- u_{2\sim} = s \cdot u_{BE\sim} \cdot R_C' \text{ und } u_{BE\sim} = \frac{u_{1\sim}}{r_e} \cdot (R_3 \| r_{BE}) \,.$$ Damit folgt:

$$- u_{2\sim} = s \cdot R_C' \cdot \frac{u_{1\sim}}{r_e} \cdot \frac{R_3 \cdot r_{BE}}{R_3 + r_{BE}} \quad \rightarrow V_u = \frac{u_{2\sim}}{u_{1\sim}} \simeq - \frac{R_C'}{R_E'} \simeq - \frac{0{,}31\,k\Omega}{0{,}18\,k\Omega} \simeq - \underline{1{,}7} \,.$$

Lösungen zu Variante B

a) Der Teiler $R_1 - R_2$ hat seinen Innenwiderstand $R_i = R_1 \| R_2$ geändert.

Ursprünglich: $R_i = \frac{68\,k\Omega \cdot 27\,k\Omega}{95\,k\Omega} \simeq 19{,}3\,k\Omega$. Jetzt: $R_i = \frac{6{,}8\,k\Omega \cdot 2{,}7\,k\Omega}{9{,}5\,k\Omega} \simeq 1{,}9\,k\Omega$.
(Aufg. V.9)

Der Widerstand R_3 muß die Differenz ausgleichen $\rightarrow R_3 \simeq \underline{18\,k\Omega}$ (Normwert).

b)

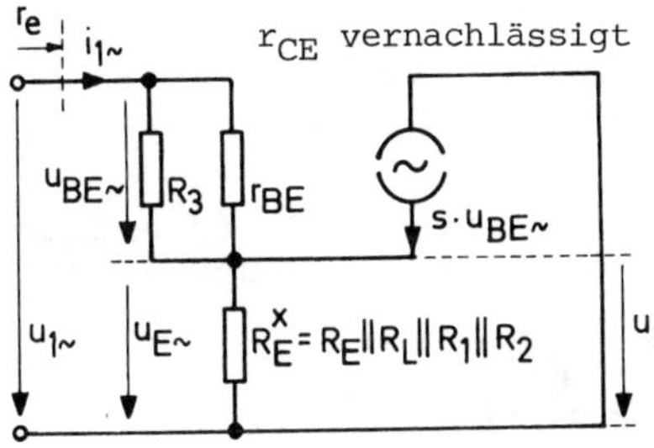

$$u_{BE\sim} = i_{1\sim} \cdot (R_3 \| r_{BE}) \,,$$
$$u_{E\sim} = (i_{1\sim} + s \cdot u_{BE\sim}) \cdot R_E^\times$$
$$u_{1\sim} = u_{BE\sim} + u_{E\sim} \,.$$

Damit folgt analog zu Variante A: $r_e = (1 + s R_E^\times) \cdot \frac{r_{BE} \cdot R_3}{r_{BE} + R_3} + R_E^\times$.

Mit $R_E^\times = 1\,k\Omega \| 0{,}5\,k\Omega \| 6{,}8\,k\Omega \| 2{,}7\,k\Omega \simeq 0{,}29\,k\Omega$ folgt näherungsweise:

$$r_e \simeq \beta \cdot \frac{R_3}{R_3 + r_{BE}} \cdot R_E^\times \simeq 300 \cdot \frac{18\,k\Omega}{(18 + 1{,}5)\,k\Omega} \cdot 0{,}29\,k\Omega \simeq \underline{80\,k\Omega} \,.$$ *)

c) Aus dem Ersatzbild erkennt man:

$$u_{2\sim} = (s \cdot u_{BE\sim} + i_{1\sim}) \cdot R_E^\times = i_{1\sim} \cdot \left(s \frac{r_{BE} \cdot R_3}{r_{BE} + R_3} + 1\right) \cdot R_E^\times \,.$$

Mit $i_{1\sim} = \frac{u_{1\sim}}{r_e}$ und $\beta = s \cdot r_{BE} >> 1$ findet man :

$$V_u = \frac{u_{2\sim}}{u_{1\sim}} = \frac{\left(s \cdot \frac{r_{BE} \cdot R_3}{r_{BE} + R_3} + 1\right) \cdot R_E^\times}{\left(1 + s R_E^\times\right) \cdot \frac{r_{BE} \cdot R_3}{r_{BE} + R_3} + R_E^\times} \simeq \frac{s \cdot R_E^\times}{s \cdot R_E^\times + 1} \simeq \underline{0{,}98} \,.$$

---

*) Bei bekannter Spannungsverstärkung V_u findet man r_e auch direkt als Millerwiderstand: $r_e = \frac{R_3 \| r_{BE}}{1 - V_u}$ (vgl. Anhang A) .

V.11	Emitterschaltung mit überbrücktem Emitterwiderstand

Lehrbuch: Abschnitt 12.10

Gegeben sei folgende Schaltung mit kapazitiv überbrücktem Emitterwiderstand, die auf einen Lastwiderstand R_L arbeitet. Bei gleichen Widerständen und dem gleichen Transistor wie im Beispiel V.7 stellt sich auch der gleiche Arbeitspunkt ein:

$I_C = 6$ mA, $U_{CE} = 4$ V ,

$I_B = 20$ µA, $U_{BE} = 0{,}63$ V ,

$\beta \approx 300$, $s \approx 200$ mS, $r_{BE} = 1{,}5$ kΩ

bei

$R_E = 200\ \Omega$, $R_C = 820\ \Omega$,

$R_1 = 30$ kΩ, $R_2 = 100$ kΩ .

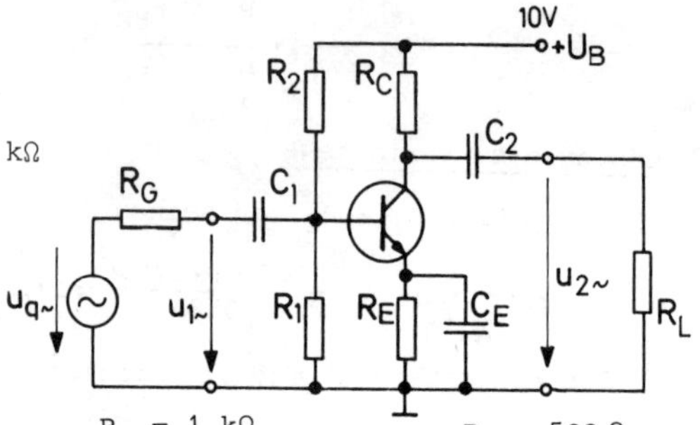

$R_G = 1$ kΩ $R_L = 500\ \Omega$

a) Man ermittle den Frequenzgang der Spannungsverstärkung V_{uq} für $C_E = 200$ µF unter der Annahme beliebig großer Werte für C_1 und C_2 .

b) Man bestimme C_1 und C_2 mit der Maßgabe, daß die entsprechenden Eckfrequenzen den Frequenzgang der Spannungsverstärkung nur unwesentlich beeinflussen.

c) Bei welcher Amplitude der Quellenspannung tritt bei mittleren Frequenzen eine Begrenzung der Ausgangsspannung auf?

Lösungen

a) Ersatzbild für $r_{CE} \gg R'_C$ (vgl. auch Aufg. IV.9)

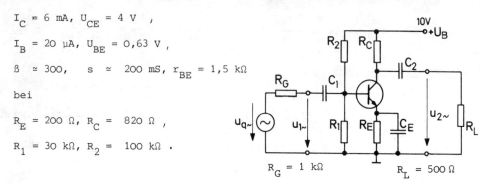

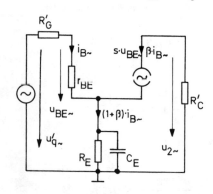

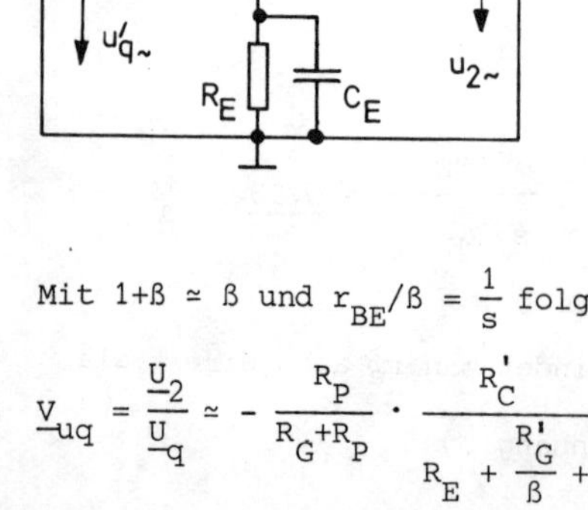

In komplexer Schreibweise:

$$\underline{U}'_q = \underline{U}_q \cdot \frac{R_P}{R_G+R_P} \quad \text{mit } R_P = R_1 \| R_2 \approx 23\text{k}\Omega\,,$$

$$R'_G = R_P \| R_G \approx 1\text{k}\Omega\,,\quad R'_C = R_C \| R_L \approx 310\,\Omega\,.$$

$$\underline{U}'_q = \underline{I}_B \cdot (R'_G + r_{BE}) + \underline{I}_B\,(1+\beta) \cdot \frac{R_E}{1+j\omega C_E R_E}$$

$$-\underline{U}_2 = \beta \cdot \underline{I}_B \cdot R'_C \rightarrow \underline{I}_B = -\frac{\underline{U}_2}{\beta R'_C}\,.\ \text{Damit wird:}$$

$$\underline{U}_q \cdot \frac{R_P}{R_G+R_P} = -\frac{\underline{U}_2}{\beta R'_C} \cdot \left[R'_G + r_{BE} + (1+\beta) \cdot \frac{R_E}{1+j\omega C_E R_E} \right].$$

Mit $1+\beta \approx \beta$ und $r_{BE}/\beta = \frac{1}{s}$ folgt nach Zwischenrechnung:

$$\underline{V}_{uq} = \frac{\underline{U}_2}{\underline{U}_q} \approx -\frac{R_P}{R_G+R_P} \cdot \frac{R'_C}{R_E + \frac{R'_G}{\beta} + \frac{1}{s}} \cdot \frac{1+j\omega C_E R_E}{1+j\omega C_E R_E \cdot a} \quad \text{mit } a = \frac{\frac{R'_G}{\beta} + \frac{1}{s}}{R_E + \frac{R'_G}{\beta} + \frac{1}{s}}\,.$$

$\frac{R_G'}{\beta} + \frac{1}{s}$ ist der Ausgangswiderstand am Emitter (vgl. Emitterfolger).

R_G' ist der vom Transistor aus gesehene Generatorwiderstand ($R_G \| R_1 \| R_2$).

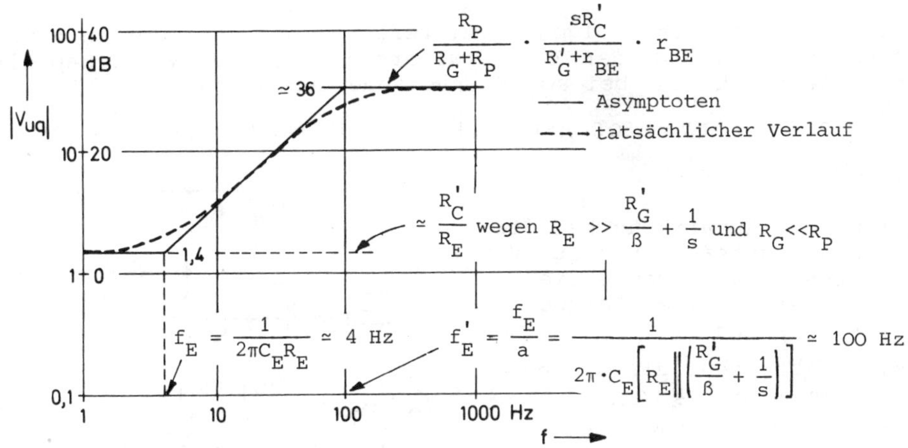

b) In diesem Fall müssen die Eckfrequenzen f_1 und f_2 entsprechend C_1 und C_2 genügend weit unterhalb f_E' liegen. Gewählt wird: $f_1 = f_2 = f_E = 4\,\text{Hz}$. Dann folgt:

$$f_1 \simeq \frac{1}{2\pi C_1 \cdot [R_G + R_P \| (r_{BE} + \beta R_E)]} \rightarrow C_1 \simeq \frac{1}{2\pi \cdot 4\,\frac{1}{s} \cdot [1\,\text{k}\Omega + (23\,\text{k}\Omega \| 61\,\text{k}\Omega)]} \simeq \underline{2{,}2\ \mu\text{F}},$$

$$f_2 \simeq \frac{1}{2\pi C_2 \cdot [R_C + R_L]} \rightarrow C_2 \simeq \frac{1}{2\pi \cdot 4\,\frac{1}{s} \cdot 1320\,\Omega} \simeq \underline{30\ \mu\text{F}}.$$

Beide Eckfrequenzen f_1 und f_2 bewirken Abwärtsknicke im Frequenzgang an derselben Stelle, nämlich bei 4 Hz. Damit wird der dort bestehende Aufwärtsknick aufgehoben, bzw. kompensiert durch einen der beiden Abwärtsknicke. Es bleibt ein Abwärtsknick übrig, von dem ab nach tieferen Frequenzen hin (< 4 Hz) der Frequenzgang dann mit 60 dB/Dekade fällt.

c)

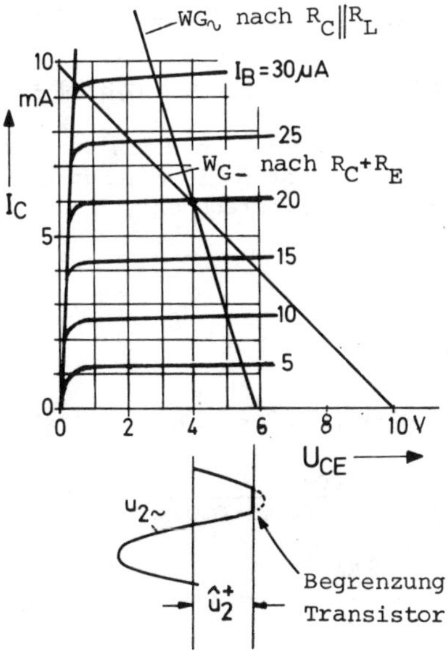

Man zeichnet die Widerstandsgerade WG∿ und findet eine einseitige Begrenzung der Spannung $u_{2\sim}$ bei $\hat{u}_2^+ \simeq 1{,}9$ V. Damit folgt:

$$\hat{u}_q = \frac{\hat{u}_2^+}{|V_{uq}|} \simeq \frac{1{,}9\,\text{V}}{36} = \underline{53\ \text{mV}}.$$

Rechnerische Bestimmung von $\hat{u}_2^+$:

$$\hat{u}_2^+ = (U_B - U_{C2}) \cdot \frac{R_L}{R_C + R_L}$$

$$U_{C2} = U_B - I_C \cdot R_C \simeq 5\,\text{V}$$

$$\hat{u}_2^+ \simeq 5\,\text{V} \cdot \frac{500}{1320} \simeq \underline{1{,}9\ \text{V}}.$$

(Zum Aussteuerbereich siehe auch V.9 und V.12)

| V.12 | Emitterschaltung mit unterteiltem Emitterwiderstand |

Lehrbuch: Abschnitt 12.10

Zu untersuchen ist folgende Emitterschaltung, bei der in Abweichung zu Aufg. V.11 der Emitterwiderstand nur teilweise kapazitiv überbrückt ist bei sonst unveränderten Daten.

$R_E' = 50\,\Omega\,(47\,\Omega)$, $R_E'' = 150\,\Omega$, $R_1 = 30\,k\Omega$, $R_2 = 100\,k\Omega$, $R_C = 820\,\Omega$

$R_G = 1\,k\Omega$, $R_L = 500\,\Omega$.

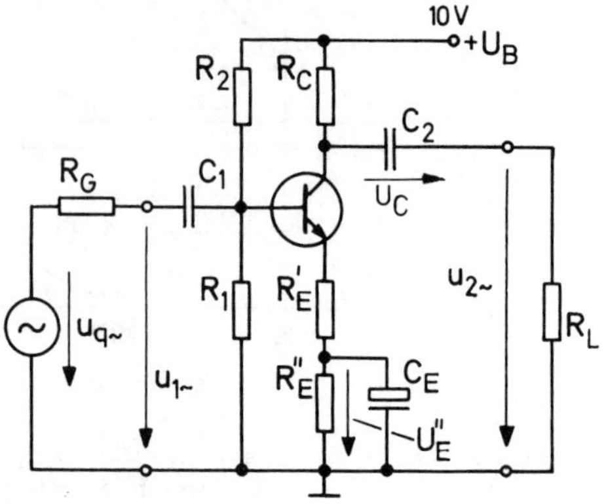

a) Welche Auswirkung hat die Schaltungsänderung auf den Arbeitspunkt sowie die differentiellen Kennwerte β, r_{BE} und s?

b) Man berechne die Gleichspannungen U_E'' (über C_E) und U_C (über C_2).

c) In welcher grundsätzlichen Weise wird das dynamische Verhalten durch die Schaltungsänderung beeinflußt?

d) Welche Spannungsverstärkungen V_{uq} (bezogen auf die Generatorspannung) und V_u (bezogen auf die Klemmenspannung) ergeben sich bei mittleren Frequenzen?

e) Man bestimme den Kondensator C_E für eine 3 dB-Grenzfrequenz von 50 Hz (C_1 und C_2 seien beliebig groß).

f) Welcher maximale Kollektorstrom kann als Spitzenwert im Übersteuerungsfall (kurzzeitige Sättigung) auftreten?

g) Welche maximalen Amplituden $\hat{u}_2^+$ und $\hat{u}_2^-$ kann die Ausgangsspannung $u_{2\sim}$ erreichen?

Lösungen

a) Keine. Die differentiellen Kennwerte des Transistors bleiben mit dem Arbeitspunkt unverändert erhalten.

b) $U_E'' = I_C \cdot R_E'' = 6\,mA \cdot 0,15\,k\Omega = \underline{0,9\,V}$. $U_C \doteq U_B - I_C \cdot R_C = 10V - 6mA \cdot 0,82\,k\Omega \simeq \underline{5V}$.

c) Es tritt eine (Serien-)Stromgegenkopplung auf durch den Teilwiderstand R_E'. Man kann diesen Teilwiderstand in den Transistor einbeziehen und dazu resultierende Kenngrößen s', r_{BE}', β' und r_{CE}' berechnen:

$\beta \simeq 300$, $r_{BE} \simeq 1,5\,k\Omega$,
$s \simeq 200\,mS$, $r_{CE} \simeq 30\,k\Omega$

$\beta' = \beta \simeq 300$

$r_{BE}' \simeq r_{BE} + \beta \cdot R_E' \simeq 1,5\,k\Omega + 300 \cdot 0,05\,k\Omega = \underline{16,5\,k\Omega}$,

$s' \simeq \dfrac{s}{1 + s R_E'} = \dfrac{200\,mS}{1 + 200\,mS \cdot 0,05\,k\Omega} \simeq 18\,mS$,

$r_{CE}' \simeq r_{CE} \cdot (1 + \dfrac{\beta R_E'}{r_{BE} + R_E'}) \simeq 30\,k\Omega \cdot 11 \gg r_{CE}$.

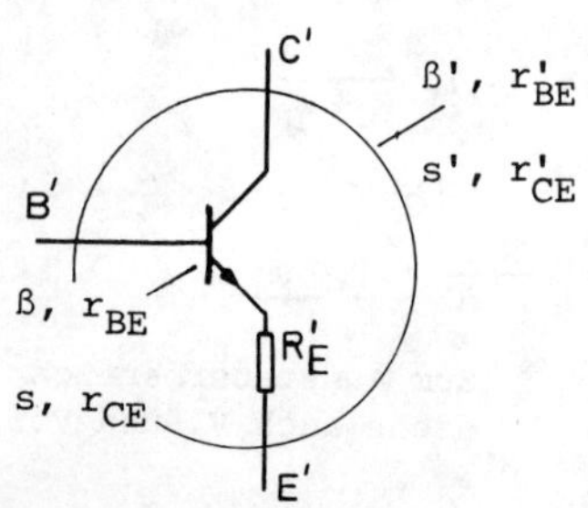

d) Man kann das Ergebnis der Aufg. V.11 bezüglich V_{uq} übernehmen, wenn man die ursprünglichen Kennwerte durch die neuen nach c) ersetzt.

$$|V_{uq}| = \frac{u_{2\sim}}{u_{q\sim}} \approx \frac{R_P}{R_G+R_P} \cdot \frac{s' \cdot R_C'}{R_G'+r_{BE}'} \cdot r_{BE}' \approx \frac{23}{1+23} \cdot \frac{18\,\text{mS} \cdot 0{,}3\,\text{k}\Omega}{1\,\text{k}\Omega + 16{,}5\,\text{k}\Omega} \cdot 16{,}5\,\text{k}\Omega \approx \underline{5}$$

mit $R_P = R_1 \| R_2 = 23\,\text{k}\Omega$, $R_G' = R_P \| R_G \approx R_G$, $R_C' = R_C \| R_L \approx 0{,}3\,\text{k}\Omega$. Es wird:

$$|V_u| \approx \frac{u_{2\sim}}{u_{1\sim}} \approx s'R_C' \approx 18\,\text{mS} \cdot 0{,}3\,\text{k}\Omega \approx \underline{5{,}4}\,.$$

e) Die 3 dB-Grenzfrequenz liegt für C_1, $C_2 \to \infty$ bei der Eckfrequenz f_E' (vgl. Aufg. V.11):

$$f_E' = \frac{1}{2\pi C_E \cdot \left[R_E'' \| \left(\frac{R_G'}{\beta'} + \frac{1}{s'}\right)\right]} \quad \to C_E = \frac{1}{2\pi \cdot f_E' \cdot \left[R_E'' \| \left(\frac{R_G'}{\beta'} + \frac{1}{s'}\right)\right]}\,,$$

$$C_E = \frac{1}{2\pi \cdot 50\frac{1}{s} \cdot \left[0{,}15\,\text{k}\Omega \| (0{,}003 + 0{,}055)\,\text{k}\Omega\right]} \approx \frac{1}{2\pi \cdot 50\frac{1}{s} \cdot 0{,}04\,\text{k}\Omega} \approx \underline{80\,\mu\text{F}}\,.$$

Eine nachträgliche Überprüfung zeigt, daß die Eckfrequenz f_E ($\approx 13\,\text{Hz}$, Aufwärtsknick) nahe benachbart ist und den Frequenzgang im Bereich von 50 Hz beeinflußt. Die tatsächliche 3 dB-Grenzfrequenz wird also etwas unterhalb von 50 Hz liegen (vgl. Frequenzgangdiagramm in Aufg. V.11).

f) Die Sättigungsspannung $U_{CE\,sat}$ wird näherungsweise zu Null angenommen, die Kondensatoren werden als Spannungsquellen betrachtet. Nach dem Überlagerungsgesetz und der Stromteilerregel kann man direkt schreiben:

$$I_{C\,max} \approx \frac{U_B}{R_C + (R_E' \| R_L)} \cdot \frac{R_L}{R_E'+R_L} + \frac{U_C}{R_L + (R_C \| R_E')} \cdot \frac{R_C}{R_C+R_E'} - \frac{U_E''}{R_E' + (R_C \| R_L)} \approx \underline{17\,\text{mA}}\,.$$

Das gleiche Ergebnis erhält man auch mit Hilfe der dynamischen Widerstandsgeraden $WG_{\sim}$ für $(R_C \| R_L) + R_E'$ (vgl. Aufg. V.11).

g) C_2 wirkt mit $U_C \approx 5\,V$ dynamisch wie eine Spannungsquelle.

Transistor gesperrt

Transistor gesättigt ($U_{CE} \approx 0$)

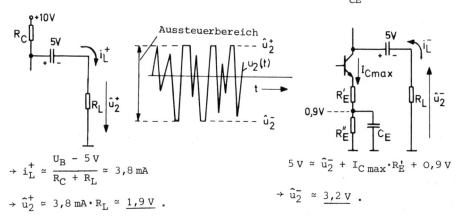

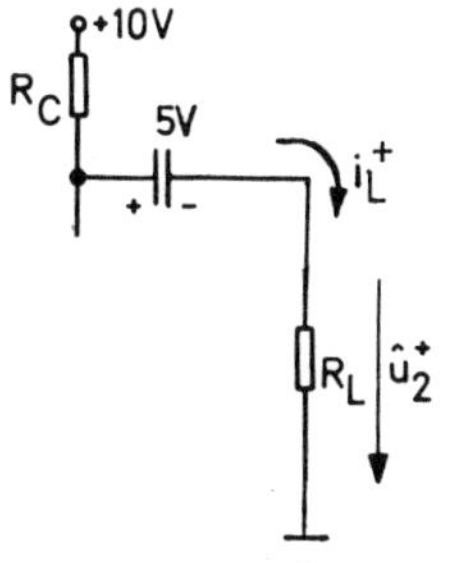

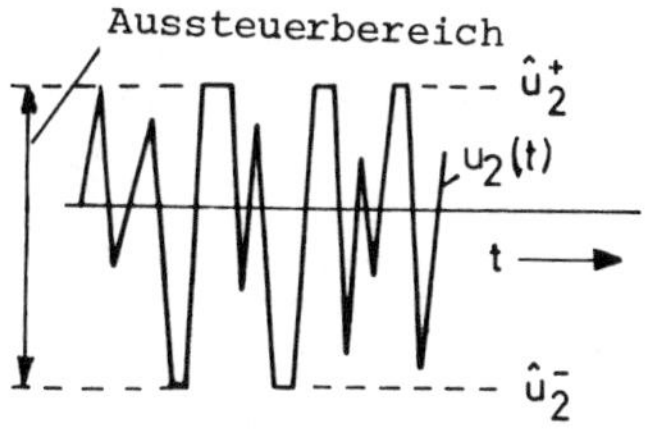

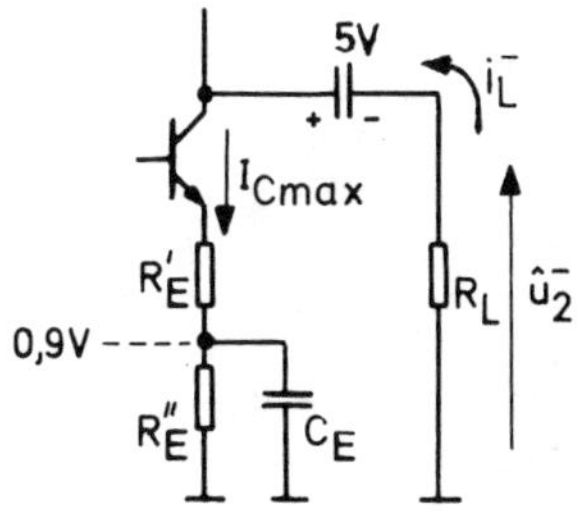

$$\to i_L^+ \approx \frac{U_B - 5\,V}{R_C + R_L} \approx 3{,}8\,\text{mA}$$

$$\to \hat{u}_2^+ \approx 3{,}8\,\text{mA} \cdot R_L \approx \underline{1{,}9\,V}\,.$$

$$5\,V \approx \hat{u}_2^- + I_{C\,max} \cdot R_E' + 0{,}9\,V$$

$$\to \hat{u}_2^- \approx \underline{3{,}2\,V}\,.$$

V.13	NF - Verstärker mit starker Gleichstromgegenkopplung

Lehrbuch: Abschnitte 12.3, 12.4 und 12.10

Es ist ein zweistufiger NF-Verstärker nach dem folgenden Schaltbild aufzubauen. Die zweite Stufe soll unverändert von Aufg. V.12 übernommen und auch im gleichen Arbeitspunkt betrieben werden ($I_{C2} \approx 6\,mA$, $U_{CE2} \approx 4\,V$). Die erste Stufe soll mit dem gleichen Transistortyp bei einem Kollektorstrom $I_{C1} \approx 1\,mA$ arbeiten.

a) Man bestimme die Widerstände R_K und R_{C1}, wenn man bei Transistor T_1 eine Stromverstärkung $B_1 \approx \beta_1 = 270$ ansetzt.

b) Man beschreibe die Art der Gegenkopplung.

c) Man bestimme den Ein- und Ausgangswiderstand der Schaltung für mittlere Frequenzen.

d) Man bestimme die Spannungsverstärkungen V_u und V_{uq} für mittlere Frequenzen.

$R_G = 1\,k\Omega$

$R_L = 500\,\Omega$

$C_1 = 1\,\mu F$

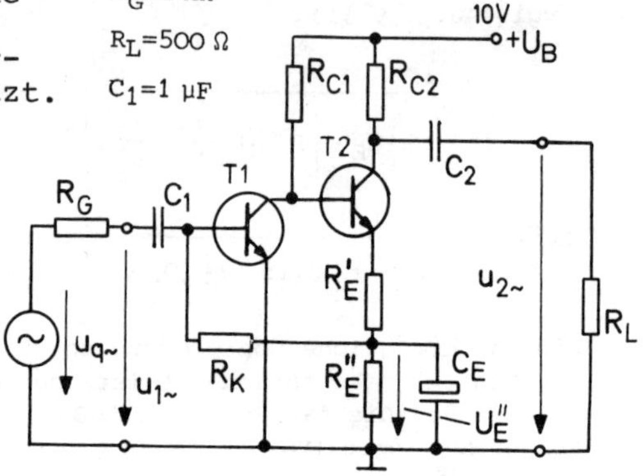

e) Man gebe eine Gleichstromersatzschaltung an und bestimme danach allgemein den Kollektorstrom I_{C2}.

f) Welche Auswirkungen ergeben sich, wenn für Transistor T1 ein Exemplar mit der halben Stromverstärkung ($B_1 = 135$) eingesetzt wird?

Lösungen

a) $I_{B1} = \frac{I_{C1}}{B_1} = \frac{1000\,\mu A}{270} \approx 3{,}7\,\mu A$. Dieser kleine Strom stellt für den Teiler R'_E, R''_E praktisch keine Belastung dar.

$$\rightarrow R_K \approx \frac{U''_E - U_{BE1}}{I_{B1}} \approx \frac{0{,}9\,V - 0{,}6\,V}{3{,}7\,\mu A} \approx \underline{0{,}081\,M\Omega} \quad (82\,k\Omega,\ \text{Normwert}),$$

$$U_{CE1} = U''_E + U'_E + U_{BE2} \approx 0{,}9\,V + 0{,}3\,V + 0{,}63\,V = 1{,}83\,V,$$

$$\rightarrow R_{C1} = \frac{U_B - U_{CE1}}{I_{C1} + I_{B2}} = \frac{10\,V - 1{,}83\,V}{1\,mA + 20\,\mu A} \approx \underline{8\,k\Omega} \quad (8{,}2\,k\Omega,\ \text{Normwert}).$$

b) Es tritt eine (Serien-) Stromgegenkopplung am Transistor T2 auf, wobei zwischen Gleichstrom- und Wechselstromgegenkopplung zu unterscheiden ist. Letztere wird nur wirksam durch den nichtüberbrückten Widerstand R'_E, während die Gleichstromgegenkopplung durch R_E' und R_E'' wirksam wird. Die gegenkoppelnde Wirkung von R_E'' wird zusätzlich über Transistor T1 verstärkt. Sobald der Emitterstrom von T2 und damit die Spannung über R''_E ansteigt, wird T1 weiter aufgesteuert, sein Kollektorpotential sinkt ab, wodurch T2 wieder mehr zugesteuert wird.

c)
$$r_e = r_{BE1} \| R_K, \quad r_{BE1} \approx \frac{U_T}{I_{B1}} = \frac{26\,mV}{3{,}7\,\mu A} \approx 7\,k\Omega \rightarrow r_e \approx 7\,k\Omega \| 82\,k\Omega \approx \underline{6{,}5\,k\Omega}.$$

$$r_a = R_{C2} \,\|\, \left[r_{CE2} \cdot \left(1 + \frac{\beta_2 \cdot R_E'}{r_{BE2} + R_E' + R_{C1}} \right) \right] \approx R_{C2} = \underline{820\Omega} \;.$$

d) $V_{u1} \approx - s_1 \cdot (R_{C1} \| r_{BE2}')$, $\quad s_1 \approx \frac{I_{C1}}{U_T} = \frac{1\,\text{mA}}{26\,\text{mV}} \approx 39\,\text{mS}$, $r_{BE2}' \approx 16{,}5\,\text{k}\Omega$

(siehe Aufg. V.12)

$\rightarrow V_{u1} \approx - 39\,\text{mS} \cdot (8{,}2\,\text{k}\Omega \| 16{,}5\,\text{k}\Omega) \approx - 214$

$V_{u2} \approx - s_2' \cdot R_{C2}' \approx - 18\,\text{mS} \cdot 0{,}3\,\text{k}\Omega \approx -5{,}4$

$V_u = V_{u1} \cdot V_{u2} \approx \underline{1150}$, $\quad (R_{C2}' = R_{C2} \| R_L \approx 0{,}3\,\text{k}\Omega)$

$$V_{uq} = V_u \cdot \frac{r_e}{r_e + R_G} \approx 1150 \cdot \frac{6{,}5\,\text{k}\Omega}{7{,}5\,\text{k}\Omega} \approx \underline{1000} \;.$$

e)

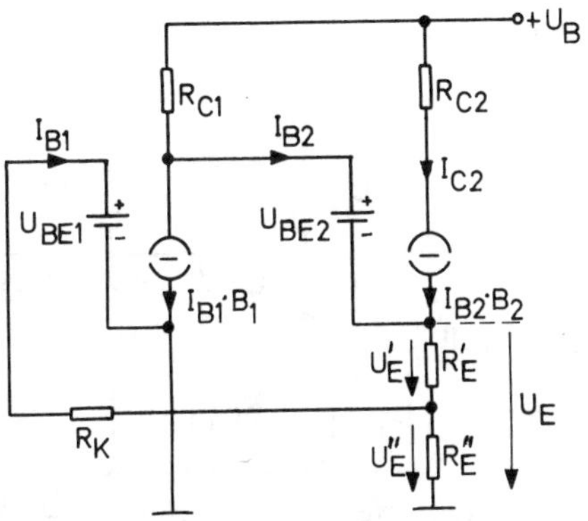

◀ Gleichstromersatzschaltbild

$U_E'' = [I_{B2} \cdot (B_2+1) - I_{B1}] \cdot R_E''$,

$U_E'' = U_{BE1} + I_{B1} \cdot R_K$,

$U_E' = I_{B2} \cdot (B_2+1) \cdot R_E'$,

$U_E = U_E' + U_E''$,

$U_E = U_B - (I_{B2} + I_{B1} \cdot B_1) \cdot R_{C1} - U_{BE2}$,

$I_{C2} = I_{B2} \cdot B_2$. Damit folgt:

$$I_{C2} \approx B_2 \cdot \frac{(U_B - U_{BE2}) \cdot (R_K + R_E'') + U_{BE1} \cdot (B_1 R_{C1} - R_E'')}{(B_2+1) \cdot [R_E' \cdot (R_K + R_E'') + R_E''\,(R_K + B_1 R_{C1})] + R_{C1}\,(R_K + R_E'')}$$

f) $$I_{C2} \approx \frac{300 \cdot [(10\text{V} - 0{,}6\text{V}) \cdot (82 + 0{,}15)\text{k}\Omega + 0{,}6\text{V}(135 \cdot 8{,}2 - 0{,}15)\text{k}\Omega]}{301 \cdot [0{,}05(82 + 0{,}15) + 0{,}15 \cdot (82 + 135 \cdot 8{,}2)]\,(\text{k}\Omega)^2 + 8{,}2 \cdot (82 + 0{,}15)\,(\text{k}\Omega)^2}$$

$\approx \underline{7{,}7\text{mA}}$.

Für die Basis-Emitterspannungen setzt man: $U_{BE1} \approx U_{BE2} \approx 0{,}6\,\text{V}$.

Die üblichen Abweichungen von 0,6 V beeinflussen das Ergebnis nur wenig.

$U_E'' \approx I_{C2} \cdot R_E'' \approx 7{,}7\text{mA} \cdot 0{,}15\text{k}\Omega \approx 1{,}16\text{V}$,

$$I_{B1} = \frac{U_E'' - U_{BE1}}{R_K} = \frac{1{,}16\text{V} - 0{,}6\text{V}}{82\,\text{k}\Omega} \approx 6{,}8\,\mu\text{A} \rightarrow I_{C1} = B_1 \cdot I_{B1} \approx 135 \cdot 6{,}8\mu\text{A} \approx \underline{0{,}92\text{mA}} \;.$$

Die relativ geringe Änderung der Kollektorströme von 1mA auf 0,92 mA bzw. von 6 mA auf 7,7 mA ist der Gleichstromgegenkopplung zu verdanken. Die dynamischen Eigenschaften ändern sich wie folgt:

$$r_e = r_{BE1} \| R_K, \quad r_{BE1} \approx \frac{U_T}{I_{B1}} = \frac{26\,\text{mV}}{6{,}8\,\mu\text{A}} = 3{,}8\,\text{k}\Omega \rightarrow r_e \approx 3{,}8\,\text{k}\Omega \| 82\,\text{k}\Omega \approx \underline{3{,}6\,\text{k}\Omega} \,.$$

V_{u1} sinkt entsprechend I_{C1} um 8% ab. V_{u2} steigt mit I_{C2} etwas an, aber nur um etwa 2% wegen der Wechselstromgegenkopplung über R_E'. Die Gesamtverstärkung sinkt also nur um etwa 6 % ab. Das Großsignalverhalten wird ungünstig beeinflußt, da der Arbeitspunkt für T2 auf die Sättigungsgrenze zuwandert, wodurch der Aussteuerbereich eingeengt wird.

V.14	NF - Verstärker mit Wechselspannungsgegenkopplung I

Zu untersuchen ist die folgende Schaltung, die sich von dem NF-Verstärker nach Aufg. V.13 im wesentlichen durch die Einführung einer dynamischen Serien-Spannungsgegenkopplung unterscheidet.
(ausgehend von der Spannung $u_{2\sim}$ - wirksam in Serie mit T1)

a) Man bestimme die Kollektorruheströme.

b) In welcher Weise wirkt sich die Gegenkopplung durch R_f-C_f aus?

c) Man bestimme die Spannungsverstärkung für den offenen Verstärker sowie seinen Eingangswiderstand bei mtl. Frequenzen.

d) Man bestimme den Ausgangswiderstand.

e) Man gebe Bemessungsrichtlinien für die Kondensatoren an.

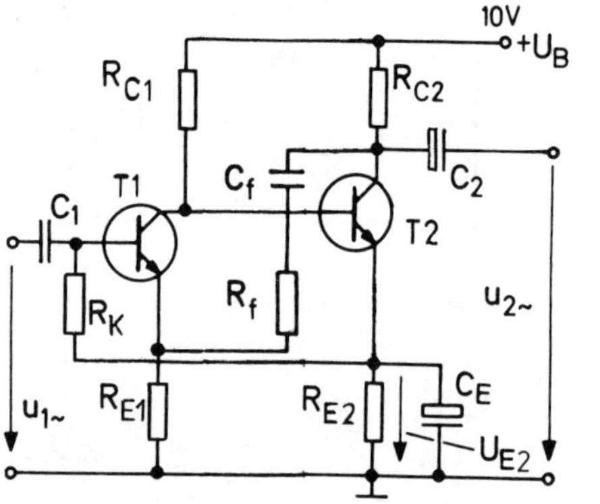

Verstärkerdaten:

$C_1 = 0{,}22\,\mu F$, $C_2 = 15\,\mu F$,
$C_f = 1\,\mu F$, $C_E = 330\,\mu F$.

$R_{C1} = 8{,}2\,k\Omega$, $R_{C2} = 0{,}82\,k\Omega$, $R_K = 82\,k\Omega$,
$R_f = 22k\Omega$, $R_{E1} = 0{,}12k\Omega$, $R_{E2} = 0{,}15k\Omega$.

Stromverstärkungen: $B_1 \approx 270$, $B_2 \approx 300$
$\approx \beta_1$ $\approx \beta_2$.

Lösungen

a) Mit einer Gleichstromersatzschaltung analog zu Aufg. V.13 findet man:

$$I_{C2} = B_2 \cdot \frac{(U_B - U_{BE2}) \cdot \left[R_K + R_{E2} + (B_1+1)R_{E1}\right] + U_{BE1} \cdot (B_1 R_{C1} - R_{E2})}{(B_2+1) \cdot R_{E2} \cdot \left[R_K + B_1 R_{C1} + (B_1+1)R_{E1}\right] + R_{C1} \cdot \left[R_K + R_{E2} + (B_1+1)R_{E1}\right]},$$

$$\approx 300 \cdot \frac{(10V - 0{,}6V) \cdot \left[82 + 0{,}15 + 271 \cdot 0{,}12\right] k\Omega + 0{,}6V \cdot (270 \cdot 8{,}2 - 0{,}15)k\Omega}{301 \cdot 0{,}15 \cdot \left[82 + 270 \cdot 8{,}2 + 271 \cdot 0{,}12\right](k\Omega)^2 + 8{,}2 \cdot \left[82 + 0{,}15 + 271 \cdot 0{,}12\right](k\Omega)^2}$$

$\approx \underline{6{,}8\ mA}$. $\rightarrow U_{E2} \approx I_{C2} \cdot R_{E2} \approx 6{,}8mA \cdot 0{,}15k\Omega \approx 1V$.

Ferner gilt: $U_B - (I_{C1} + \frac{I_{C2}}{B_2}) \cdot R_{C1} = U_{BE2} + U_{E2}$. Damit folgt: $I_{C1} \approx \underline{1\ mA}$.

Die Gleichstromverhältnisse sind also im wesentlichen wie in Aufg. V.13.

b) Sie setzt die Verstärkung herab. Als Spannungsgegenkopplung wirkt sie grundsätzlich absenkend auf den Ausgangswiderstand, als Seriengegenkopplung erhöhend auf den Eingangswiderstand. Die letztere Wirkung läßt sich als Bootstrap-Effekt anschaulich deuten.

c) Für die folgende Ersatzschaltung benötigt man:

$r_{BE1} \approx \frac{U_T \cdot B_1}{I_{C1}} \approx \frac{26mV \cdot 270}{1\ mA} \approx 7k\Omega$, $r_{BE2} \approx \frac{U_T \cdot B_2}{I_{C2}} \approx \frac{30mV \cdot 300}{6{,}8mA} \approx 1{,}3k\Omega$. (30mV: erhöhter Wert)

Kleinsignalersatzbild

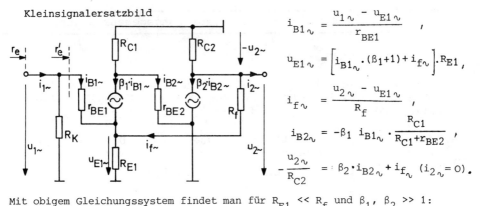

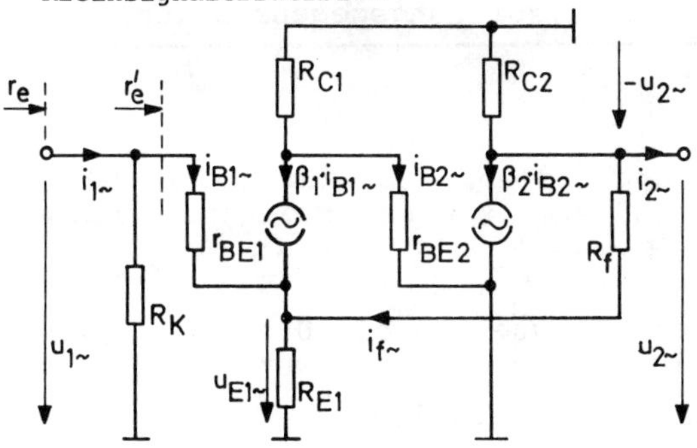

$$i_{B1\sim} = \frac{u_{1\sim} - u_{E1\sim}}{r_{BE1}} ,$$

$$u_{E1\sim} = \left[i_{B1\sim} \cdot (\beta_1 + 1) + i_{f\sim} \right] \cdot R_{E1} ,$$

$$i_{f\sim} = \frac{u_{2\sim} - u_{E1\sim}}{R_f} ,$$

$$i_{B2\sim} = -\beta_1\, i_{B1\sim} \cdot \frac{R_{C1}}{R_{C1} + r_{BE2}} ,$$

$$-\frac{u_{2\sim}}{R_{C2}} = \beta_2 \cdot i_{B2\sim} + i_{f\sim} \quad (i_{2\sim} = 0).$$

Mit obigem Gleichungssystem findet man für $R_{E1} \ll R_f$ und $\beta_1, \beta_2 \gg 1$:

$$V_u = \frac{u_{2\sim}}{u_{1\sim}} = \frac{\beta_1 \beta_2 \cdot \dfrac{R_{C1}}{R_{C1} + r_{BE2}} \cdot \dfrac{R_{C2} \cdot R_f}{R_{C2} + R_f}}{r_{BE1} + \beta_1 R_{E1} \cdot \left[1 + \beta_2 \cdot \dfrac{R_{C1}}{R_{C1} + r_{BE2}} \cdot \dfrac{R_{C2}}{R_{C2} + R_f} \right]} \approx \underline{160} \quad \text{sowie}$$

$$r_e' = \frac{u_{1\sim}}{i_{B1\sim}} = r_{BE1} + \beta_1 R_{E1} \cdot \left[1 + \beta_2 \cdot \frac{R_{C1}}{R_{C1} + r_{BE2}} \cdot \frac{R_{C2}}{R_{C2} + R_f} \right] \approx 330\,\text{k}\Omega .$$

Damit wird: $r_e = r_e' \,\|\, R_K \approx \underline{66\,\text{k}\Omega}$ bei offenem (unbelastetem) Ausgang .

d) Der Ausgangswiderstand wird durch eine Leerlauf- und Kurzschlußbe - trachtung bestimmt:

Leerlauf ($i_{2\sim} = 0$): $u_{20\sim} = V_u \cdot u_{1\sim}$ (V_u wie oben, da ohne Last R_L berechnet).

Kurzschluß ($u_{2\sim} = 0$): $i_{B1\sim} \approx \dfrac{u_{1\sim}}{r_{BE1} + \beta_1 \cdot R_{E1}}$ wegen $\beta_1 \gg 1$, $R_{E1} \ll R_f$.

$$i_{2k\sim} = \beta_1 \beta_2 \cdot \frac{R_{C1}}{R_{C1} + r_{BE2}} \cdot i_{B1\sim} = \frac{\beta_1 \cdot \beta_2}{r_{BE1} + \beta_1 R_{E1}} \cdot \frac{R_{C1}}{R_{C1} + r_{BE2}} \cdot u_{1\sim} ,$$

$$\rightarrow r_a = \frac{u_{20\sim}}{i_{2k\sim}} \approx \frac{(r_{BE1} + \beta_1 R_{E1}) \cdot \dfrac{R_{C2} \cdot R_f}{R_{C2} + R_f}}{r_{BE1} + \beta_1 R_{E1} \cdot \left[1 + \beta_2 \cdot \dfrac{R_{C1}}{R_{C1} + r_{BE2}} \cdot \dfrac{R_{C2}}{R_{C2} + R_f} \right]} \approx \underline{90\ \Omega} .$$

Das Ergebnis gilt strenggenommen nur für Spannungssteuerung ($R_G = 0$, R_G Generatorwiderstand). Es ist leicht auf den Fall $R_G \neq 0$ umzustellen, indem man jeweils r_{BE1} durch $r_{BE1} + R_G \,\|\, R_K$ ersetzt, wie man direkt aus obigem Ersatzbild erkennt.

e)

$$C_1 > \frac{1}{\omega_{gu}(R_G + r_e)} , \quad C_2 > \frac{1}{\omega_{gu}(r_a + R_L)} , \quad C_f > \frac{1}{\omega_{gu} R_f} , \quad C_E > \frac{1}{\omega_{gu} \left[\left(\dfrac{1}{s_2} + \dfrac{R_{C1}}{\beta_2} \right) \| \, R_{E2} \right]} .$$

Mit diesen Vorschriften ergeben sich die eingangs genannten Kapazitätswerte für: $f_{gu} = 20\,\text{Hz}$, $R_G = 5\,\text{k}\Omega$, $R_L = 1\,\text{k}\Omega$.

Die Spannungsverstärkung zeigt bei tiefen Frequenzen (< 50 Hz), wenn C_E und C_f nicht mehr als Kurzschluß wirken, eine resonanzartige Überhöhung. Grund: Mitkopplung über R_K und Nachlassen der Gegenkopplung über R_f.

V.15 NF-Verstärker mit Wechselspannungsgegenkopplung II

Die folgende Aufgabenstellung bezieht sich auf die in Aufg. V.14 angegebene Schaltung und stellt eine Erweiterung dieser Aufgabe dar.

a) Man entwickle für mittlere Frequenzen ein Übertragungsblockbild und leite daraus die Spannungsverstärkung ab.

b) Man untersuche das Hochfrequenzverhalten der Schaltung.

<u>Lösungen</u> (vgl. Anhang B)

a) Unter der Annahme $V_u >> 1$ wird $u_{2\sim} >> u_{E1\sim}$, da $u_{E1\sim} \lesssim u_{1\sim}$. Dann gilt:

$$i_{f\sim} \approx \frac{u_{2\sim}}{R_f} \quad \text{und} \quad u_{2\sim} \approx -i_{B2\sim} \cdot \beta_2 \cdot \frac{R_{C2} \cdot R_f}{R_{C2} + R_f}\ .$$

Mit dem Gleichungssystem nach V.14 c findet man das folgende Bild:

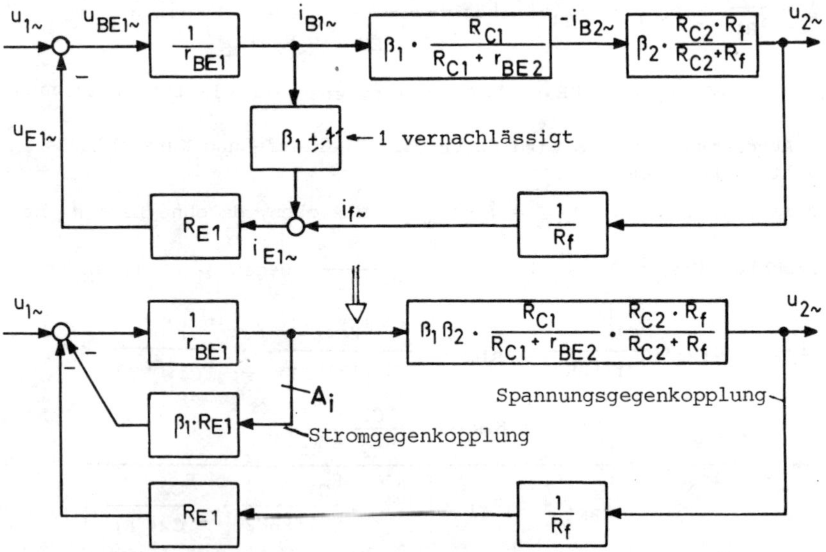

Reduziert man zunächst die Stromgegenkopplungsschleife zu <u>einem</u> Block, so findet man dazu den Übertragungsfaktor:

$$A_i = \frac{\dfrac{1}{r_{BE1}}}{1 + \dfrac{1}{r_{BE1}} \cdot \beta_1 R_{E1}} = \frac{1}{r_{BE1} + \beta_1 R_{E1}}\ .$$

Man findet dann direkt:

$$V_u = \frac{u_{2\sim}}{u_{1\sim}} = \frac{\dfrac{\beta_1\,\beta_2}{r_{BE1} + \beta_1 R_{E1}} \cdot \dfrac{R_{C1}}{R_{C1} + r_{BE2}} \cdot \dfrac{R_{C2} \cdot R_f}{R_{C2} + R_f}}{1 + \underbrace{\dfrac{\beta_1\,\beta_2}{r_{BE1} + \beta_1 R_{E1}} \cdot \dfrac{R_{C1}}{R_{C1} + r_{BE2}} \cdot \dfrac{R_{C2} \cdot R_f}{R_{C2} + R_f} \cdot \dfrac{R_{E1}}{R_f}}_{\text{resultierende Schleifenverstärkung } |V_S|}} \approx \left.\frac{R_f}{R_{E1}}\right|_{V_S >> 1}\ .$$

Das Ergebnis unterscheidet sich nur in der Form von demjenigen in Aufg. V.14.

Anmerkung: Das Blockbild hat die gleiche Grundstruktur wie in Aufg.V.6. Es kann also auch so wie dort umgeformt werden, was auf eine andere Schleifenverstärkung führt. Man erkennt daraus, daß die Schleifenverstärkung bei einem zweischleifigen System nicht mehr eindeutig ist. Diese Tatsache läßt sich auch von der Lage der Schnittstelle her erklären gemäß der Definition der Schleifenverstärkung nach Anhang B.

b) Hochfrequenzersatzschaltung
(vgl. Lehrbuch, Abschnitte 12.4 und 12.5 sowie Aufg. V.4)

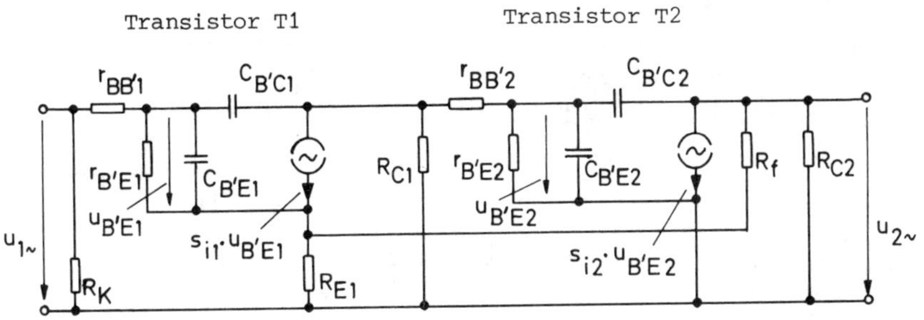

Kennwerte:

	$r_{BB'}$ (Annahme)	$r_{B'E} \simeq \frac{U_T}{I_C} \cdot \beta$	$s_i \simeq \frac{I_C}{U_T}$	$C_{B'E} \simeq \frac{s_i}{2\pi f_T}$	$C_{B'C}$
T1	≃ 100 Ω	≃ 7 kΩ	≃ 38 mS	≃ 60 pF	≃ 4 pF
T2	≃ 100 Ω	≃ 1,1 kΩ	≃ 260 mS	≃ 200 pF	≃ 4 pF

$U_T \simeq 26\,mV$ f_T Transitfrequenz

f_T wird mit ≃ 100 MHz (für T1) bzw. ≃ 200 MHz (für T2) dem Datenblatt entnommen, $C_{B'C}$ folgt ebenfalls aus dem Datenblatt.

Die Berechnung ist praktisch nur mit einem Computer in Verbindung mit einem geeigneten Programm (z.B. ECAP, Electronic Circuit Analysis Program) durchführbar. Dabei werden dem Computer die Schaltungsdaten über Lochkarten eingegeben, der danach die Ausgangsspannung nach Betrag und Phase zu vorgegebener Eingangsspannung und Frequenz berechnet. Die folgenden Kurven wurden so ermittelt.

$$V_u = \frac{\hat{u}_{2\sim}}{\hat{u}_{1\sim}} \qquad \varphi = \angle u_{2\sim} / u_{1\sim}.$$

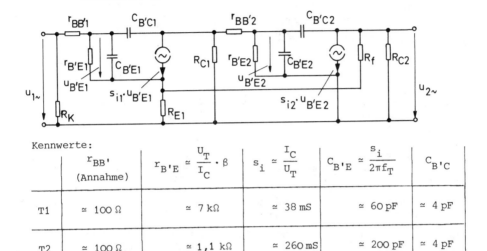

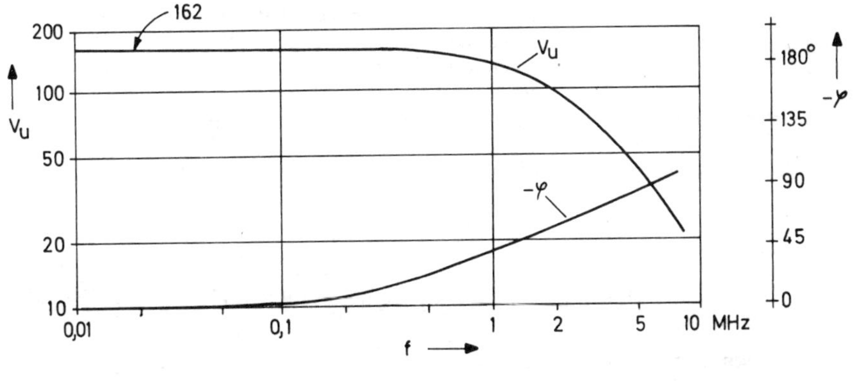

V.16	Dreistufiger Breitbandverstärker

Lehrbuch: Abschnitte 12.12, 12.14 und 13.3

Der folgende Breitbandverstärker soll aufgebaut werden mit dem integrierten Baustein TCA 971. Die Emitterfolger am Eingang und Ausgang mit einer Basisschaltung als Zwischenstufe sorgen für hohe Bandbreite.

TCA 971: Kennlinien am Schluß der Aufgabe

$R_1 = 6{,}2\ \text{k}\Omega$, $R_2 = 6{,}2\ \text{k}\Omega$, $R_C = 1\ \text{k}\Omega$

Anmerkung:
Der eingerahmte Schaltungsteil wird als vollständiger Monolith von Silicon General unter der Bezeichnung SG 3401 hergestellt. Die äußeren Schaltmittel C_V und R_V gestatten eine Einstellung der Verstärkung.

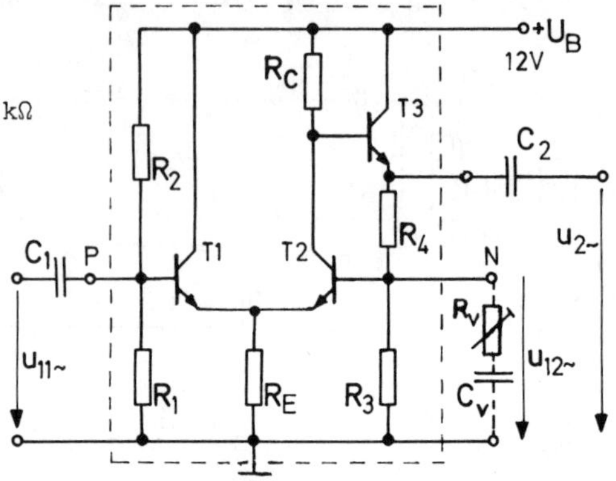

a) Man bestimme die Widerstände R_E, R_3 und R_4, wenn die Kollektorruheströme aller Transistoren 2,5 mA betragen sollen.

b) Man bestimme die Spannungsverstärkung sowie den Eingangs- und Ausgangswiderstand der Schaltung für mittlere Frequenzen, wenn R_3 durch C_V kapazitiv kurzgeschlossen wird ($R_V = 0$).

c) Man gebe eine Ersatzschaltung an für den Fall, daß ein Widerstand R_V eingefügt wird.

d) Welche Eigenschaften hat die Schaltung mit Widerstand R_V ?

Lösungen

a) Man findet unter Vernachlässigung der Basisströme mit I_C=2,5 mA und R_1=R_2:

$\frac{1}{2} U_B \simeq U_{BE} + 2I_C \cdot R_E$. Mit $U_{BE} \simeq 0{,}68$ V (laut Kennlinie) folgt: $\underline{R_E \simeq 1\text{k}\Omega}$.

Ferner muß gelten: $\frac{1}{2} U_B \simeq I_C \cdot R_3$, $\rightarrow \underline{R_3 \simeq 2{,}4\text{k}\Omega}$. Weiter folgt:

$U_B \simeq I_C \cdot R_C + U_{BE} + I_C \cdot (R_4+R_3)$, $\rightarrow R_4+R_3 \simeq 3{,}5\text{k}\Omega \rightarrow R_4 \simeq \underline{1{,}1\text{k}\Omega}$.

b) Die Schaltung T1 - T2 wird als Differenzverstärker betrachtet. Potentialbewegungen am Kollektor von T2 werden nahezu ungeschwächt vom Emitterfolger T3 übertragen. Wegen C_3 ist $u_{12\sim} = 0$. Damit gilt:

$$u_{2\sim} \simeq s \cdot R_C \cdot \frac{u_{11\sim}}{2} - \frac{R_C}{2R_E} \cdot \frac{u_{11\sim}}{2} \quad . \quad s \cdot R_C = \frac{I_C}{U_T} \cdot R_C \simeq 96 \ , \ \frac{R_C}{2R_E} = 0{,}5 \ .$$

Gegentaktsignal Gleichtaktsignal (gerechnet mit $U_T = 26$ mV)

Spannungsverstärkung: $V_u = \frac{u_{2\sim}}{u_{11\sim}} = \frac{96}{2} - \frac{0{,}5}{2} \simeq \underline{48} \ \hat{=} \ \underline{33{,}6\ \text{dB}}$,

Eingangswiderstand: $r_e \simeq R_1 \| R_2 \| 2r_{BE} \simeq R_1 \| R_2 \| \frac{2U_T}{I_C} \cdot B \simeq 3{,}1\ \text{k}\Omega \,\|\, \frac{52\ \text{mV}}{2{,}5\ \text{mA}} \cdot 160 \simeq \underline{1{,}6\ \text{k}\Omega}$,

Ausgangswiderstand: $r_a \simeq \frac{R_C}{\beta} + \frac{1}{s} \simeq \frac{1\text{k}\Omega}{160} + \frac{U_T}{I_C} \simeq 6{,}25\,\Omega + 10{,}4\,\Omega \simeq \underline{17\,\Omega}$.

c) Man faßt $R_3 \| R_V$ zu R_3' zusammen und findet:

Ausführliches Ersatzbild

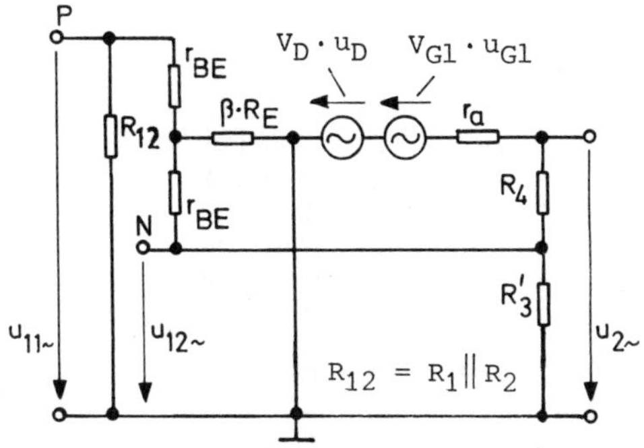

Vereinfachtes Ersatzbild

$\beta R_E \gg 2 r_{BE} = r_D$, $G \gg 1$
vernachlässigt

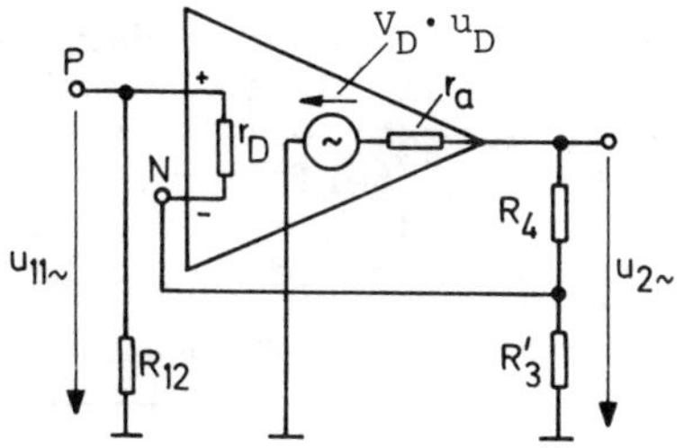

$$u_D = u_{11\sim} - u_{12\sim} \quad , \qquad u_{Gl} = \frac{u_{11\sim} + u_{12\sim}}{2} \quad ,$$

Differenzspannung   Gleichtaktspannung

$$V_D \simeq \frac{s\,R_C}{2} \simeq 48 \quad , \quad V_{Gl} \simeq -\frac{R_C}{2R_E} \simeq -0{,}5 \quad , \quad |G| = \left|\frac{V_D}{V_{Gl}}\right| \simeq 96 \gg 1 \quad .$$

Differenzverstärkung   Gleichtaktverstärkung   Gleichtaktunterdrückung

d) Mit der vereinfachten Darstellung findet man für $r_a \ll R_4 + (R_3' \| r_D)$ nach Zwischenrechnung:

$$V_u = \frac{u_{2\sim}}{u_{11\sim}} \simeq \frac{|V_S| \cdot (1 + \frac{R_4}{R_3'})}{1 + |V_S|} \simeq 1 + \frac{R_4}{R_3'} \Bigg|_{\text{für } |V_S| \gg 1.}$$

mit der Schleifenverstärkung

$$V_S \simeq K_R \cdot V_D \cdot (-1) = \frac{(R_3' \| r_D)}{R_4 + (R_3' \| r_D)} \cdot V_D \cdot (-1) = -\frac{r_D \cdot R_3' \cdot V_D}{r_D \cdot (R_3' + R_4) + R_3' R_4} \quad .$$

Die Schleifenverstärkung V_S erhält man nach Abtrennen des Rückkopplungsteilers am Verstärkerausgang als Produkt aus dem Teilerverhältnis K_R und der Differenzverstärkung V_D mit Berücksichtigung der Phasenumkehr (Faktor - 1) im Verstärker. Dabei ist $u_{11\sim} = 0$ zu setzen.

Auf das Aufzeichnen eines Blockbildes kann bei diesem einfachen einschleifigen System verzichtet werden. An der Trennstelle liegt ein ausreichend niederohmiger Ausgangswiderstand vor, so daß man die abgetrennte Last am offen gelegten Ausgang nicht berücksichtigen muß.

TCA 971 Substrat=Anschluß 13
Der Substratanschluß muß mit dem negativsten Potential verbunden werden.

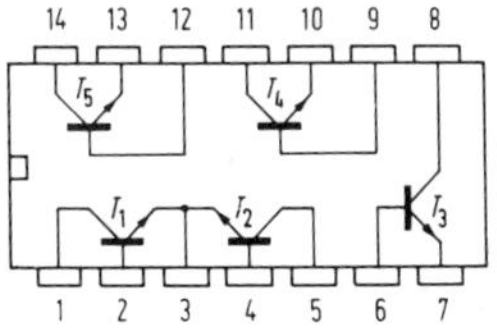

I_C-U_{BE}-Verlauf
nach $I_C \simeq k \cdot \exp \frac{U_{BE}}{U_T}$
mit $U_T \simeq 26\text{mV}$

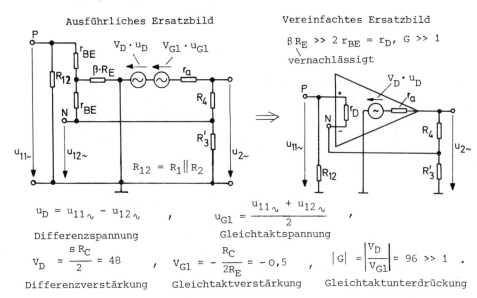

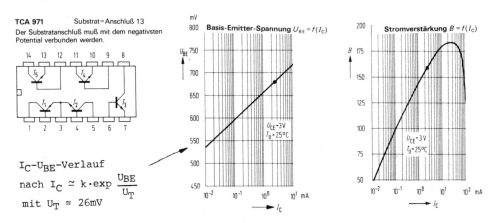

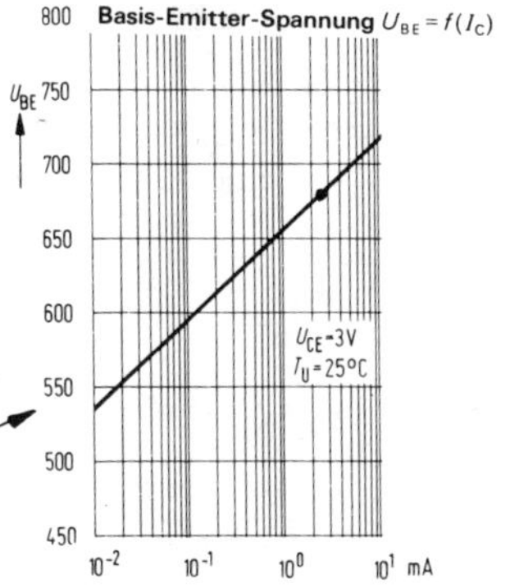

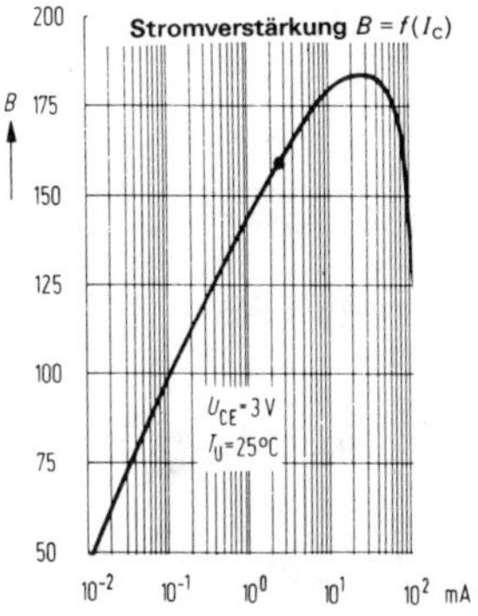

V.17	Schmalbandverstärker

Lehrbuch: Abschnitte 12.12 und 12.14

Zu untersuchen ist der folgende dreistufige Schmalbandverstärker für die Bandmittenfrequenz f_o = 450 kHz, bestehend aus dem emittergekoppelten Transistorpaar T1/T2 und einem nachgeschalteten Emitterfolger. Der in der Schaltung eingesetzte Schwingkreis wird von Aufg. III.9 übernommen. Es wird der monolitisch integrierte Transistorbaustein TCA 971 verwendet (siehe Aufg. V.16).

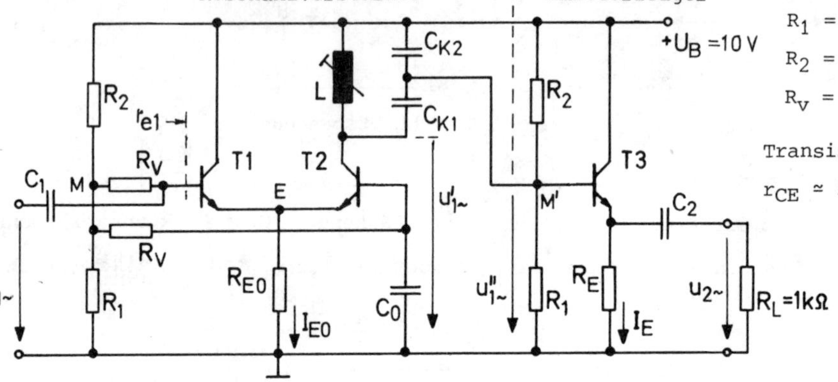

R_1 = 68 kΩ

R_2 = 27 kΩ

R_V = 10 kΩ

Transistoren:

$r_{CE} \simeq$ 50 kΩ

a) Man bestimme die Widerstände R_{Eo} und R_E für die Kollektorruheströme $I_{C1} = I_{C2}$ = 1 mA und I_{C3} = 10 mA.

b) Man entwickle eine Ersatzschaltung für den Eingang und bestimme die notwendigen Kapazitätswerte C_1 und C_o.

c) Man entwickle eine Ersatzschaltung für den Resonanzverstärker.

d) Man bestimme angenähert die Übertragungsbandbreite sowie die Spannungsverstärkung in Bandmitte.

e) Welche Ausgangsamplitude ist verzerrungsfrei erreichbar?

Lösungen

a) Die Werte für B und U_{BE} werden den Kennlinien des TCA 971 entnommen .

Basisströme: $I_{B1} = I_{B2} = \frac{I_{C1}}{B_1} = \frac{1\,\text{mA}}{140} \simeq 7{,}2\,\mu\text{A}$, $I_{B3} = \frac{I_{C3}}{B_3} = \frac{10\,\text{mA}}{180} = 55\,\mu\text{A}$.

Mit der Ersatzspannungsquelle für die Basisspannungsteiler findet man die Spannungen U_M und U'_M (zwischen den Punkten M bzw. M' und Masse):

$$U_M = U_B \cdot \frac{R_1}{R_1+R_2} - \frac{R_1 \cdot R_2}{R_1+R_2} \cdot 2\,I_{B1} = 7{,}15\,\text{V} - 19{,}3\,\text{k}\Omega \cdot 14{,}4\,\mu\text{A} \simeq 6{,}9\,\text{V} \;.$$

$$U'_M = U_B \cdot \frac{R_1}{R_1+R_2} - \frac{R_1 \cdot R_2}{R_1+R_2} \cdot I_{B3} = 7{,}15\,\text{V} - 19{,}3\,\text{k}\Omega \cdot 55\,\mu\text{A} \simeq 6{,}1\,\text{V} \;.$$

(19,3 kΩ: Innenwiderstand des Teilers $R_1 - R_2$)

Ferner gilt: $I_{Eo} \cdot R_{Eo} + U_{BE1} + I_{B1} \cdot R_V = U_M$.

Mit $I_{Eo} \simeq I_{C1} + I_{C2}$ = 2 mA und $U_{BE1} \simeq$ 0,65 V wird: $\underline{R_{Eo} \simeq 3\,\text{k}\Omega}$.

Es gilt auch: $I_E \cdot R_E + U_{BE3} = U'_M$.

Mit $I_E \approx I_{C3} = 10\,\text{mA}$ und $U_{BE3} = 0{,}72\,\text{V}$ wird: $\underline{R_E \approx 0{,}56\,\text{k}\Omega}$ (gerundet auf Normwert).

b) Eingangsersatzschaltung für $f \approx f_o$ und $C_o \to \infty$:

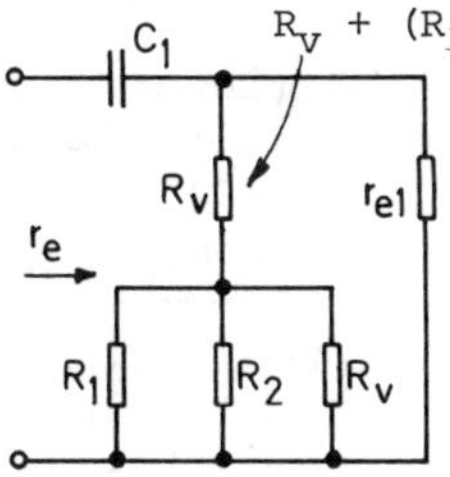

$R_V + (R_1 \| R_2 \| R_V) \approx 16{,}6\,\text{k}\Omega$

$$r_{e1} = r_{BE1} + \beta_1 \cdot \left[R_{EO} \| \frac{1}{s_2} \cdot (1 + \frac{R_{res}}{r_{CE2}}) \right],$$

R_{res} = Resonanzwiderstand des Kreises

$$r_{BE1} \approx \frac{U_T}{I_{B1}} \approx \frac{26\,\text{mV}}{7{,}2\,\mu\text{A}} \approx 3{,}6\,\text{k}\Omega, \quad \beta_1 \approx 140, \quad R_{EO} \approx 3\,\text{k}\Omega,$$

$$s_2 \approx \frac{I_{C2}}{U_T} = \frac{1\,\text{mA}}{26\,\text{mV}} \approx 38\,\text{mS}, \quad r_{CE2} \approx 50\,\text{k}\Omega, \quad R_{res} \approx 100\,\text{k}\Omega.$$

Damit wird: $r_{e1} \approx 3{,}6\,\text{k}\Omega + 140 \cdot [\,3\,\text{k}\Omega \| 0{,}026\,\text{k}\Omega \cdot 3\,]$

$$\approx 14\,\text{k}\Omega \;\to r_e \approx \underline{7{,}5\,\text{k}\Omega} \quad \to \quad \frac{1}{\omega_o C_1} \ll r_e \to C_1 \approx \underline{1\,\text{nF}}.$$

Die Kapazität C_o ist so zu wählen, daß sie in die Schaltung hinein einen vergleichsweise hochohmigen Widerstand „sieht". Sie sieht in T2 einen Transistor in Emitterschaltung (mit Stromgegenkopplung) und einer Spannungsverstärkung von ungefähr 1000 mit einer entsprechend hohen Millerkapazität im Bereich Nanofarad. Daher wählt man: $C_o \approx \underline{100\,\text{nF}}$. Um Verwirrungen vorzubeugen: Für ein Signal am Schaltungseingang arbeitet T1 als Emitterfolger und T2 in Basisschaltung ohne Miller-Effekt.

c) Ersatzbild des Resonanzverstärkers

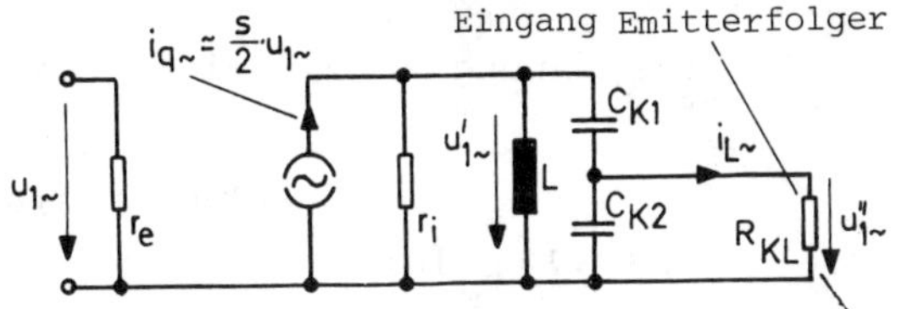

Schwingkreis:

$C_{K1} \approx 430\,\text{pF}$, $\quad L \approx 400\,\mu\text{H}$,

$C_{K2} \approx 1300\,\text{pF}$,

$$ü = 1 + \frac{C_{K2}}{C_{K1}} = 4 .$$

$r_e \approx 7{,}5\,\text{k}\Omega$, $s \approx 38\,\text{mS}$ (siehe oben),

$r_i \approx 2\,r_{CE} \approx 2 \cdot 50\,\text{k}\Omega = 100\,\text{k}\Omega$

$R_{KL} \approx R_1 \| R_2 \| \beta_3 (R_E \| R_L) \approx 15\,\text{k}\Omega.$

d) Der Schwingkreis wird wie in Aufg. III.9 belastet: $Q_B \approx 45$ wie dort.

$\to \Delta f = \frac{1}{Q_B} \cdot f_o \approx \underline{10\,\text{kHz}}$. Nach III.9 muß bei Resonanz gelten:

$$A_i = A_{io} = \frac{i_{L\sim}}{i_{q\sim}} \approx 0{,}85 . \text{ Mit } i_{L\sim} = \frac{u''_{1\sim}}{R_{KL}} \text{ und } i_{q\sim} = \frac{s}{2} \cdot u_{1\sim} \text{ folgt:}$$

$$V_u = V_{uo} = \frac{u''_{1\sim}}{u_{1\sim}} \approx \frac{u_{2\sim}}{u_{1\sim}} \approx 0{,}85 \cdot \frac{s}{2} \cdot R_{KL} \approx 0{,}85 \cdot 19\,\text{mS} \cdot 15\,\text{k}\Omega \approx \underline{240} .$$

└─Emitterfolger!

e)

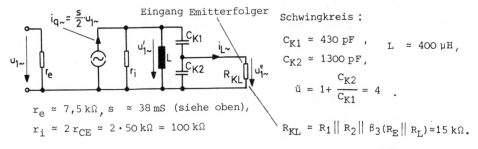

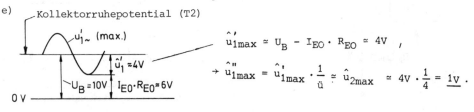

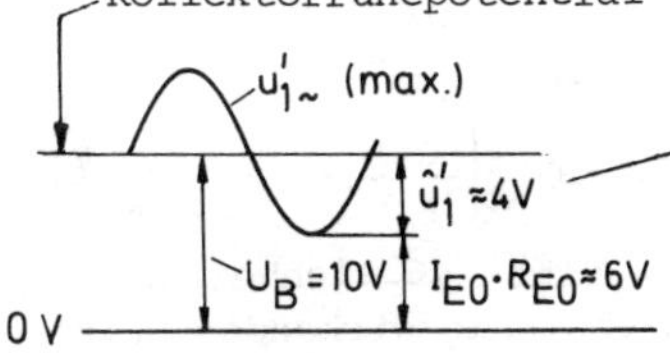

$\hat{u}'_{1max} \approx U_B - I_{EO} \cdot R_{EO} \approx 4\text{V}$,

$$\to \hat{u}''_{1max} = \hat{u}'_{1max} \cdot \frac{1}{ü} \approx \hat{u}_{2max} \approx 4\text{V} \cdot \frac{1}{4} = \underline{1\text{V}} .$$

VI Operationsverstärker

VI.1	Nichtinvertierender Verstärker

Lehrbuch: Abschnitte 13.1 bis 13.4

Gegeben sei ein Operationsverstärker vom Typ 741C (interne Frequenzgangkorrektur), der folgende Kennwerte für $T_U = 25^{o}C$ besitzt:

V_O	Leerlaufverstärkung	10^5
U_{os}	Offsetspannung (Eingangsoffsetspannung)	$\pm 2\,mV$ ×)
$\frac{\partial U_{os}}{\partial T}$	Offsetspannungsdrift	$\pm 10\,\frac{\mu V}{K}$
I_O	mtl. Eingangsruhestrom	$+300\,nA$
I_{os}	Offsetstrom	$\pm\,50\,nA$
$\frac{\partial I_{os}}{\partial T}$	Offsetstromdrift	$\pm\,50\,\frac{pA}{K}$

Anschlußbild (von oben)

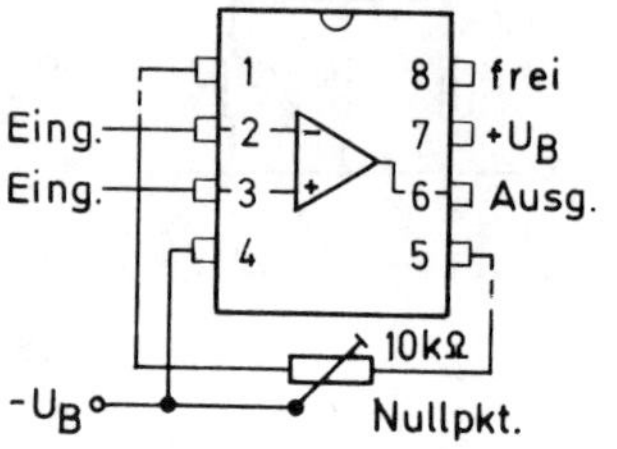

×) Vorzeichen unbestimmt! Die Fehlerkennwerte seien Maximalwerte.

a) Man gebe eine möglichst einfache Schaltung an für eine Spannungsverstärkung von etwa 100.

b) Man schreibe zu a) die Übertragungsgleichung an unter Berücksichtigung der Fehlerspannung am Ausgang (Bezugstemperatur 25° C).

c) Man ergänze die Schaltung für eine Nullpunktkorrektur und verbesserte Nullpunktkonstanz.

d) Man ermittle die maximale Fehlerspannung zu c) bei $T_U = 45^{o}$ C nach vorherigem Abgleich bei 25° C.

Lösungen

a)

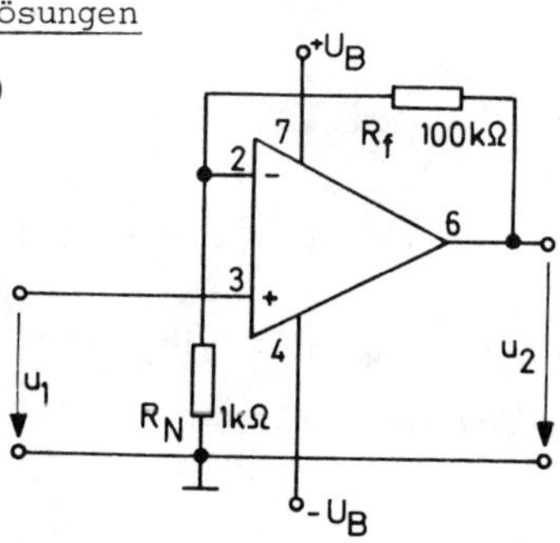

b) $$u_2 \approx \left(1+\frac{R_f}{R_N}\right)\cdot u_1 + U_{2F} \approx 101 u_1 + U_{2F}$$ (Fehlerspannung: U_{2F})

mit $$U_{2F} \approx \left(1+\frac{R_f}{R_N}\right)\left[\left(I_O+\frac{I_{os}}{2}\right)\cdot(R_N\|R_f) - U_{os}\right].$$

Für $I_O = +300\,nA$, $I_{os} = +50\,nA$, $U_{os} = -2\,mV$:
$$U_{2F} \approx 101\cdot(0{,}325\,\mu A\cdot 1\,k\Omega + 2\,mV) \approx 235\,mV\,.$$

Für $I_O = +300\,nA$, $I_{os} = -50\,nA$, $U_{os} = +2\,mV$:
$$U_{2F} \approx 101\cdot(0{,}275\,\mu A\cdot 1\,k\Omega - 2\,mV) \approx -175\,mV,$$

$$\rightarrow \underline{-175\,mV < U_{2F} < 235\,mV}\,.$$

c)

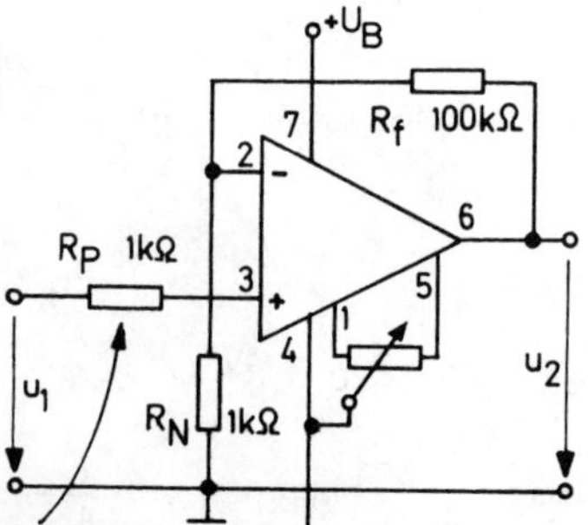

R_P eliminiert Einfluß von I_O.

d)

25° C : $U_{2F} = 0$ durch Nullabgleich

$$45^{o}\text{ C}: U_{2F} \approx 101\cdot\frac{\partial I_{os}}{\partial T}\cdot\frac{(R_N\|R_f)+R_p}{2}\cdot\Delta T - 101\cdot\frac{\partial U_{os}}{\partial T}\cdot\Delta T$$

$$|U_{2F}| \le 101\cdot\left[\frac{50\,pA}{K}\cdot 1\,k\Omega + \frac{10\,\mu V}{K}\right]\cdot 20\,K$$

$\le \underline{20\,mV}$ (Gleichheitszeichen gilt bei gleichsinnig wirkenden Driften).

VI.2	Invertierender Verstärker

Lehrbuch: Abschnitte 13.1 bis 13.4

Gegeben sei derselbe Operationsverstärker wie in Aufgabe VI.1.

a), b), c) und d) wie in Aufgabe VI.1.

e) Man gebe alternative Schaltungen zur Nullpunktkorrektur an.

Lösungen

a)

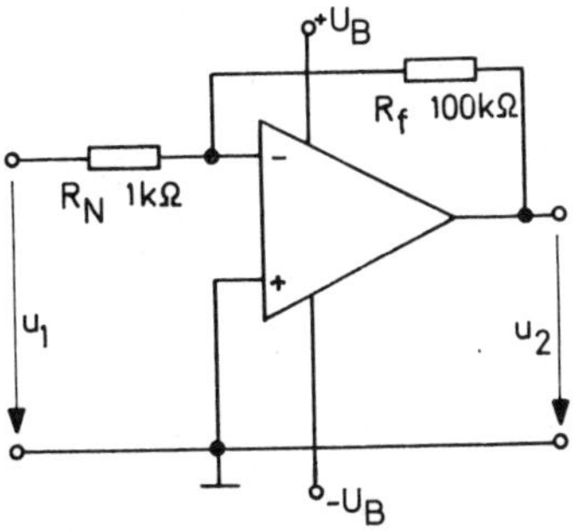

b) $u_2 \approx -\frac{R_f}{R_N} \cdot u_1 + U_{2F} = -100 \cdot u_1 + U_{2F}$.

Die Fehlerspannung U_{2F} am Ausgang, auch „Ausgangsoffsetspannung" genannt, ergibt sich genau wie bei Aufg. VI.1. Sie kann also je nach Exemplar des OPs in folgenden Grenzen auftreten:

$$-175\,\text{mV} < U_{2F} < 235\,\text{mV} .$$

Bei der vorliegenden Beschaltung ist U_{2F} hauptsächlich eine Folge von U_{OS}.

c)

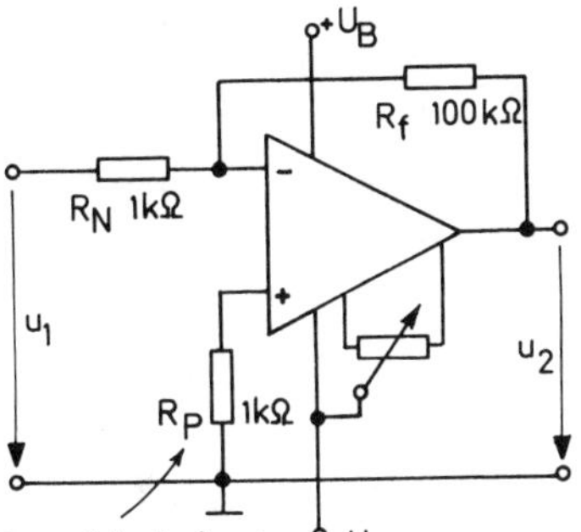

R_P eliminiert Einfluß von I_O

d)

25°C: $U_{2F} = 0$ durch Nullabgleich

Die Fehlerspannung U_{2F} wird mit dem Nullpotentiometer bei 25°C kompensiert. Sie bildet sich aber durch die Drift der Fehlergrößen U_{OS} und I_{OS} teilweise wieder neu.

Berechnung wie bei VI.1 :

$\rightarrow \quad |U_{2F}| \leq \underline{20\,\text{mV}}$.

e)

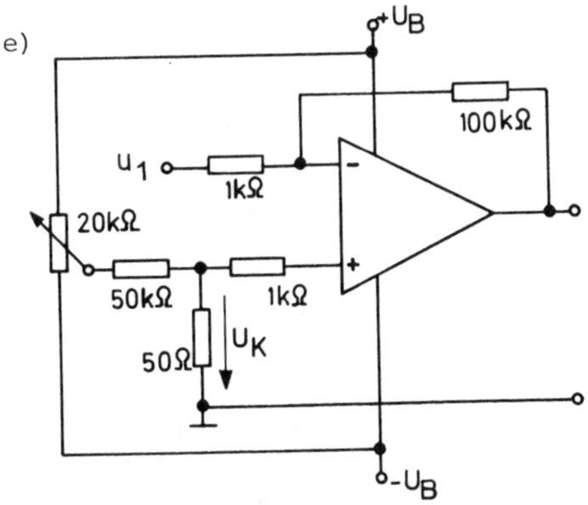

oder

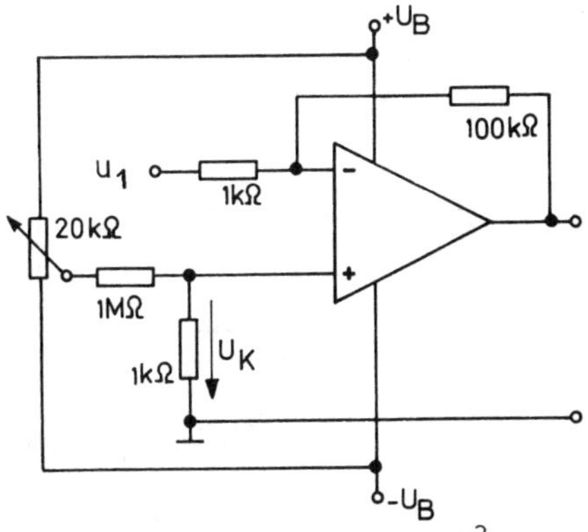

In beiden Fällen kann am P-Eingang eine Spannung U_K von maximal $\pm 10^{-3} \cdot U_B$ eingestellt werden, die mit dem Faktor 101 auf den Ausgang übertragen wird, um so eine umgekehrt wirkende Fehlerspannung zu kompensieren. Der Quellenwiderstand für den Ruhestrom am P-Eingang bleibt praktisch unverändert 1kΩ! Die Schaltungen sind also gleichwertig.

Lehrbuch: Abschnitte 13.3 bis 13.5

Gegeben seien die beiden folgenden Schaltungen, in denen ein Operationsverstärker mit relativ kleinen Eingangsfehlergrößen eingesetzt wird. (Daten nach Aufg. VI.4)

A) Halbbrückenschaltung

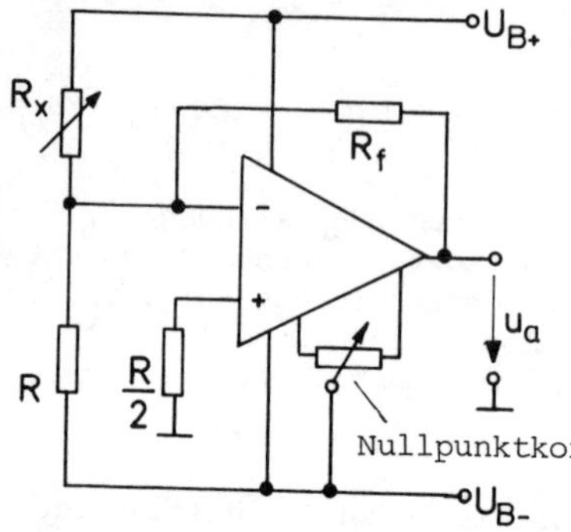

$R = 1\ \mathrm{k\Omega}$

$R_x = R(1+x)$

$R_f = 100\ \mathrm{k\Omega}$

$x \ll 1$

B) Vollbrückenschaltung

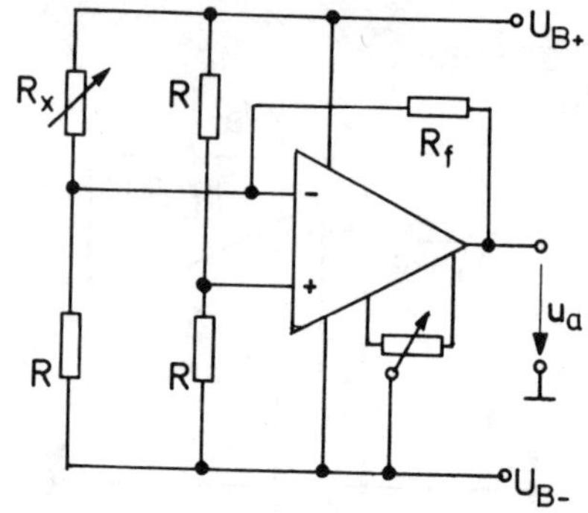

a) Man bestimme die Ausgangsspannung u_a als Funktion des veränderlichen Widerstandes R_x für kleine Werte x bei symmetrischen Betriebsspannungen U_{B+} und U_{B-} ($|U_{B+}| = |U_{B-}| = U_B = 10\,V$).

b) Welche Fehlerspannung bildet sich am Ausgang, wenn die positive Betriebsspannung um $\Delta U_B = \pm\ 10\,mV$ schwankt?

(Betriebsspannungsdrift $\frac{\partial U_{os}}{\partial U_B} = \pm\ 40\ \frac{\mu V}{V}$, Einfluß auf U_{os}, Vorzeichen unbestimmt)

Lösungen zu Variante A

a) Der Teiler mit R_x und R wird durch seine Ersatzspannungsquelle dargestellt:

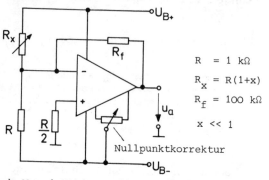

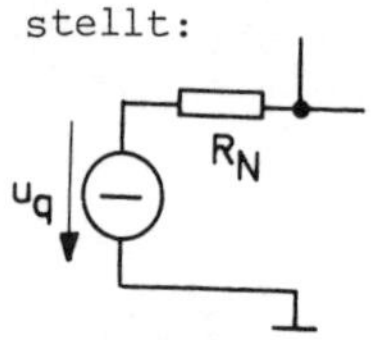

$$u_q \approx 2U_B \cdot \frac{R}{2R + R \cdot x} - U_B$$

$$\approx -\ U_B \cdot \frac{x}{2}$$

$$R_N \approx R \| R_x \approx \frac{R}{2}$$

Damit wird: $u_a \approx -U_B \cdot \frac{x}{2} \cdot \left(-\frac{R_f}{R_N}\right)$

$\approx \underline{1000\,V \cdot x}$

(Nullpunkt korrigiert).

Bei $U_B = 10\,V$ muß $x < 0{,}01$ bleiben !

b) $\Delta u_q \approx \Delta U_B \cdot \frac{R}{2R + R \cdot x} \sim \frac{\Delta U_B}{2} \cdot (1 - \frac{x}{2}) = \pm\ 5\,mV \cdot (1 - \frac{x}{2})$, $\Delta U_{os} \approx \frac{\partial U_{os}}{\partial U_B} \cdot \Delta U_B = \pm\ 0{,}4\,\mu V$,

$\rightarrow u_{aF} \approx \Delta u_q \cdot (-\frac{R_f}{R_N}) - \Delta U_{os} \cdot (1 + \frac{R_f}{R_N}) \rightarrow |u_{aF}| \leq 1\,V \cdot (1 - \frac{x}{2}) + 80\,\mu V \approx \underline{1\,V}$.

Lösungen zu Variante B

a) Wie bei Variante A)

b) $u_{aF} \approx \Delta u_q \cdot (-\frac{R_f}{R_N}) - \Delta U_{os} \cdot (1 + \frac{R_f}{R_N}) + \frac{\Delta U_B}{2} \cdot (1 + \frac{R_f}{R_N}) \rightarrow |u_{aF}| \approx \underline{5\,mV + 1\,V \cdot \frac{x}{2}}$.

Δu_q wie oben — ΔU_{os} wie oben — Steuerwirkung auf P-Eingang

Die Betriebsspannungsdrift der Eingangs-Offsetspannung hat in beiden Fällen A und B nur geringe Wirkung (80 µV) . Vergleichsweise groß ist dagegen der Einfluß der Betriebsspannungsänderung über die Eingangsteiler, ganz besonders bei der „Halbbrückenschaltung". Diese ist nur zu gebrauchen bei extrem stabiler Betriebsspannung.

Lehrbuch: Abschnitte 13.3 bis 13.6

Die folgende Schaltung soll zur Anzeige einer relativen Änderung des Widerstandes R_x gegenüber seinem Grundwert R_o dienen.

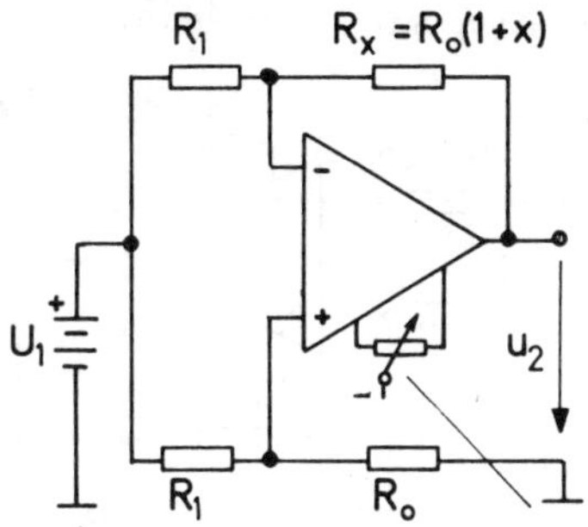

Brücke: $0 < x < 1$

$R_1 = 100\Omega$, $R_o = 900\Omega$, $U_1 = 5V$

Operationsverstärker (Typ 3500):

Leerlaufverstärkung	V_o	$= 10^5$
Gleichtaktunterdrückung	G	$= 10^5$
Eingangsfehlergrößen	I_o	$= \pm\, 50nA$
(typische Werte)	I_{os}	$= \pm\, 30nA$
	U_{os}	$= \pm\, 0{,}5mV$

a) Man bestimme die Ausgangsspannung u_2 für einen idealen OP.

b) Welcher relative Anzeigefehler ε ergibt sich aufgrund der endlichen Leerlaufverstärkung V_o?

c) Welche Fehlerspannung ergibt sich am Ausgang aufgrund der Eingangsfehlergrößen und der Gleichtaktsteuerung?

Lösungen

a) Die Spannung U_1 wird auf nichtinvertierendem und invertierendem Weg (Überlagerung) übertragen. Man kann direkt schreiben:

$$u_2 \simeq \left(1+\frac{R_x}{R_1}\right)\cdot\frac{R_o}{R_o+R_1}U_1 - \frac{R_x}{R_1}\cdot U_1 = -U_1\cdot\frac{R_o\cdot x}{R_o+R_1} = \underline{-\,4{,}5V\cdot x}\ .$$

b) Mit Berücksichtigung der Leerlaufverstärkung gilt:

$$u_2 = \frac{V_o}{1+V_o\dfrac{R_1}{R_1+R_x}}\cdot\left[\underbrace{\frac{R_o}{R_o+R_1}U_1}_{\text{nichtinvert.}} - \underbrace{\frac{R_x}{R_1+R_x}U_1}_{\text{invert.}}\right] = -\,U_1\cdot\frac{R_o\cdot x}{R_o+R_1}\cdot\underbrace{\frac{1}{1+\dfrac{1}{|V_S|}}}_{\text{Korrekturfaktor } K}$$

mit $|V_S| = V_o\dfrac{R_1}{R_1+R_x}$ Betrag der Schleifenverstärkung.

Mit $|V_S| \simeq 5\cdot 10^3\big|_{x=1}$ bzw. $|V_S| = 10^4\big|_{x=0}$ gilt $1 > K > 0{,}9998$.

Der relative Anzeigefehler ε bleibt also kleiner als 0,2‰.

c) $$u_{2F} \simeq \left(1+\frac{R_x}{R_1}\right)\cdot\left\{I_o\cdot\left[(R_1\|R_x)-(R_1\|R_o)\right] + \frac{I_{os}}{2}\cdot\left[(R_1\|R_x)+(R_1\|R_o)\right] - U_{os} + \frac{U_1\cdot R_o}{R_1+R_o}\cdot\frac{1}{G}\right\},$$

Die Fehleranteile von I_o und I_{os} sind vernachlässigbar, da der OP relativ niederohmig beschaltet ist. Von Bedeutung sind nur die beiden letzten Terme. Man findet:

$|u_{2F}| \simeq 10\,mV$ bei $x = 1$ und $|u_{2F}| \simeq 5\,mV$ bei $x = 0$.

Mit dem Nullpotentiometer lassen sich diese Fehler kompensieren, solange der Nullabgleich nicht durch die verschiedenen Driften gestört wird.

Lehrbuch: Abschnitte 13.3 bis 13.6

Es seien die folgenden Schaltungen mit umschaltbarer Spannungsverstärkung gegeben:

A) nichtinvertierender Verstärker

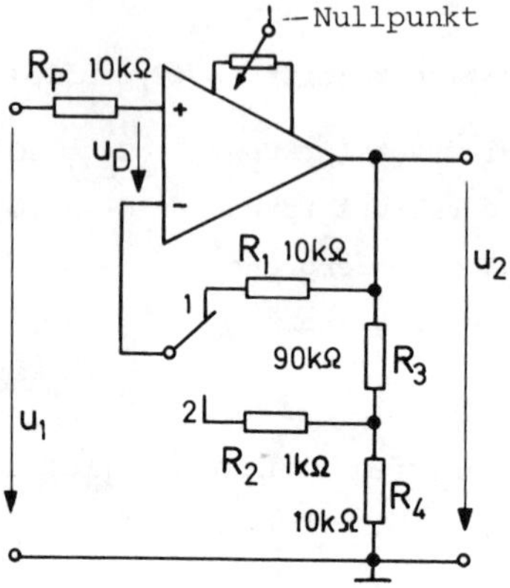

B) invertierender Verstärker

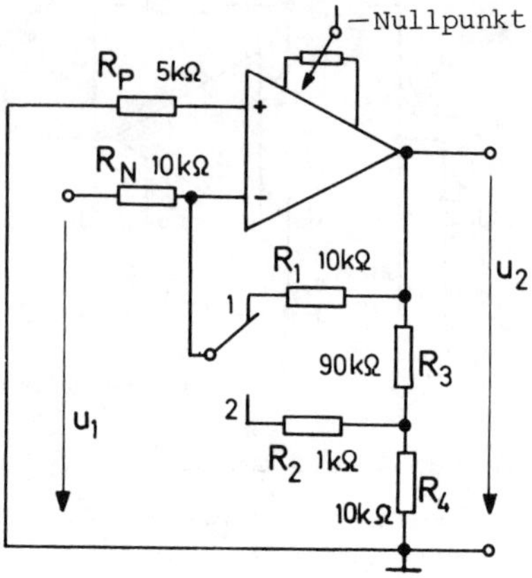

Daten des Operationsverstärkers (Auszug vom Typ 3500E, Burr-Brown):

V_o	Leerlaufverstärkung	10^5	für tiefe Frequenzen
r_D	Differenzeingangswiderstand	10 MΩ	
r_{Gl}	Gleichtakteingangswiderstand	5000 MΩ	
r_a	Ausgangswiderstand	1 kΩ	
S	slew rate (maximale Spannungsanstiegsgeschwindigkeit)		$1 \frac{V}{\mu s}$

a) Man bestimme die Spannungsverstärkung $V_u = \frac{u_2}{u_1}$ unter der Annahme idealer Operationsverstärker.

b) Man zeige, daß die Nullpunktkorrektur nicht von der Schalterstellung beeinflußt wird.

c) Welcher Eingangswiderstand ergibt sich?

d) Welcher Ausgangswiderstand ergibt sich?

e) Welche Großsignalbandbreite ergibt sich für eine Ausgangsamplitude von 10 V?

Lösungen zu Variante A

a) Schalterstellung 1:

$u_1 = u_2$ (wegen $u_D = 0$)

$\rightarrow V_u = \underline{1}$ (Spannungsfolger) ,

Schalterstellung 2:

$u_1 = u_2 \cdot \frac{R_4}{R_3+R_4} = u_2 \cdot \frac{1}{10}$ $(u_D = 0)$

$\rightarrow V_u = \underline{10}$.

b) Die Eingangsströme I_P (P-Eingang) und I_N (N-Eingang) fließen jeweils über gleiche Widerstände ($R_P = R_1$ bzw. $R_P = R_2+(R_3 \| R_4)$) und bilden damit bei verschiedener Größe stets die gleiche Fehlerspannung am Eingang, die zusammen mit der (Eingangs-) Offsetspannung U_{os} durch die Nullpunkteinstellung dann bei beliebiger Schalterstellung kompensiert werden kann.

c) Schalterstellung 1:

$$r_{ein} = R_P + r_{Gl} \| r_D(1+V_o)$$
$$\approx r_{Gl} = \underline{5000\,M\Omega}$$

Schalterstellung 2:

$$r_{ein} = R_P + r_{Gl} \| r_D\left(1+V_o \cdot \frac{R_4}{R_3+R_4}\right)$$
$$\approx r_{Gl} = \underline{5000\,M\Omega}$$

Der berechnete Widerstand r_{ein} stellt einen differentiellen Widerstand dar, in dem der Eingangsruhestrom nicht erfaßt ist!

d) Schalterstellung 1:

$$r_{aus} \approx \frac{r_a}{1+V_o} \approx \frac{r_a}{V_o}$$
$$\approx \underline{0{,}01\,\Omega} \quad ,$$

Schalterstellung 2:

$$r_{aus} \approx \frac{r_a}{1+V_o \cdot \frac{R_4}{R_3+R_4}} \approx \frac{r_a}{V_o} \cdot \left(1+\frac{R_3}{R_4}\right) \approx \underline{0{,}1\,\Omega} \; .$$

Der Ausgangswiderstand ergibt sich jeweils in der Form $r_{aus} = \frac{r_a}{1+|V_s|}$ mit $|V_s|$ als Betrag der Schleifenverstärkung .

e) Die Änderungsgeschwindigkeit $\frac{du}{dt}$ hat ihr Maximum beim Nulldurchgang der Spannung. Der maximal mögliche Wert wird durch die slew rate S gegeben. Es gilt:

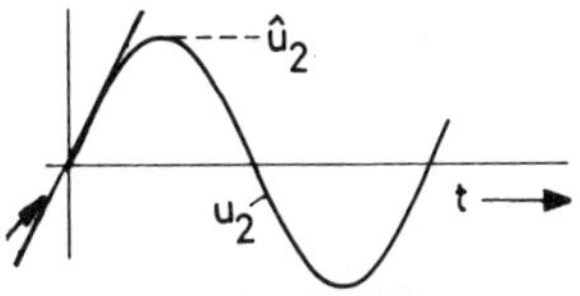

$$u_2 = \hat{u}_2 \cdot \sin\omega t \rightarrow \left.\frac{du_2}{dt}\right|_{max} = \hat{u}_2 \cdot \omega = \hat{u}_2 \cdot 2\pi f = S \longrightarrow f_g = \frac{S}{2\pi\hat{u}_2} = \frac{1V}{2\pi \cdot 10V \cdot \mu s}$$

Die Frequenz f_g gibt die Großsignalbandbreite für $\hat{u}_2 = 10V$ an unabhängig von der Schalterstellung. $\approx \underline{15{,}9\,kHz}$.

Vorausgesetzt wird eine Betriebsspannung $U_B > 10\,V$.

Eine Herabsetzung der Amplitude vergrößert die Großsignalbandbreite.

<u>Lösungen zu Variante B</u>

a) Schalterstellung 1:

$$\frac{u_1}{R_N} + \frac{u_2}{R_1} = 0 \quad \text{(virtuelle Masse am N-Eingang)}$$

$$\rightarrow V_u = -\frac{R_1}{R_N} = -\underline{1} \text{ (Inverter)} \quad ,$$

Schalterstellung 2:

$$\frac{u_1}{R_N} + u_2 \cdot \frac{R_4}{R_3+R_4} \cdot \frac{1}{R_2+(R_3\|R_4)} = 0$$

$$\rightarrow V_u = -\frac{R_2R_3+R_2R_4+R_3R_4}{R_N \cdot R_4} = -\underline{10} \quad .$$

b) Begründung analog zu Variante A. Für die Widerstände gilt hier: $R_p = R_N \| R_1$ bzw. $R_p = R_N \| [R_2+(R_3\|R_4)]$. R_P wurde entsprechend gewählt.

c) In jedem Fall ergibt sich $r_{ein} = R_N = 10\,k\Omega$, da der N-Eingang des OP als virtueller Massepunkt zu betrachten ist.

d) Schalterstellung 1:

$$r_{aus} \approx \frac{r_a}{1+V_o \cdot \frac{R_N}{R_N+R_1}} \approx \frac{r_a}{V_o} \cdot \left(1+\frac{R_1}{R_N}\right)$$

$$\approx \underline{0{,}02\,\Omega}$$

Schalterstellung 2:

$$r_{aus} \approx \frac{r_a}{1+\underbrace{V_o \cdot \frac{R_4\|(R_2+R_N)}{R_3+[R_4\|(R_2+R_N)]} \cdot \frac{R_N}{R_N+R_2}}_{\text{Schleifenverstärkung } V_S\ ^{x)}}}$$

$$\approx \frac{r_a}{V_o} \cdot \frac{R_3(R_N+R_2+R_4)+R_4(R_N+R_2)}{R_NR_4} \approx \underline{0{,}2\,\Omega}.$$

e) Wie bei Variante A)

x) Zur Ermittlung von V_s trennt man zweckmäßig vor dem N-Eingang auf und setzt $u_1 = 0$ (Kurzschluß nach Masse).

VI.6	Frequenzgang und Stabilität

Lehrbuch: Abschnitte 13.3 und 13.6

Es ist ein nichtinvertierender Verstärker mit einem Operationsverstärker aufzubauen, dessen Leerlaufverstärkung durch folgende Kenndaten beschrieben wird:

$V_o(0) = 10^5$, $f_{o1} = 100\,\text{Hz}$ (erste Eckfrequenz), $f_{o2} = 1\,\text{MHz}$ (zweite Eckfrequenz)

Die Frequenzgangkorrektur ist zur Erreichung einer hohen Bandbreite nur schwach ausgeführt, so daß zwei Abwärtsknicke entsprechend f_{o1} und f_{o2} oberhalb der 0-dB-Linie auftreten.

a) Man zeichne den Frequenzgang der Leerlaufverstärkung $V_o(f)$ auf und ermittle den zugehörigen Phasenwinkelverlauf $\varphi_o(f)$.

b) Man gebe die Beschaltung des Verstärkers für folgende Spannungsverstärkungen an: α) $V_u \simeq 200$, β) $V_u \simeq 2$.

c) Man bestimme zu b) die jeweilige Frequenz f_s, bei der die Schleifenverstärkung V_s zu Eins wird, sowie die Phasenreserve φ_r.

d) Man stelle den Frequenzgang der Spannungsverstärkung V_u analytisch und graphisch dar.

e) Welche Kleinsignalbandbreite B ergibt sich?

Lösungen

a) $$\underline{V}_o(f) = \frac{V_o(0)}{(1+j\frac{f}{f_{o1}})\cdot(1+j\frac{f}{f_{o2}})}$$

$$|V_o(f)| = \frac{V_o(0)}{\sqrt{1+(\frac{f}{f_{o1}})^2}\cdot\sqrt{1+(\frac{f}{f_{o2}})^2}}$$

$$\frac{f}{f_o} = \frac{\omega}{\omega_o}$$

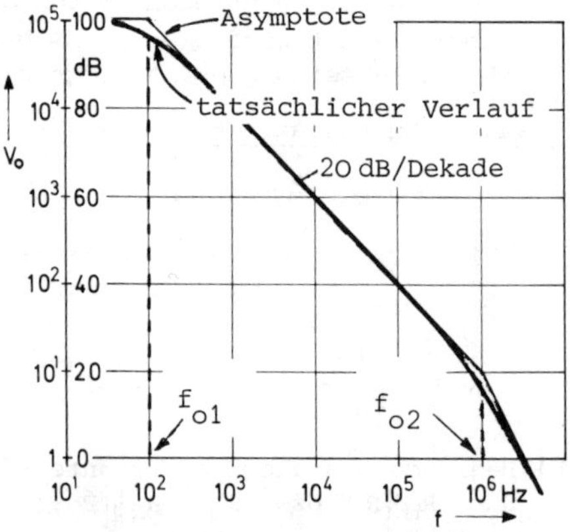

$$\varphi_o(f) = -\arctan\frac{f}{f_{o1}} - \arctan\frac{f}{f_{o2}}$$

Jeder Abwärtsknick bewirkt eine Phasendrehung um zusätzlich 90°. Die Drehung setzt bereits bei Frequenzen unterhalb der jeweiligen Eckfrequenz (Knickfrequenz) ein.

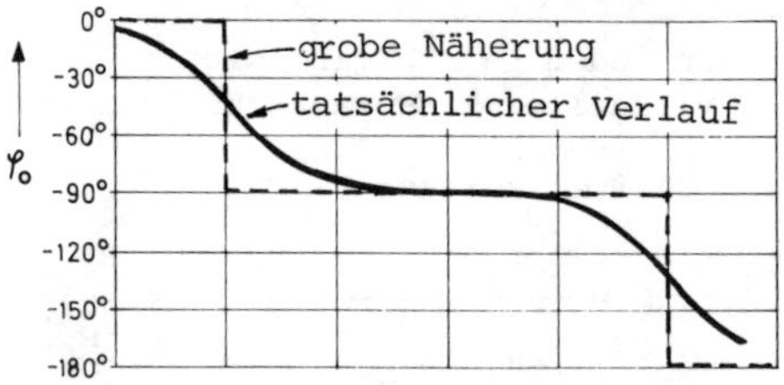

b)

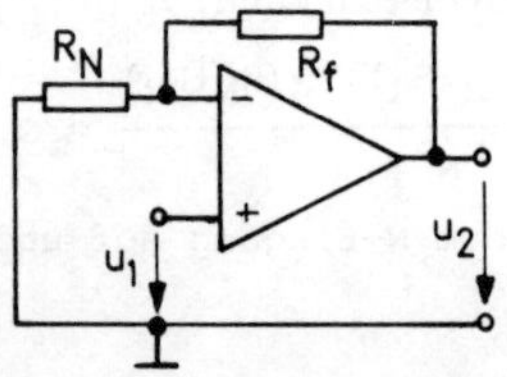

Im NF-Bereich gilt:

α) $V_u \simeq 1 + \frac{R_f}{R_N} = 200 \rightarrow R_f = 20\,\text{k}\Omega,\ R_N = 100{,}5\,\Omega$.
(als Beispiel)

β) $V_u \simeq 1 + \frac{R_f}{R_N} = 2 \rightarrow R_f = 10\,\text{k}\Omega,\ R_N = 10\,\text{k}\Omega$.

c) Man bestimmt f_s durch den Schnitt einer Horizontalen in der Höhe $V_u(0)$ mit der abfallenden Flanke der Leerlaufverstärkung.

α) $V_u(0) = 200$

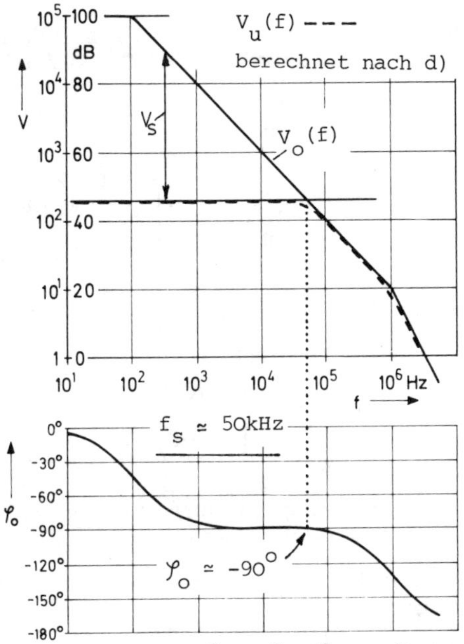

$\varphi_r \approx 360^\circ - 180^\circ - 90^\circ = \underline{90^\circ}$

β) $V_u(0) = 2$

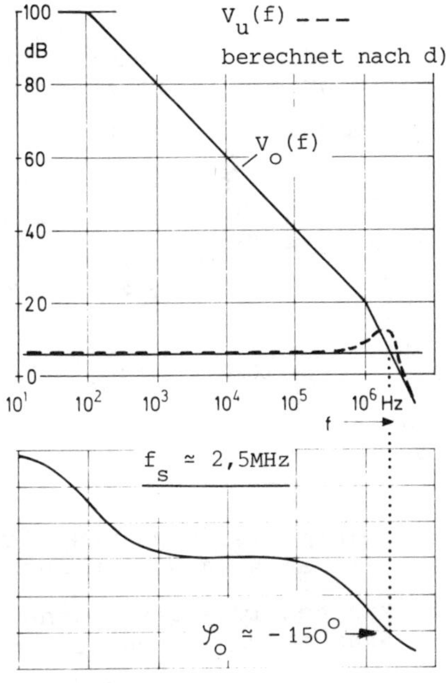

$\varphi_r \approx 360^\circ - 180^\circ - 150^\circ \approx \underline{30^\circ}$

d) Bei ausreichender Gleichtaktunterdrückung erhält man, wenn $V_o(0)$ durch $\underline{V}_o(f)$ ersetzt wird:

$$\underline{V}_u \approx \frac{\underline{V}_o(f)}{1+\underline{V}_o(f)\cdot\frac{R_N}{R_N+R_f}} \approx \frac{\frac{V_o(0)}{(1+j\frac{f}{f_{o1}})(1+j\frac{f}{f_{o2}})}}{1+\frac{V_o(0)}{(1+j\frac{f}{f_{o1}})(1+j\frac{f}{f_{o2}})}\cdot\frac{R_N}{R_N+R_f}} \stackrel{!}{=} \frac{\frac{V_o(0)}{1+V_o(0)\cdot\frac{R_N}{R_N+R_f}}}{1+\frac{j(\frac{f}{f_{o1}}+\frac{f}{f_{o2}})-\frac{f^2}{f_{o1}f_{o2}}}{1+V_o(0)\cdot\frac{R_N}{R_N+R_f}}} .$$

$$\alpha:\ \underline{V}_u \approx \frac{200}{1-\frac{\frac{f^2}{f_{o1}\,f_{o2}}}{500}+j\,\frac{\frac{f}{f_{o1}}+\frac{f}{f_{o2}}}{500}}\ ,\qquad \beta:\ \underline{V}_u \approx \frac{2}{1-\frac{\frac{f^2}{f_{o1}f_{o2}}}{50000}+j\,\frac{\frac{f}{f_{o1}}+\frac{f}{f_{o2}}}{50000}} .$$

Der nach diesen Formeln berechnete Frequenzgang von $V_u = |\underline{V}_u|$ ist in obigen Diagrammen gestrichelt eingetragen. Man stellt fest, daß bei großer Phasenreserve ($\varphi_r > 60^\circ$) eine asymptotische Näherung leicht möglich ist. Bei kleiner Phasenreserve tritt jedoch eine Verstärkungsüberhöhung in der Umgebung der Schnittfrequenz ein. Damit deutet sich die Schwingneigung der Schaltung an. In der Sprungantwort ergibt sich ein Überschwingen.

e) Kleinsignalgrenzfrequenz $f_g \approx$ Schnittfrequenz f_s.
Man liest ab: α) B ≈ 50 kHz, β) B ≈ 2,5 MHz.

VI.7	Wechselspannungsverstärker

Lehrbuch: Abschnitte 13.3 bis 13.6

Zu untersuchen sind die folgenden Schaltungen zur Verstärkung einer Wechselspannung mit Operationsverstärker 741 C. Auf eine Nullpunktkorrektur wird verzichtet.

A) invertierender Verstärker

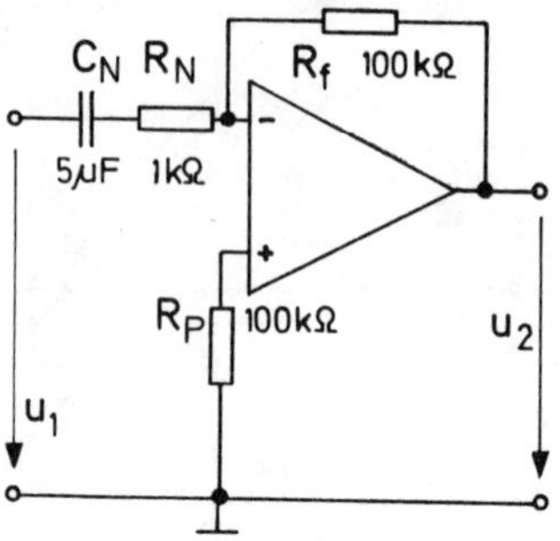

OP 741-C:

$V_o(0) = 10^5$
$f_o = 10\,Hz$
$U_{os} = \pm 2\,mV$
$I_o = 300\,nA$
$I_{os} = \pm 50\,nA$

B) nichtinvertierender Verstärker

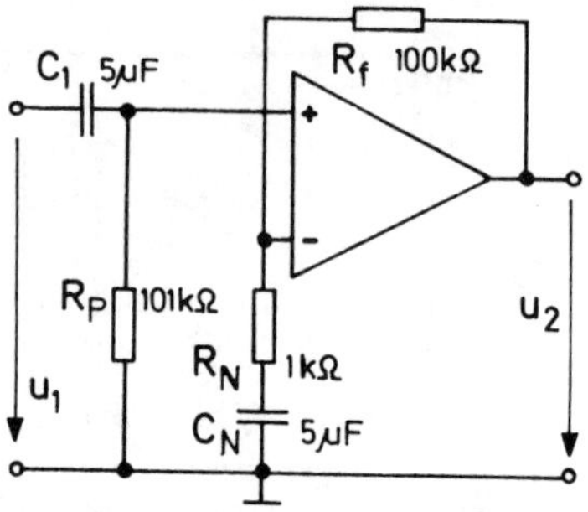

a) Welche Gleichspannung (Ausgangsoffsetspannung) U_{2os} stellt sich am Ausgang ein aufgrund der Eingangsfehlergrößen?

b) Man bestimme die Spannungsverstärkung $\underline{V}_u$ (komplex) unter der Annahme eines idealen Operationsverstärkers.

c) Man bestimme die Spannungsverstärkung $\underline{V}_u$ sowie die Schleifenverstärkung $\underline{V}_s$ für den realen Verstärker mit frequenzabhängiger Leerlaufverstärkung.

d) Man stelle den Frequenzgang von V_u und V_s in asymptotischer Näherung dar.

e) Welche Kleinsignalbandbreite Δf und welche Phasenreserve φ_r weist der Verstärker auf?

Lösungen zu Variante A

a) Mit C_N in Reihe zu R_N ergibt sich gleichstrommäßig die Wirkung $R_N \rightarrow \infty$:

$$\rightarrow U_{2os} \approx I_o(R_f-R_p)+\frac{I_{os}}{2}(R_f+R_p)-U_{os} \approx \pm 25nA\cdot 200k\Omega \pm 2mV \approx \pm \underline{7mV} \text{ maximal}.$$

b) $$\underline{V}_u = \frac{\underline{U}_2}{\underline{U}_1} = -\frac{R_f}{R_N+\frac{1}{j\omega C_N}} = -\frac{j\omega C_N R_f}{1+j\omega C_N R_N} \quad \text{mit Eckfrequenz } f_N = \frac{1}{2\pi C_N R_N} \approx 32\text{ Hz}.$$

c) Für die Leerlaufverstärkung kann man schreiben : $\underline{V}_o \approx \dfrac{V_o(0)}{1+j\frac{\omega}{\omega_o}}$, $\omega_o \approx 2\pi f_o$.
(bei nur einem Abwärtsknick oberhalb der 0-dB-Linie)

Damit wird:

$$\underline{V}_u \approx -\frac{\dfrac{V_o(0)}{1+j\frac{\omega}{\omega_o}}\cdot\dfrac{R_f}{R_N+\frac{1}{j\omega C_N}+R_f}}{1+\dfrac{V_o(0)}{1+j\frac{\omega}{\omega_o}}\cdot\dfrac{R_N+\frac{1}{j\omega C_N}}{R_N+\frac{1}{j\omega C_N}+R_f}} = -\frac{j\omega C_N R_f}{1+j\omega C_N R_N}\cdot\underbrace{\frac{1}{1+\dfrac{1+j\frac{\omega}{\omega_o}}{V_o(0)}\cdot\dfrac{1+j\omega C_N(R_N+R_f)}{1+j\omega C_N R_N}}}_{\text{Korrekturglied}},$$

Für höhere Frequenzen ($\omega \gg \omega_o$, $\omega C_N R_N \gg 1$) folgt:

$$\underline{V}_u \simeq -\frac{R_f}{R_N}\cdot\frac{1}{1+j\frac{\omega}{\omega_o'}} \quad \text{mit} \quad \omega_o' = \omega_o\cdot V_o(0)\cdot\frac{R_N}{R_N+R_f} \rightarrow f_o' = \frac{\omega_o'}{2\pi} \simeq 10^4\,\text{Hz}.$$

$$\underline{V}_s = -\frac{V_o(0)}{1+j\frac{\omega}{\omega_o}}\cdot\frac{R_N+\frac{1}{j\omega C_N}}{R_N+\frac{1}{j\omega C_N}+R_f} = -\frac{V_o(0)}{1+j\frac{\omega}{\omega_o}}\cdot\frac{1+j\omega C_N R_N}{1+j\omega C_N(R_N+R_f)}$$

Korrekturglied enthält $\frac{1}{V_S}$!

mit Eckfrequenzen $f_o = 10\,\text{Hz}$, $f_N \simeq 32\,\text{Hz}$, $f_N' = \frac{1}{2\pi C_N(R_N+R_f)} \simeq 0{,}32\,\text{Hz}$.

d)

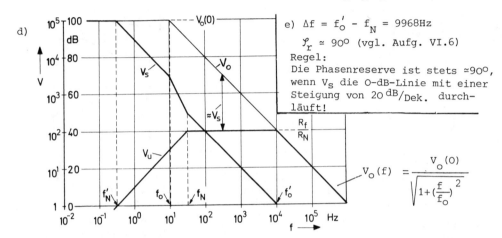

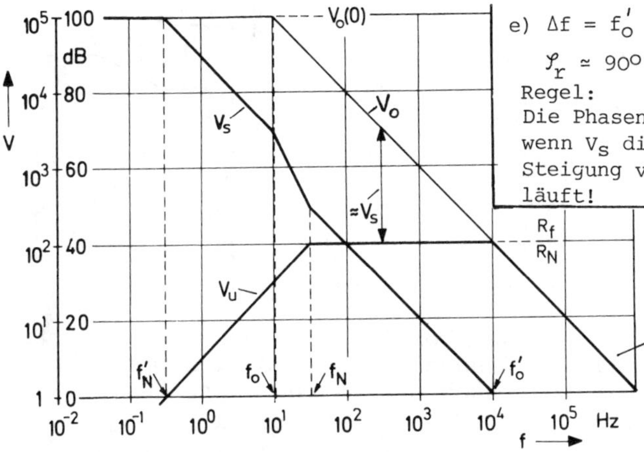

$$V_o(f) = \frac{V_o(0)}{\sqrt{1+\left(\frac{f}{f_o}\right)^2}}$$

e) $\Delta f = f_o' - f_N = 9968\,\text{Hz}$

$\varphi_r \simeq 90°$ (vgl. Aufg. VI.6)

Regel:
Die Phasenreserve ist stets $\approx 90°$, wenn V_S die 0-dB-Linie mit einer Steigung von 20 dB/Dek. durchläuft!

Lösungen zu Variante B

a) Wie bei Variante A dank Kondensator C_N .

b) $$\underline{V}_u = \frac{\underline{U}_2}{\underline{U}_1} = \left(1+\frac{R_f}{R_N+\frac{1}{j\omega C_N}}\right)\cdot\frac{R_p}{R_p+\frac{1}{j\omega C_1}} = \frac{j\omega C_1 R_p}{1+j\omega C_1 R_p}\cdot\frac{1+j\omega C_N(R_N+R_f)}{1+j\omega C_N R_N} = \frac{j\omega C_1 R_p}{1+j\omega C_N R_N}$$

wegen $C_1 R_p = C_N(R_N+R_f)$. Eckfrequenz $f_N \simeq 32$ Hz wie unter A.

c) $$\underline{V}_u \simeq \frac{j\omega C_1 R_p}{1+j\omega C_1 R_p}\cdot\frac{\frac{V_o(0)}{1+j\frac{\omega}{\omega_o}}}{1+\frac{V_o(0)}{1+j\frac{\omega}{\omega_o}}\cdot\frac{R_N+\frac{1}{j\omega C_N}}{R_N+\frac{1}{j\omega C_N}+R_f}} = \frac{j\omega C_1 R_p}{1+j\omega C_1 R_p}\cdot\frac{1+j\omega C_N(R_N+R_f)}{1+j\omega C_N R_N}\cdot\underbrace{\frac{1}{1-\frac{1}{\underline{V}_s}}}_{\text{Korrekturglied}}$$

$\underline{V}_s$ wie unter A

$$\simeq \left(1+\frac{R_f}{R_N}\right)\cdot\frac{1}{1+j\frac{\omega}{\omega_o'}}$$ für höhere Frequenzen mit ω_o' und f_o' wie unter A .

d) Der Verlauf der Schleifenverstärkung V_s stimmt exakt mit Variante A überein, V_u ist im ganzen Frequenzbereich um 1 % $\hat{=}$ 0,086 dB größer. Tatsächlich ist die Abweichung geringfügig größer, aufgrund des endlichen Differenzeingangswiderstandes (hier nicht berücksichtigt).

e) Δf und φ_r stimmen mit Variante A überein.

Gegeben seien die folgenden Filterschaltungen. Sie bestehen aus einem nichtinvertierenden Verstärker mit einstellbarer Spannungsverstärkung V_{ui}, dessen Eingang E über ein verzweigtes RC-Netzwerk in Verbindung mit einer Mitkopplung zum Punkt K angesteuert wird.

A) aktiver Tiefpaß

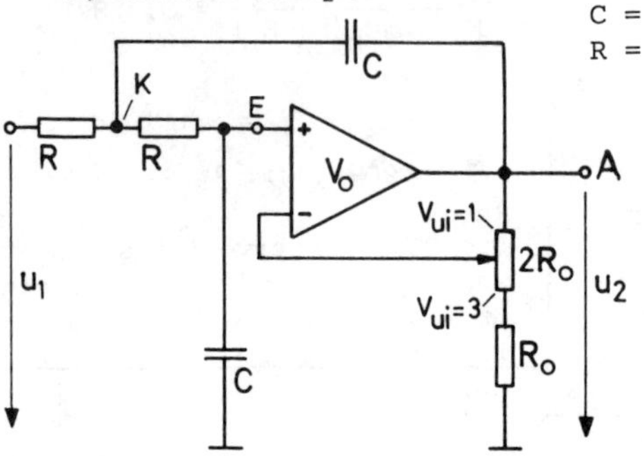

C = 4,7 nF
R = 3,3 kΩ

B) aktiver Hochpaß

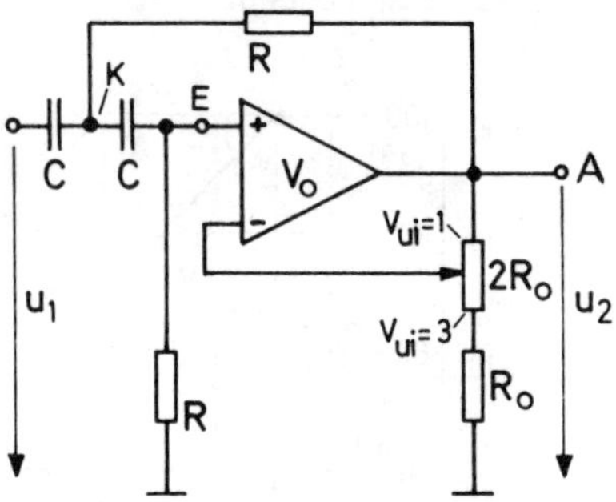

V_{ui} = Spannungsverstärkung von E nach A *)

a) Man bestimme allgemein den komplexen (Spannungs-) Übertragungsfaktor $\underline{V}_u$ mit der Annahme eines idealen Operationsverstärkers und spalte auf nach Betrag und Phase.

b) Für die Fälle V_{ui} = 1, 1,5, 2,2 und 3 stelle man den Frequenzgang des Betrages V_u dar und trage die 3dB-Punkte ein (bezogen auf den horizontalen Kurvenabschnitt).

c) Man diskutiere die Kurven und überprüfe ihre Realisierbarkeit mit einem realen (frequenzkorrigierten) Operationsverstärker ($V_o(0) = 10^5$, $f_o = 10\,\mathrm{Hz}$).

Lösungen zu Variante A

a)

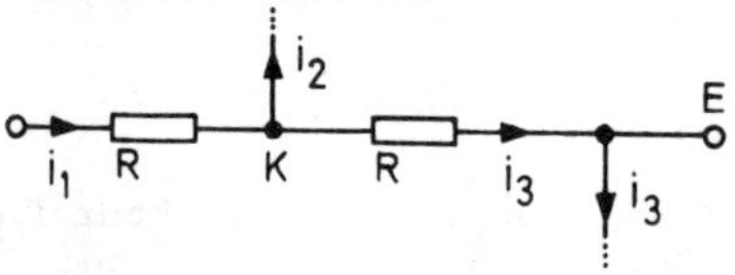

$$-\underline{U}_1 + \underline{I}_1 \cdot R + \underline{I}_3 \cdot R + \underline{I}_3 \cdot \frac{1}{j\omega C} = 0$$

$$-\underline{U}_1 + \underline{I}_1 \cdot R + \underline{I}_2 \cdot \frac{1}{j\omega C} + \underline{U}_2 = 0$$

$$\underline{I}_1 - \underline{I}_2 - \underline{I}_3 = 0$$

$$\underline{I}_3 \cdot \frac{1}{j\omega C} \cdot V_{ui} = \underline{U}_2$$

$$\underline{V}_u = \frac{\underline{U}_2}{\underline{U}_1} = \frac{V_{ui}}{1-(\omega CR)^2 + (3-V_{ui})j\omega CR} = \frac{V_{ui}}{1-\Omega^2 + j(3-V_{ui})\,\Omega}$$

mit $\Omega = \frac{\omega}{\omega_N}$ und $\omega_N = \frac{1}{RC}$.

ω_N = Kennkreisfrequenz

Betrag:

$$V_u = \frac{V_{ui}}{\sqrt{\left[1-\Omega^2\right]^2 + \left[(3-V_{ui})\,\Omega\right]^2}} ,$$

Phase:

$$\varphi_u = -\arctan \frac{(3-V_{ui})\cdot\Omega}{1-\Omega^2} .$$

b)

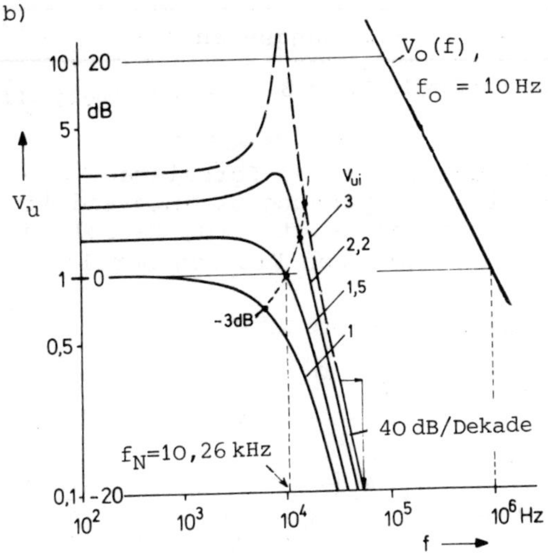

c)

Optimal erscheint die Kurve für V_{ui} = 1,5 wegen des relativ scharfen Überganges vom Durchlaß- zum Sperrbereich ohne Verstärkungsüberhöhung. In diesem Fall stimmt auch die 3dB-Grenzfrequenz praktisch mit der Kennfrequenz f_N überein. Für $V_{ui} > 2$ tritt offensichtlich eine Höckerbildung auf, die extrem wird (unendlich) im Fall V_{ui} = 3. Das bedeutet Instabilität der Schaltung. Alle Kurven für $V_{ui} < 3$ sind realisierbar, da genügender Abstand zur V_o-Kurve (ausreichende Schleifenverstärkung) gegeben ist.

(vgl. Aufg. III.2 passiver LC-Tiefpaß)

Lösungen zu Variante B

a) Man ersetzt R durch $\frac{1}{j\omega C}$ (und umgekehrt) und erhält so von Variante A:

$$\underline{V}_u = \frac{V_{ui}}{1-(\frac{1}{\omega CR})^2 + (3-V_{ui})\cdot\frac{1}{j\omega CR}} = \frac{V_{ui}}{1-\frac{1}{\Omega^2} - j\frac{(3-V_{ui})}{\Omega}} \qquad \text{mit } \Omega = \frac{\omega}{\omega_N},\ \omega_N = \frac{1}{RC}\ .$$

Betrag:

$$V_u = \frac{V_{ui}}{\sqrt{\left[1-\frac{1}{\Omega^2}\right]^2 + \left[\frac{3-V_{ui}}{\Omega}\right]^2}}\ ,$$

Phase:

$$\varphi_u = \arctan\frac{(3-V_{ui})}{\Omega(1-\frac{1}{\Omega^2})}\ .$$

b)

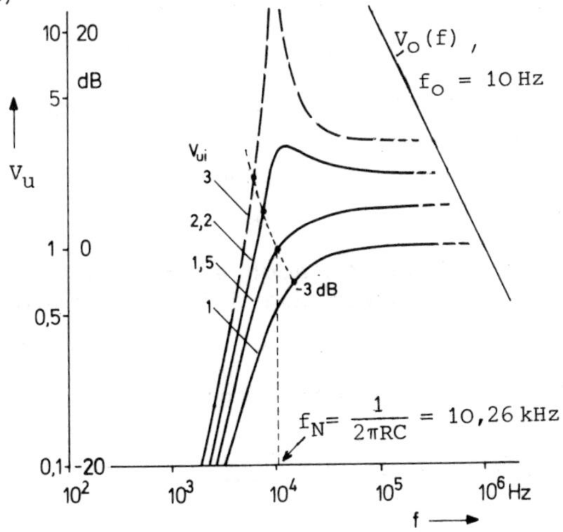

c)

Bezüglich der Verstärkungsüberhöhung (Höckerbildung) und Instabilität gilt das Gleiche wie oben. Die Realisierung mit dem angegebenen Verstärker ist jedoch nur möglich bis zum Schnitt mit der eingetragenen V_o-Kurve. Die tatsächliche Filterkurve schmiegt sich bei hohen Frequenzen an die V_o-Kurve an. Der Hochpaß hat also in Wirklichkeit Bandpaßcharakter.

*) In der gezeichneten Mittenstellung des Potentiometers ist $V_{ui} \approx 1 + \frac{R_O}{2R_O} = 1{,}5$. R_O ist frei wählbar. Sinnvoll ist der Bereich 1 ... 10 kΩ.

VI.9	Empfindlicher-Strom-Spannungs-Wandler

Lehrbuch: Abschnitte 13.1, 13.3, 13.4 und Anhang XIII

In der folgenden Schaltung soll der von einem Fotoelement erzeugte Strom i_p in eine proportionale Spannung u_a umgewandelt werden, die von einem Drehspulgerät angezeigt wird. Es sollen Beleuchtungsstärken E unter 10 lx im unteren Frequenzbereich von 0 bis 5 Hz erfaßt werden.

Fotoelement (wie in Aufg. I.15):

$I_{RO} = 10\ \text{nA},\ S = 50\ \frac{\text{nA}}{\text{lx}}$

Rauscharmer OP mit FET-Eingang:

$V_o = 10^6,\ r_D = 10^{12}\Omega\ ,\ r_a = 100\Omega$

$U_{os} = \pm 0{,}5\text{mV},\ I_o = -3\text{pA},\ I_{os} = \pm 1\text{pA max.}$

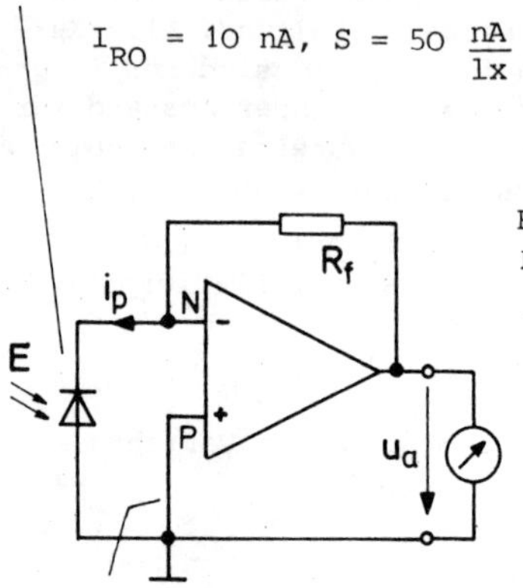

Auf R_p wird verzichtet, da I_o vernachlässigbar klein ist.

Rauschdichte-Kurven:

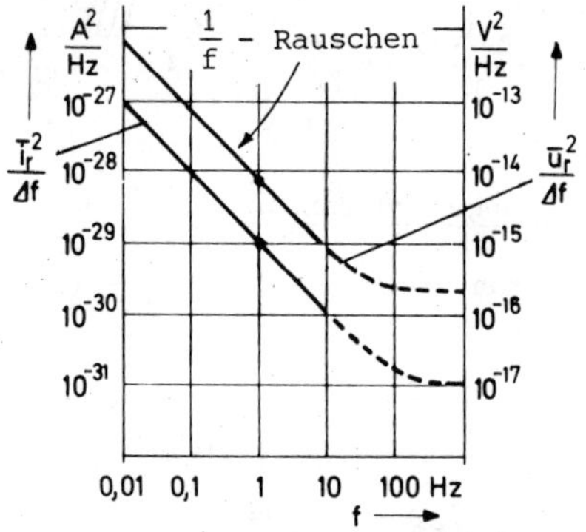

a) Man bestimme den Widerstand R_f so, daß eine Anzeigeempfindlichkeit von $1\ ^V/_{lx}$ erreicht wird.

b) Mit welchem differentiellen Widerstand schließt das Fotoelement den Operationsverstärker eingangsseitig ab?

c) Man gebe zu der Meßanordnung eine Ersatzschaltung an.

d) Welche Fehlerspannung U_{aF} bewirken die Eingangsfehlergrößen?

e) Wie groß ist die vom Verstärker verursachte Rauschspannnung U_{ar} (Effektivwert) am Ausgang?

Man betrachte nur den Frequenzbereich von $f_1 = 0{,}001\ \text{Hz}$ bis $f_2 = 5\ \text{Hz}$ entsprechend einem Zeitintervall (Zeitfenster) $\Delta t < 1000\ \text{s} = \frac{1}{f_1}$.

f) Welche kleinste Beleuchtungsstärke ist noch erfaßbar, wenn man den Verstärker während der Meßzeit als driftfrei ansieht?

Lösungen

a) Mit der Annahme eines virtuellen Massepunktes am N-Eingang folgt:

$$u_a \simeq i_p \cdot R_f = S \cdot E \cdot R_f \qquad \rightarrow R_f = \frac{u_a}{S \cdot E} \simeq \frac{1\ \text{V} \cdot \text{lx}}{1\ \text{lx} \cdot 50\ \text{nA}} = \underline{20\ \text{M}\Omega}\ .$$

b)

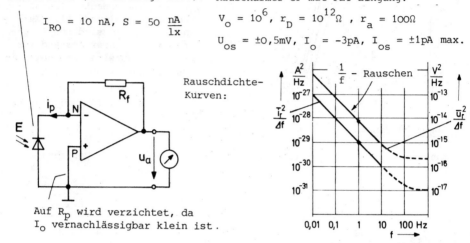

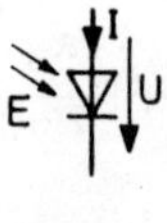

$$I = I_{RO} \cdot (\exp \frac{U}{mU_T} - 1) - SE\ , \quad \rightarrow \left.\frac{dI}{dU}\right|_{U=O} = \frac{I_{RO}}{mU_T} = \frac{1}{r_N} \rightarrow r_N \simeq \underline{5\ \text{M}\Omega}\ ,$$

r_N = differentieller Widerstand in der Umgebung des Nullpunktes. Dort gilt auch $r_N \simeq R_N$ (Gleichstromwiderstand).

c) Ohne Berücksichtigung der Eingangsfehlergrößen erhält man :

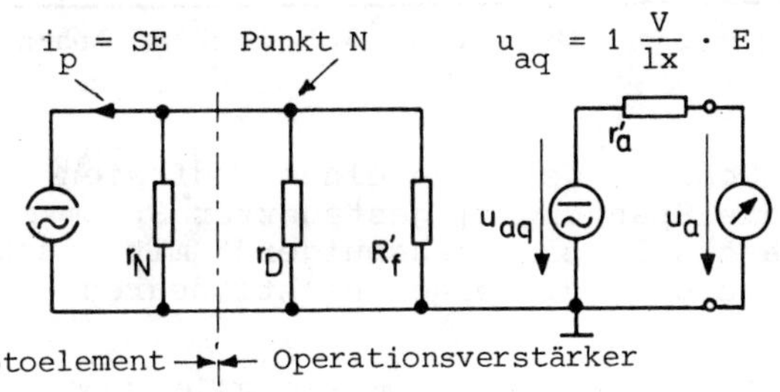

r'_a Ausgangswiderstand

$$r'_a \simeq \frac{r_a}{V_o}\left|1+\frac{R_f}{r_N}\right| \simeq \frac{100\Omega}{10^6}\left|1+\frac{20}{5}\right| \simeq \underline{0{,}5\,\mathrm{m}\Omega},$$

R'_f Millerwiderstand ,

$$R'_f = \frac{R_f}{1+V_o} \simeq \frac{20\mathrm{M}\Omega}{10^6} = \underline{20\Omega} .$$

d) $$U_{aF} \simeq \left(1+\frac{R_f}{R_N}\right)\cdot\left[I_o(R_N\|R_f) + \frac{I_{os}}{2}(R_N\|R_f) - U_{os}\right] \quad \text{mit } R_N = r_N ,$$

$$|U_{aF}| < \left(1+\frac{20}{5}\right)\cdot\left[3\ \mathrm{pA}\cdot 4\ \mathrm{M}\Omega + 0{,}5\mathrm{pA}\cdot 4\ \mathrm{M}\Omega + 0{,}5\ \mathrm{mV}\right] \simeq \underline{2{,}6\ \mathrm{mV}} .$$

e) Rauschersatzschaltbild (allgemein)

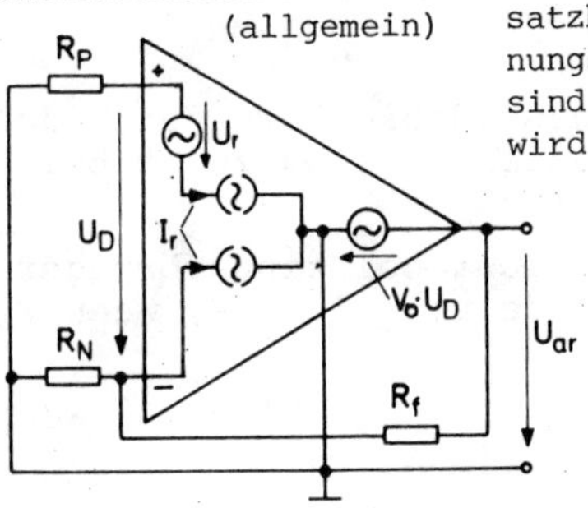

Man ersetzt die Quellen des normalen Fehlerersatzbildes durch Rauschstrom- und Rauschspannungsquellen. Die Rauschströme in den Eingängen sind gleich aber nicht korreliert. Dadurch wird:

$$U_{ar}^2 \simeq \left(1+\frac{R_f}{R_N}\right)^2\cdot\left[I_r^2(R_N\|R_f)^2 + I_r^2\cdot R_P^2 + U_r^2\right],$$

I_r, U_r Rauscheffektivwerte

Da im Beispiel $R_P = 0$ ist, entfällt der entsprechende Beitrag.

Die Rauscheffektivwerte erhält man wie folgt über die Rauschdichte (Werte aus den Kurven bei 1 Hz):

$$I_r = \sqrt{\int_{f_1}^{f_2}\frac{\overline{i_r^2}}{\Delta f}\cdot df} = \sqrt{\int_{0{,}001\mathrm{Hz}}^{5\mathrm{Hz}}\frac{10^{-29}\mathrm{A}^2}{f}\,df} = \sqrt{10^{-29}\cdot\ln\frac{5}{0{,}001}\ \mathrm{A}^2} \simeq 9{,}2\cdot10^{-15}\ \mathrm{A},$$

$$U_r = \sqrt{\int_{f_1}^{f_2}\frac{\overline{u_r^2}}{\Delta f}\,df} = \sqrt{\int_{0{,}001\mathrm{Hz}}^{5\mathrm{Hz}}\frac{10^{-14}\mathrm{V}^2}{f}\,df} = \sqrt{10^{-14}\ \ln\frac{5}{0{,}001}\ \mathrm{V}^2} \simeq 2{,}9\cdot10^{-7}\ \mathrm{V}.$$

Damit wird nach obiger Formel: $U_{ar} \simeq \underline{1{,}5\ \mu\mathrm{V}}$ (Effektivwert am Ausgang).

f) Das Signal-Rauschverhältnis muß ≥ 1 sein. Rauschanteile vom Fotoelement und vom Widerstand R_f erhöhen die Rauschspannung am Ausgang. Mit $T = 300\,\mathrm{K}$ und $\Delta f = 5\,\mathrm{Hz}$ folgt:

$$U_{WF} = \sqrt{4\,kT\cdot R_N\cdot\Delta f} \simeq 0{,}65\ \mu\mathrm{V}, \qquad U_{WR} = \sqrt{4\,kT\cdot R_f\cdot\Delta f} \simeq 1{,}3\ \mu\mathrm{V}$$

für das Fotoelement — für den Widerstand R_f.

Die Rauschspannung U_{WF} wird verstärkt, U_{WR} erscheint unverstärkt am Ausgang. Damit folgt die Gesamtrauschspannung:

$$U_{ar} = \sqrt{1{,}5^2 + \left(\frac{R_f}{R_N}\cdot 0{,}65\right)^2 + 1{,}3^2}\ \mu\mathrm{V} \simeq 3\mu\mathrm{V} \rightarrow E_{min} \simeq \frac{3\ \mu\mathrm{V}}{1\mathrm{V}/\mathrm{lx}} = \underline{3\cdot10^{-6}\ \mathrm{lx}}.$$

VI.10 Spannungs-Strom-Wandler für erdfreie Last

Lehrbuch: Abschnitte 13.3, 13.4 und Anhang XI

Mit den beiden folgenden Schaltungen kann einem erdfreien Lastwiderstand R_L ein durch die Spannung u_1 gesteuerter Strom i eingeprägt werden. Als Last soll ein Drehspulgerät mit Brückengleichrichter angenommen werden, die einen nichtlinearen Widerstand darstellt.

A) mit nichtinvertierendem OP

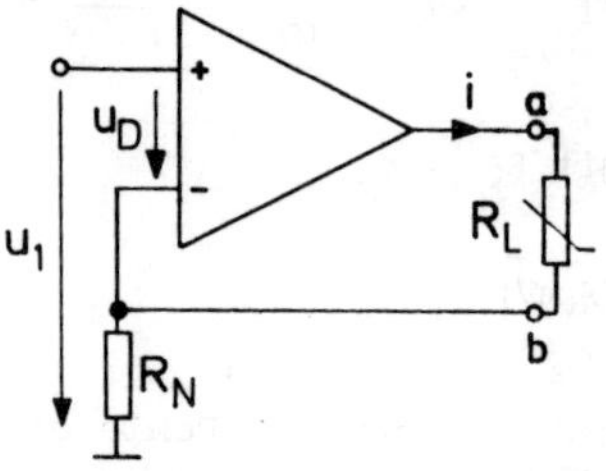

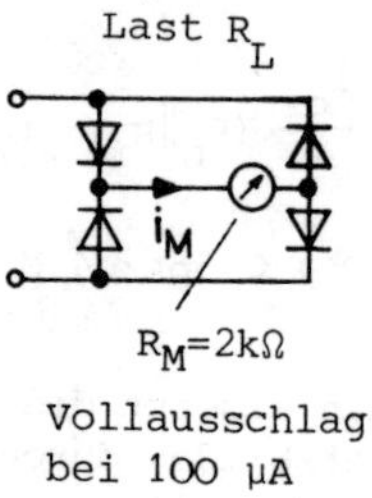

B) mit invertierendem OP

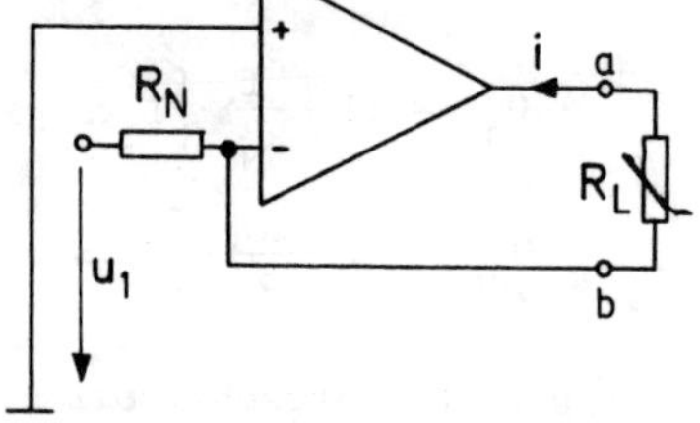

a) Man bemesse unter der Annahme eines idealen OPs den Widerstand R_N so, daß das Instrument Vollausschlag zeigt bei einer Gleichspannung u_1 = 100 mV.

b) Welchen Ausschlag zeigt das Instrument bei sinusförmiger Wechselspannung u_1 mit der Amplitude $\hat{u}_1$ = 100 mV, wenn R_N nach a) bemessen wird?

c) Man entwickle ein vollständiges Ersatzschaltbild für Wechselspannungssteuerung bei realem Operationsverstärker.

d) Welcher Fehlerstrom I_{MO} im Instrument ist zu erwarten bei u_1 = 0, wenn man den OP 741-C verwendet und den Gleichrichter mit Si-Dioden aufbaut?

OP 741-C: $V_o = 10^5$, $r_{Gl} > 10M\Omega$, I_o = 300nA, I_{os} = ±50nA, U_{os} = ±2mV .

Lösungen zu Variante A

a) Wegen u_D = 0 tritt die Spannung u_1 über R_N auf. Es folgt:

$$u_1 = i \cdot R_N \rightarrow R_N = \frac{u_1}{i} = \frac{100\text{mV}}{100\mu\text{A}} = \underline{1\ k\Omega} \ .$$

b) Das Instrument zeigt (bei ausreichender Frequenz) den Gleichrichtwert an:

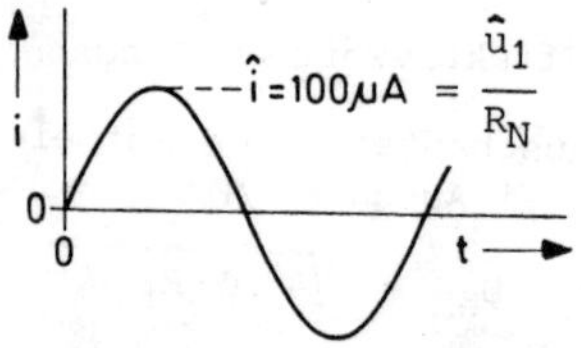

$$\overline{|i|} = \frac{1}{T} \cdot \int_0^T |i|\,dt = \frac{2}{\pi} \cdot \hat{i} = \underline{63,66\ \mu A}$$

$\hat{=}$ 63,66 % .
des Meßbereichs

c) Der Eingang wird ersatzweise nachgebildet durch den Gleichtaktwiderstand r_{Gl} und eine Stromquelle, die den Eingangsruhestrom am P-Eingang erfaßt.

Für den Ausgang bestimmt man eine Ersatzstromquelle durch Leerlauf- und Kurzschlußbetrachtung:

Leerlauf a-b: $u_{ab} \approx V_o \cdot u_1$

Kurzschluß a-b: $i_k = \frac{u_1}{R_N}$

$$\Bigg\rangle R_i = \frac{u_{ab}}{i_k} \approx V_o \cdot R_N$$ als Ausgangswiderstand

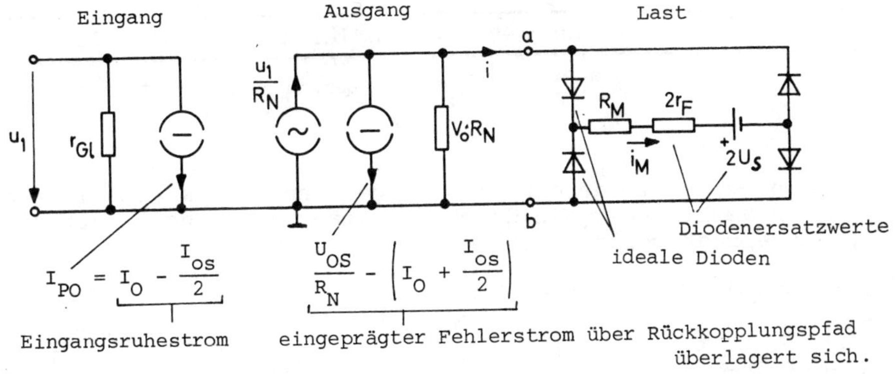

d) Für den µA-Bereich gilt bei Si-Dioden: $U_S \simeq 0{,}4V$, $r_F \simeq 1k\Omega$ (siehe I.13)

Man erkennt: $R_M + 2r_F \simeq 4k\Omega << V_O \cdot R_N = 10^5 k\Omega$. Damit wird (Überlagerungsgesetz):

$$I_{MO} \simeq \frac{U_{os}}{R_N} - \left(I_O + \frac{I_{os}}{2}\right) - \frac{2U_S}{R_M + 2r_F + V_O R_N} \leq \left| -\frac{2\text{ mV}}{1\text{ k}\Omega} - (0{,}3\,\mu A + 25\text{ nA}) \right| - \frac{0{,}8\text{ V}}{10^5\text{ k}\Omega} < \underline{2{,}5\,\mu A}$$

Der Fehleranteil als Folge der Diodenschleusenspannung tritt stets subtraktiv auf und ist vernachlässigbar klein ($\simeq$ 8 nA).

Lösungen zu Variante B

a) Wegen virtueller Masse am N-Eingang und Eingangsstrom Null gilt:

$$\frac{u_1}{R_N} = i \rightarrow R_N = \frac{u_1}{i} = \frac{100\text{ mV}}{100\,\mu A} = \underline{1\text{ k}\Omega} .$$

b) Wie bei Variante A)

c) Am N-Eingang tritt gegenüber Masse die Offsetspannung U_{OS} auf, was durch eine entsprechende Spannungsquelle dargestellt wird, welcher der Widerstand R_N vorzuschalten ist.

Die Ausgangsersatzschaltung ergibt sich analog zu Variante A.

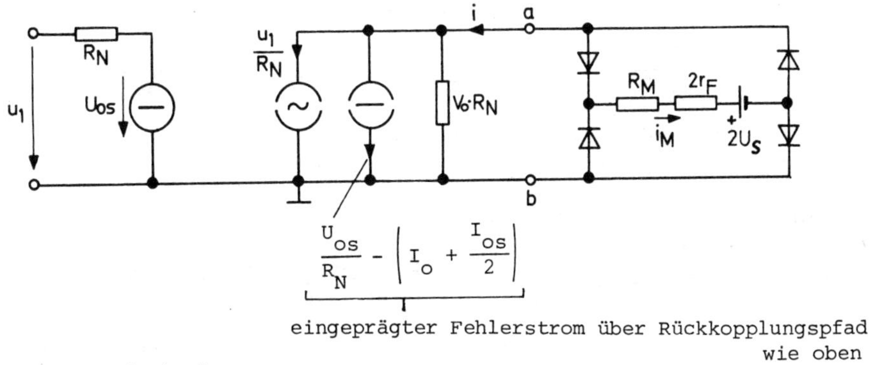

d) Wie bei Variante A .

Anmerkung: Bei Wechselspannungssteuerung mit $u_1 > 0$ übernimmt der Gleichrichter bei beiden Varianten die Funktion eines Wechselrichters für den eingeprägten Fehlerstrom in bezug auf das Instrument. Dieser verschwindet daher aus der Anzeige. Strenggenommen bleibt ein Restfehler ($\simeq$ 8 nA), verursacht durch die Diodenschleusenspannung, um den die Anzeige zu klein ist.

VI.11 Spannungs-Strom-Wandler für geerdete Last

Lehrbuch: Abschnitte 13.3 und 13.4

Mit den beiden folgenden Schaltungen kann einem einseitig geerdeten Verbraucher ein durch die Spannung u_1 gesteuerter Strom i_L eingeprägt werden.

A) mit nichtinvertierendem OP

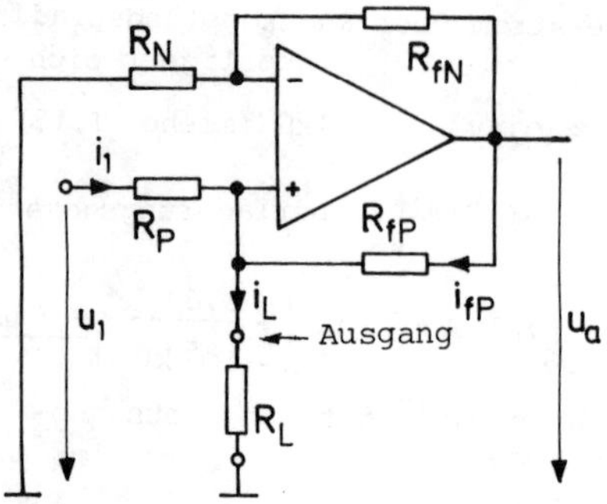

$R_{fN} = \alpha \cdot R_N$

$R_{fP} = \beta \cdot R_P$

B) mit invertierendem OP

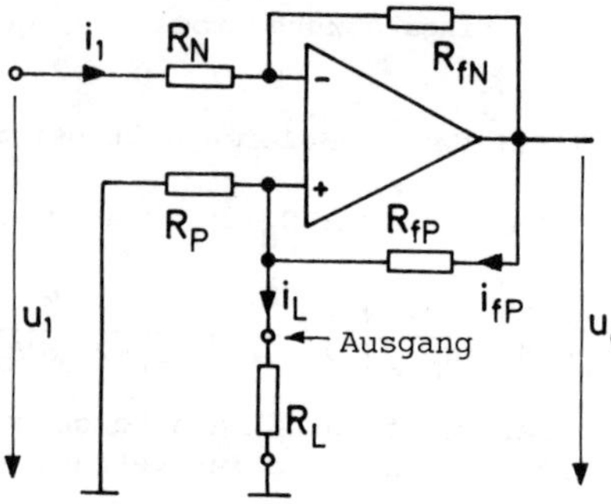

a) Man bestimme für einen idealen OP den Laststrom i_L als Funktion der Steuerspannung u_1 und gebe die Bedingung für Stromeinprägung an.

b) Man bestimme allgemein den Ausgangswiderstand der Schaltung.

c) Welcher Fehlerstrom I_F überlagert sich dem Laststrom i_L aufgrund der Eingangsfehlergrößen?

d) Man bestimme die Abhängigkeit der Größen i_L, i_1, i_{fP} und u_a vom Lastwiderstand R_L für $u_1 = 1\,V$ und $R_P = R_N = 1\,k\Omega$ bei $\alpha = \beta = 1$.

Lösungen zu Variante A

Überlagerungsgesetz!

a) $$u_P = u_1 \cdot \frac{R_{fP} \| R_L}{(R_{fP} \| R_L) + R_P} + u_a \cdot \frac{R_P \| R_L}{(R_P \| R_L) + R_{fP}} , \qquad u_P = u_N = u_a \cdot \frac{R_N}{R_{fN} + R_N} ,$$

u_P = Spannung zwischen P-Eingang und Masse

u_N = Spannung zwischen N-Eingang und Masse

Damit folgt nach Zwischenrechnung:

$$u_P = u_1 \cdot \frac{\beta R_L}{R_L(\beta-\alpha) + \beta R_P} \rightarrow \quad i_L = \frac{u_P}{R_L} = u_1 \cdot \frac{\beta}{R_L(\beta-\alpha) + \beta R_P} = \left. \frac{u_1}{R_P} \right|_{\beta=\alpha}$$

→ Bedingung für Stromeinprägung: $\beta = \alpha$.
(Strom ist unabhängig von R_L)

b) Mit $R_L = \frac{u_P}{i_P}$ folgt:

theoretische Leerlaufspannung

$$u_P = u_1 \cdot \frac{\beta \cdot \frac{u_P}{i_L}}{\frac{u_P}{i_L}(\beta-\alpha) + \beta R_P} = u_1 \cdot \frac{\beta}{\beta-\alpha} - R_P \cdot \frac{\beta}{\beta-\alpha} \cdot i_L \rightarrow \quad R_i = R_P \cdot \frac{\beta}{\beta-\alpha} .$$

Für $\beta = \alpha$ wird R_i theoretisch unendlich groß.

c)

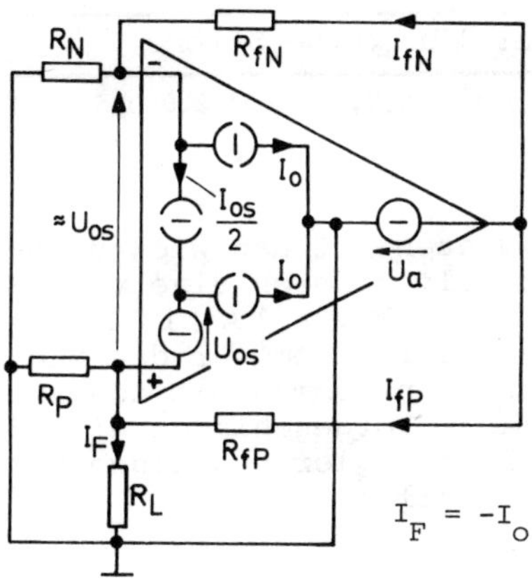

$$I_F - I_{fP} + \frac{I_F \cdot R_L}{R_P} + I_o - \frac{I_{os}}{2} = 0 \quad ,$$

$$-I_{fN} + \frac{I_F \cdot R_L - U_{os}}{R_N} + I_o + \frac{I_{os}}{2} = 0 \quad ,$$

$$U_{os} - I_{fN} \cdot R_{fN} + I_{fP} \cdot R_{fP} = 0 \, .$$

Damit folgt für $\beta = \alpha$:

$$I_F = -I_o\left(1 - \frac{R_{fN}}{R_{fP}}\right) + \frac{I_{os}}{2}\left(1 + \frac{R_{fN}}{R_{fP}}\right) - U_{os} \cdot \frac{R_{fN}}{R_{fP}}\left(\frac{1}{R_N} + \frac{1}{R_{fN}}\right).$$

d) $i_L = \frac{u_1}{R_P} = \frac{1V}{1k\Omega} = \underline{1mA}$,

$i_1 = \frac{u_1 - i_L \cdot R_L}{R_P}$,

$i_{fP} = i_L - i_1$,

$u_a = i_L \cdot R_L + i_{fP} \cdot R_{fP}$.

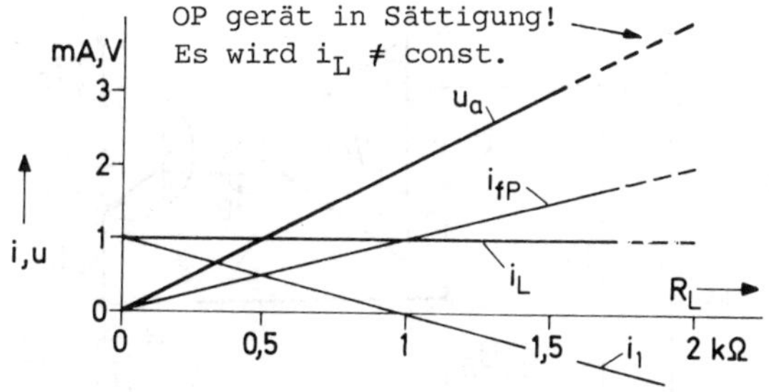

Lösungen zu Variante B

a) $u_P = u_a \cdot \frac{R_P \| R_L}{R_P \| R_L + R_{fP}}$, $\quad u_P = u_N = u_1 \cdot \frac{R_{fN}}{R_N + R_{fN}} + u_a \cdot \frac{R_N}{R_N + R_{fN}}$,

Nach Zwischenrechnung:

$$u_P = -u_1 \frac{\alpha R_L}{R_L(\beta-\alpha) + \beta R_P} \rightarrow i_L = \frac{u_P}{R_L} = -u_1 \cdot \frac{\alpha}{R_L(\beta-\alpha)+\beta R_P} = -u_1 \cdot \frac{R_{fN}}{R_N \cdot R_{fP}}\Bigg|_{\beta = \alpha}$$

→ Bedingung für Stromeinprägung: $\underline{\beta = \alpha}$.

b) und c) Wie bei Variante A)

d) $i_L = -u_1 \cdot \frac{R_{fN}}{R_N \cdot R_{fP}} = \underline{-1mA}$,

$i_1 = \frac{u_1 - i_L \cdot R_L}{R_N}$,

$i_{fP} = i_L + \frac{i_L \cdot R_L}{R_P}$,

$u_a = i_L \cdot R_L + i_{fP} \cdot R_{fP}$.

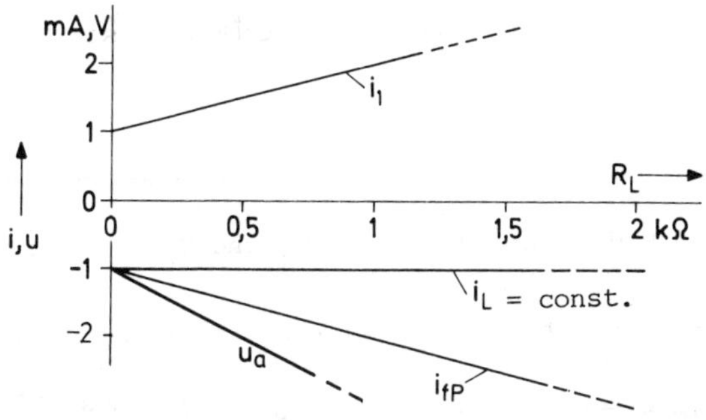

Bei größeren Lastströmen bemißt man zweckmäßig den Gegenkopplungsteiler mit R_{fN} - R_N hochohmiger als den Mitkopplungsteiler mit R_{fP} - R_P. R_{fP} muß grundsätzlich so niederohmig sein, daß auch bei dem größten Lastwiderstand der OP noch nicht in die Sättigung geht.

VI.12 | Spannungs-Strom-Wandler für große Ströme

Lehrbuch: Abschnitte 16.7, 13.1, 12.8 und 12.10

Der Erregerstrom eines Gleichstrommagneten mit den Wicklungsdaten $R_M \approx 5\,\Omega$, $L_M \approx 2\,H$ soll kontinuierlich durch eine vorgegebene Spannung einstellbar sein im Bereich von 1 A bis 2 A und nach der Einstellung konstant bleiben. Der Strom für den Magneten wird einem getrennten Speisegerät entnommen mit schwankender Betriebsspannung $U_B = 15\,V \pm 10\,\%$. Vorgeschlagen wird die folgende Schaltung mit einem OP als Stromregler und einem Darlington-Leistungstransistor als Stromsteller.

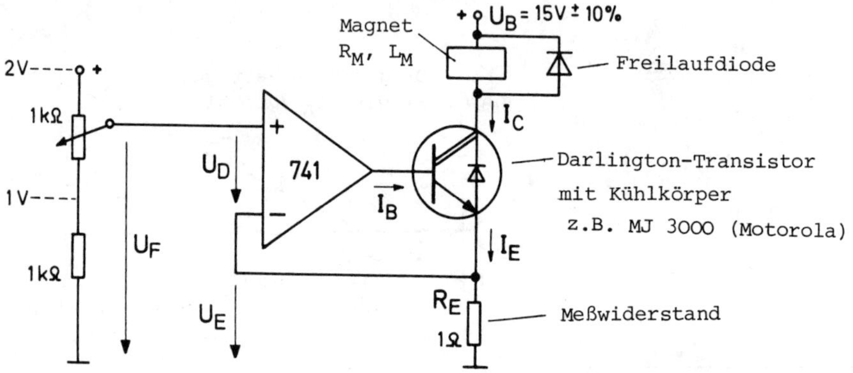

a) Man bestimme allgemein den Zusammenhang zwischen dem Strom I_C und der einstellbaren Führungsspannung U_F.

b) Man zeige, daß der Strom I_C für den Magneten tatsächlich in den gewünschten Grenzen einstellbar ist.

c) Wie muß der Kühlkörper für den Leistungstransistor bemessen werden?
($T_{j\,max} = 150^\circ C$, $T_U = 25^\circ C$, $R_{th\,JG} \approx 1{,}5\,K/W$).

d) Welchen Einfluß hat die Schwankung der Speisespannung auf den Kollektorstrom, wenn der Transistor im Arbeitsbereich die Kennwerte $r_{CE} \approx 50\,\Omega$ und $s \approx 3\,\frac{A}{V}$ aufweist?

e) Wie muß die Freilaufdiode bemessen werden?

Lösungen

a) Der Transistor wird über den OP jeweils soweit aufgesteuert, daß gilt:

$U_F = U_D + U_E$ mit $U_D \approx U_{os}$ und $U_E = I_E \cdot R_E$. Damit folgt:

$U_F \approx U_{os} + I_E \cdot R_E$. Mit $I_E = (1 + \frac{1}{B}) \cdot I_C$ folgt weiter:

$$I_C \approx \frac{U_F - U_{os}}{(1 + \frac{1}{B}) \cdot R_E}$$

U_{os} = (Eingangs-)Offsetspannung
B = Stromverstärkung des Darlington-Transistors.

Die sehr kleinen Eingangsströme des OP können bei dem niederohmigen Abschluß des Eingangs außer Betracht bleiben.

b) Mit $U_{OS} \approx \pm 1\,\text{mV}$ (übliche Größenordnung) und $B \approx 5000$ ˣ) wird

bei U_F=1 V: $I_C \approx \dfrac{1\,\text{V} \mp 1\,\text{mV}}{(1+\frac{1}{5000})\cdot 1\,\Omega} \approx \underline{1\,\text{A} \mp 1\,\text{mA}}$ und

bei U_F=2 V: $I_C \approx \dfrac{2\,\text{V} \mp 1\,\text{mV}}{(1+\frac{1}{5000})\cdot 1\,\Omega} \approx \underline{2\,\text{A} \mp 1\,\text{mA}}$.

ˣ) Dieser Wert gilt für den Typ MJ 3000 im betrachteten Stromintervall bei einer Temperatur $T_j = 25\,^\circ\text{C}$. Bei Erwärmung auf z.B. $125\,^\circ\text{C}$ verdoppelt sich die Stromverstärkung und hat dann noch weniger Einfluß auf I_C.

c) Der Kühlkörper ist nach der größtmöglichen Verlustleistung im Transistor zu bemessen, die auftritt im Fall

$R_{CE} = \dfrac{U_{CE}}{I_C} = R_E + R_M = 6\,\Omega$ (Leistungsanpassung) bei $U_B = U_{B\,max} = 16{,}5\,\text{V}$.

Dazu wird:

$U_{CE} = \frac{1}{2}\,U_B = 8{,}25\,\text{V}$ und $I_C = \dfrac{8{,}25\,\text{V}}{6\,\Omega} \approx 1{,}4\,\text{A} \rightarrow P_{CE\,max} \approx 8{,}25\,\text{V}\cdot 1{,}4\,\text{A} \approx 11{,}5\,\text{W}$.

Mit $R_{th\,GK} \approx 0{,}5\,\text{K/W}$ sowie $R_{th\,JG} \approx 1{,}5\,\text{K/W}$ folgt:

$$\rightarrow R_{th\,K} \lesssim \frac{T_{j\,max} - T_U}{P_{CE\,max}} - R_{th\,GK} - R_{th\,JG} = \frac{150\,^\circ\text{C} - 25\,^\circ\text{C}}{11{,}5\,\text{W}} - 2\,\text{K/W} \approx \underline{9\,\text{K/W}}.$$

└ Wärmewiderstand des Kühlkörpers (siehe Lehrbuch Abschnitt 12.8)

d) Man kann den Darlington-Transistor mit vorgeschaltetem OP in der Umgebung des Arbeitspunktes wie einen einfachen Transistor (Ersatztransistor) behandeln mit den differentiellen Kenngrößen $r'_{BE} = r_D$ und $s' = s\cdot V_o$.

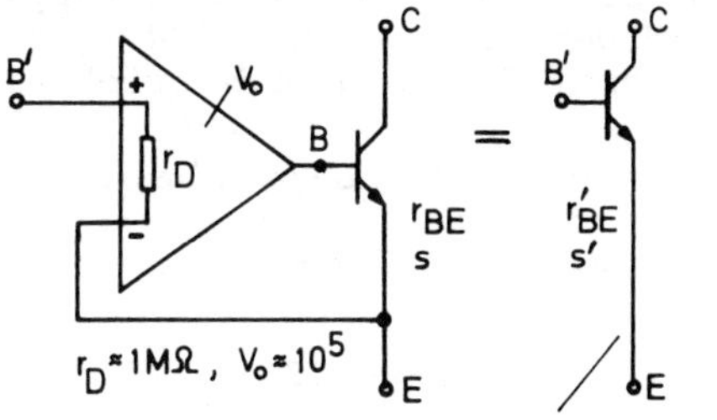

Ersatztransistor

Durch den Widerstand R_E erhält der Ersatztransistor eine Stromgegenkopplung und einen entsprechend erhöhten Ausgangswiderstand:

$$r_a \approx r_{CE}\cdot\left[1 + s'\cdot(r'_{BE} \| R_E)\right] \approx r_{CE}\cdot(1 + s\,V_o\cdot R_E) \approx 50\,\Omega\cdot(1 + 3\,\tfrac{\text{A}}{\text{V}}\cdot 10^5\cdot 1\,\Omega) \approx \underline{15\,\text{M}\Omega}.$$

Eine Änderung von U_B um ΔU_B führt auf eine Stromänderung:

$\Delta I_C = \dfrac{\Delta U_B}{R_M + r_a}$. Für $\Delta U_B = \pm 1{,}5\,\text{V}$ wird $\Delta I_C \approx \pm 0{,}1\,\mu\text{A}$.

e) Zulässige Sperrspannung: > 15 V.

Zulässiger Strom (stoßartig): > 2 A.

Die Diode ist im Ruhebetrieb gesperrt und wird nur bei rascher Rücknahme der Spannung U_F stoßweise stromführend.

ANHANG A MILLER-THEOREM

Verstärker mit Spannungsverstärkung V_u

und Kopplungswiderstand R

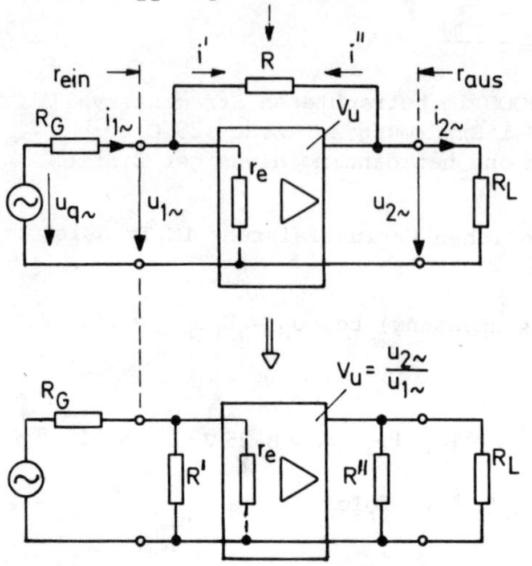

Ersatzdarstellung mit Millerwiderständen

$$i' = \frac{u_{1\sim} - u_{2\sim}}{R} = \frac{u_{1\sim} \cdot (1 - V_u)}{R} = \frac{u_{1\sim}}{R'}$$

$$i'' = -i' = \frac{u_{2\sim} - u_{1\sim}}{R} = \frac{u_{2\sim} \cdot (1 - \frac{1}{V_u})}{R} = \frac{u_{2\sim}}{R''}$$

$$\Downarrow$$

$$R' = \frac{R}{1 - V_u}$$ eingangsseitiger Millerwiderstand

$$R'' = \frac{R}{1 - \frac{1}{V_u}}$$ ausgangsseitiger Millerwiderstand

$$r_{ein} = R' \| r_e$$ Betriebseingangswiderstand

Bei einem Verstärker mit bekannter Spannungsverstärkung V_u und einem Kopplungswiderstand R zwischen Eingang und Ausgang läßt sich die Wirkung des Kopplungswiderstandes durch die „Miller-Widerstände" R' und R'' ersatzweise darstellen. Man findet damit direkt den Betriebseingangswiderstand r_{ein}.

Achtung! Der Betriebsausgangswiderstand ergibt sich leider nicht so einfach, da er bei vorhandener Kopplung über R grundsätzlich auch vom Generatorwiderstand abhängig ist:

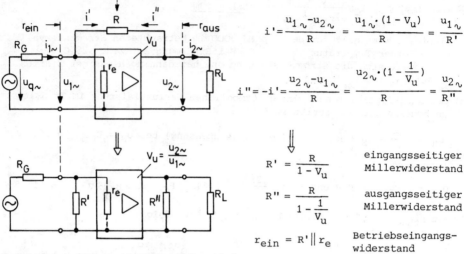

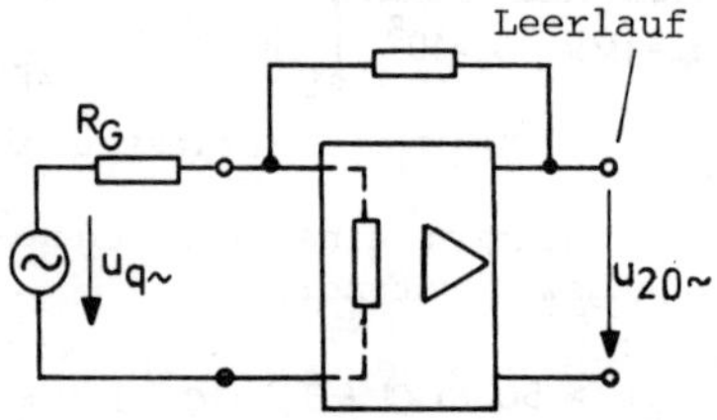

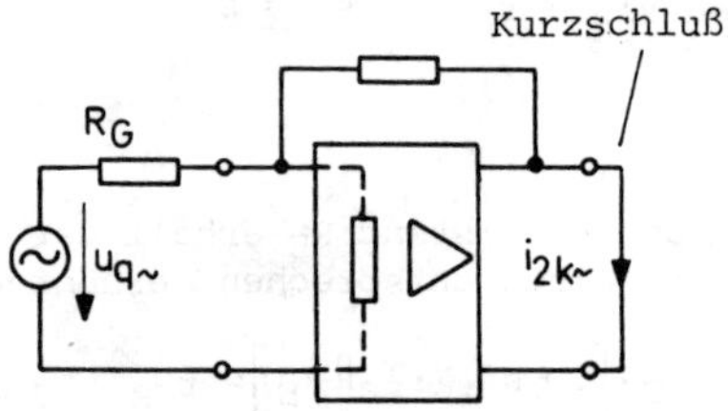

$$\text{Ausgangswiderstand } r_{aus} = \frac{u_{20\sim}}{i_{2k\sim}} = \frac{\text{Ausgangsleerlaufspannung}}{\text{Ausgangskurzschlußstrom}}$$

Die obige Ersatzdarstellung kann auf komplexe Kopplungswiderstände übertragen werden. Für den wichtigen Sonderfall einer Kopplungskapazität C anstelle von R ergeben sich die Millerkapazitäten:

$$C' = C \cdot (1 - V_u) \quad \text{und} \quad C'' = C \cdot (1 - \frac{1}{V_u})$$

eingangsseitig ausgangsseitig .

BLOCKBILD-DARSTELLUNG

Man kann die elektrische Signalübertragung in einem Netzwerk darstellen durch folgende Elementarschritte.

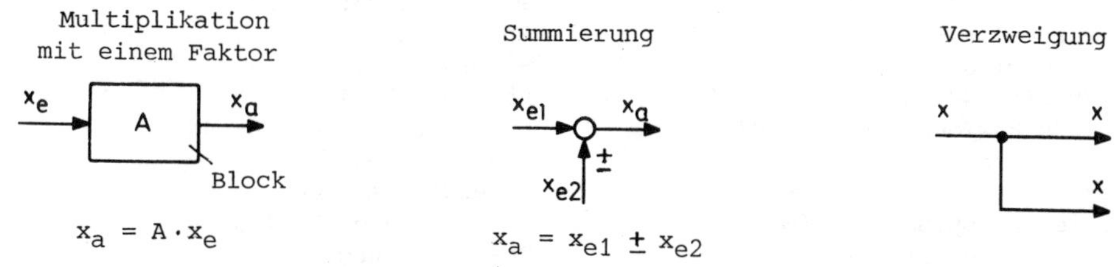

Damit ergibt sich ein mathematisches Modell in Form eines Blockschaltbildes.

Kombinationsmöglichkeiten von Blöcken:

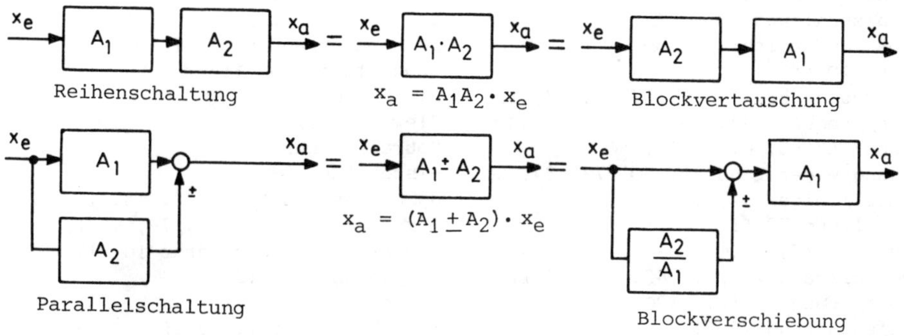

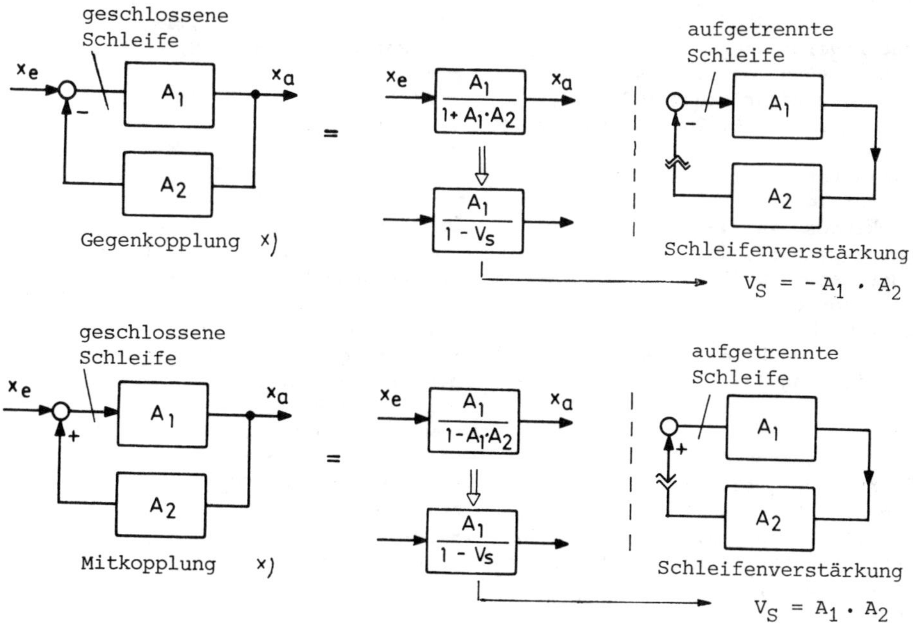

Bei frequenzabhängigen linearen Systemen kann man analog zur komplexen Wechselstromtheorie komplexe Größen $\underline{x}_e$, $\underline{A}$ und $\underline{x}_a$ einführen.

x) nur eindeutig bei positiven (Übertragungs-) Faktoren A.

SACHWORTVERZEICHNIS